STARK

ABITUR-TRAINING BIOLOGIE

Brigitte Meinhard

Biologie 2

STARK

Bildnachweis
Umschlagbild: © Irochka/Dreamstime.com

ISBN 978-3-86668-292-4

Inhalt

Fortsetzung siehe nächste Seite

Autoren: Brigitte Meinhard
Dr. Werner Bils (Kapitel 4 Evolution des Menschen)

Vorwort

Liebe Schülerin, lieber Schüler,

mit dem vorliegenden Band halten Sie ein **prägnantes Trainingsmaterial** in den Händen, das den gesamten für das G8-Abitur relevanten Lehrstoff der **Jahrgangsstufe 12** umfasst.

Die übersichtliche und systematisch aufbereitete Darstellung aller wichtigen Fakten ermöglicht es Ihnen, sich optimal auf den Unterricht, auf Klausuren und auf die Abiturprüfung vorzubereiten. Der übersichtliche Aufbau des Bandes erleichtert Ihnen die Handhabung:

- Zunächst wird der gesamte Lehrstoff leicht nachvollziehbar vermittelt und anhand von **Beispielen** und **Abbildungen** veranschaulicht.
- Am Ende jedes Kapitels finden Sie eine **Zusammenfassung** der wichtigsten Fakten und zahlreiche **Übungsaufgaben**, mit deren Hilfe Sie das erworbene Wissen direkt anwenden können.
- Der **Lösungsteil** am Ende des Bandes gibt Ihnen die Möglichkeit, schnell und einfach die Richtigkeit Ihrer Antworten zu überprüfen.
- Im **Glossar** können Sie Definitionen aller wichtigen Fachbegriffe gezielt nachschlagen.
- Abgerundet wird der Band durch ein ausführliches **Stichwortverzeichnis.**

Farbige Balken am Seitenrand markieren Passagen, durch die Sie ein noch umfassenderes Fachwissen und vertieftes Verständnis der Lehrplaninhalte erwerben.

Viel Erfolg bei der Arbeit mit diesem Band und im Abitur wünscht Ihnen

Brigitte Meinhard

Evolution

Der Brite Charles DARWIN bereiste fünf Jahre lang an Bord des Schiffs „HMS Beagle“ die Welt und stellte auf den verschiedenen Kontinenten naturwissenschaftliche Nachforschungen an. Die Erkenntnisse, die DARWIN während seiner Reise über die Entstehung und den Wandel der Arten gewann, fasste er in seinem berühmten Werk „On the Origin of Species“ zusammen. Die Arbeit stieß zunächst auf scharfe Kritik und wurde erst viele Jahre später anerkannt. Heute gilt DARWIN als Begründer der modernen Evolutionstheorie.

1 Evolutionsforschung

1.1 Formenvielfalt und Angepasstheit der Lebewesen als Ergebnis der Evolution

Von den auf der Erde vorkommenden Lebewesen sind bis heute etwa 1,8 Millionen Arten, darunter ca. 1,4 Millionen Tier- und 400 000 Pflanzenarten, wissenschaftlich beschrieben und benannt worden. Die Mehrzahl der Arten ist jedoch noch unerforscht. Die Wirbeltierklasse der Vögel umfasst über 10 000 (beschriebene) Arten, die eine erstaunliche Formenvielfalt aufweisen.

Beispiele

Der Kolibri ist nur wenige Gramm leicht und saugt mit seinem langen Schnabel Nektar aus Blüten.
Der Kondor ist mit einer Flügelspannweite von fast 3 m ein Meister im Segelflug.
Der Strauß, der ca. 150 kg wiegt, besitzt Muskelpakete an den Beinen, die ihm eine Laufgeschwindigkeit von ca. 70 km/h ermöglichen.
Pinguine scheinen mit ihren Ruderflügeln unter Wasser zu fliegen.

Abb. 1: a) Kolibri b) Kondor c) Strauß d) Pinguine

Zum einen weisen die genannten Arten trotz ihres unterschiedlichen Körperbaus Übereinstimmungen auf, die sie als Vögel kennzeichnen, wie z. B. Federn, Flügel und Schnabel. Zum anderen können die Unterschiede auf die verschiedenen Umweltbedingungen zurückgeführt werden, denen die Tiere ausgesetzt und an die sie angepasst sind. Eine Entwicklung der Lebewesen hinsichtlich einer besseren Angepasstheit an ihre Umwelt bezeichnet man im biologischen Sinn als **Evolution**. Die Lebewesen passen sich dabei nicht selbst aktiv den verschiedenen Umweltverhältnissen an, sondern sie werden in einem lang andauernden Prozess der Selektion (Auswahl) über Generationen hinweg an die eine oder andere Umwelt angepasst. Bei der Beschreibung von Evolutionsvorgängen sollte man deshalb immer von **Angepasstheit** sprechen. Auch wenn die Zahl der heute existierenden (= rezenten) Arten nicht genau bekannt ist, so stellt sie nur weniger als 1 % aller Arten dar, die jemals auf der Erde gelebt haben. **Fossilien** sind die Überreste von Lebewesen aus früheren Erdepochen. Die Auswertung von Fossilienfunden zeigt, dass sich die Tier- und Pflanzenwelt im Laufe der Erdgeschichte verändert hat. Je älter Fossilienfunde sind, desto weniger stimmt ihr Körperbau mit dem rezenter Organismen überein. Manche ausgestorbene Lebewesen (z. B. Trilobiten) haben keine heute lebenden verwandten Arten. Andere lassen sich in das bestehende System der rezenten Tiere leicht einordnen (z. B. die Saurier zu den Reptilien). Manche Fossilien vereinen sowohl Merkmale einer älteren als auch einer jüngeren verwandtschaftlichen Gruppe in sich. Solche stammesgeschichtlichen Bindeglieder werden auch als **Brückenformen** (Mosaikformen) bezeichnet.

Beispiele

Eines der wichtigsten Brückentiere ist der sog. **„Urvogel“ *Archaeopteryx***. Bereits 1861 wurde die erste Versteinerung dieses Tiers im Plattenkalk von Solnhofen gefunden. Der Urvogel weist sowohl Merkmale der Kriechtiere (Reptilien) als auch der Vögel auf. Als typisches Vogelmerkmal besitzt der *Archaeopteryx* Flügel mit Federn. Dadurch war er in der Lage, sich von Bäumen aus in die Luft zu erheben und Gleitflüge durchzuführen. Neben weiteren typischen Vogelmerkmalen besaß er aber noch eine Reihe von Reptilienmerkmalen, die die heutigen Vögel nicht mehr aufweisen (siehe Tab. 1). Die Entdeckung des *Archaeopteryx* war ein Beweis dafür, dass die Vögel aus den Reptilien hervorgegangen sind.

Vogelmerkmale	Reptilienmerkmale
• Flügel	• Krallen an den freien Fingerendgliedern
• Vogelarmskelett; Reduktion der Zahl der Finger auf drei (statt zwei)	• Kleines Brustbein ohne Kamm, Bauchrippen
• Mittelfußknochen zum Lauf verwachsen	• Schien- und Wadenbein nicht verwachsen
• 1. Zehe nach hinten gerichtet (Greiffuß)	• Kiefer mit Zähnen, kein Hornschnabel
• Federkleid	• Schwanz aus verlängerter Wirbelsäule

Tab. 1: Vogel- bzw. Reptilienmerkmale des *Archaeopteryx*

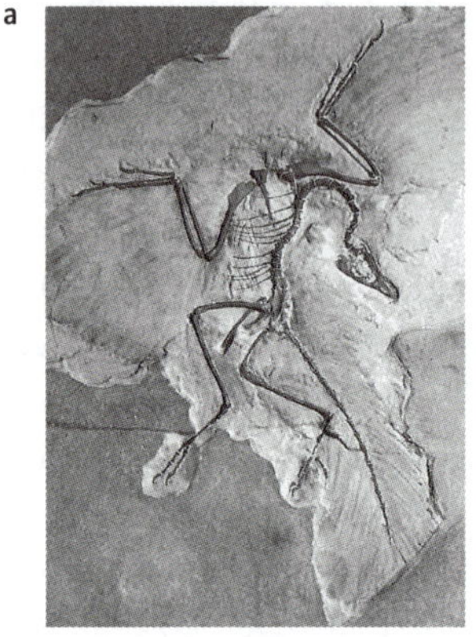

Abb. 2a: *Archaeopteryx lithographica* (Humboldt-Universität, Berlin), gefunden 1897 im Altmühltal bei Solnhofen/Bayern

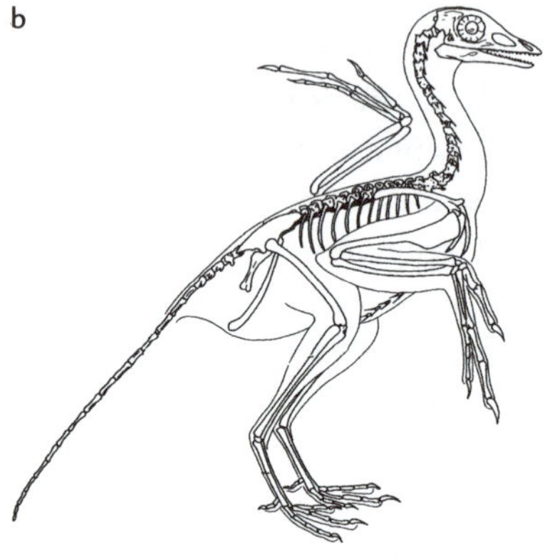

Abb. 2b: Rekonstruktion eines *Archaeopteryx*

1.2 Entwicklung des Evolutionsgedankens

Theologen und Biologen gingen im 18. und frühen 19. Jahrhundert davon aus, dass es sich bei der Entstehung der Lebewesen und des Menschen um einen einmaligen, im Dunkeln liegenden Schöpfungsakt handelte. Doch im Laufe der Zeit entstanden unabhängige Theorien, die die naturwissenschaftlichen Erkenntnisse der damaligen Zeit über die Evolution der Organismen berücksichtigten und einbezogen.

Carl von LINNÉ ging in seiner Erklärung der Evolution im 18. Jh. noch von der biblischen Schöpfungsgeschichte aus. Er glaubte an einen einmaligen Schöpfungsakt Gottes und postulierte die **Konstanz der Arten**. Die von Gott geschaffenen Lebewesen veränderten sich seiner Meinung nach nicht. Fossilien spielten in LINNÉs Evolutionstheorie keine Rolle. Es gab zu seiner Zeit zwar bereits Funde, er betrachtete sie jedoch nicht als Zeugen früherer Lebewesen, sondern als zufällig entstandene Produkte.

Auch CUVIER hielt in seiner Theorie an der Schöpfungsgeschichte und der Konstanz der Arten fest. Im Gegensatz zu LINNÉ versuchte er aber, die Fossilienfunde in seine Evolutionstheorie einzubeziehen. Er glaubte, dass im Laufe der Evolution immer wieder große Katastrophen auftraten, die einen Teil der Lebewesen vernichteten. Nach seiner sog. **Katastrophentheorie** vermehrten sich daraufhin die übriggebliebenen Organismen und breiteten sich weiter aus. CUVIERs Lehre wurde von seinen Schülern dahingehend erweitert, dass sie nach großen Katastrophen eine Neuschöpfung von Arten annahmen.

Die Evolutionstheorie LAMARCKs: Schrittweise aktive Anpassung der Arten

Im Gegensatz zu LINNÉ und CUVIER ging Jean Baptiste de LAMARCK von der **Inkonstanz der Arten** aus. Alle Lebewesen waren seiner Meinung nach einem ständigen Wandel unterworfen und passten sich fortlaufend in kleinen Schritten neuen Umweltbedingungen an. Zur besseren Erklärung seiner Abstammungslehre stellte LAMARCK folgende Postulate auf:

- Durch Gebrauch bzw. Nichtgebrauch von Organen entwickeln sich diese bzw. sie verkümmern.
- Die dadurch erworbenen Eigenschaften des Individuums werden an seine Nachkommen weitervererbt.
- Alle Lebewesen besitzen einen inneren **Vervollkommnungstrieb**, der sie dazu bewegt, sich optimal an neue Umweltbedingungen anzupassen.

In seiner Evolutionstheorie geht LAMARCK von einem aktiven Prozess der Anpassung der Lebewesen in kleinen Schritten an die sich ändernden Umweltbedingungen aus. Die Arten verändern sich, da sich bei Gebrauch oder Nichtgebrauch die Organe eines Individuums verändern und diese erworbenen Merkmale an die Nachkommen weitergegeben werden.

Beispiel

Die **Giraffe** stammt von einem wesentlich kleineren Tier mit kurzem Hals ab, dessen Lebensraum sich auf die Savanne beschränkte. Es ernährte sich vor allem von Gras. Nach LAMARCKs Theorie wurde das Nahrungsangebot im Laufe der Zeit, bedingt durch die Vermehrung der Lebewesen, immer knapper. Deshalb versuchten einige Tiere, auch an das Laub der Bäume heranzukommen. Sie mussten sich kräftig dehnen und strecken, um wenigstens die untersten Zweige zu erreichen. Dadurch wurden Hals und Beine immer länger und die erworbenen Eigenschaften wurden unmittelbar an die Nachkommen vererbt. So entstand nach sehr vielen Generationen aus den kleineren Vorfahren die neue Tierart „Giraffe“.

Für seine Zeitgenossen war die von LAMARCK entwickelte Evolutionstheorie durchaus einsichtig. Jeder Mensch weiß aus Erfahrung, dass sich seine Muskeln bei Beanspruchung vergrößern (z. B. durch Training) und bei Nichtbeanspruchung verkümmern (z. B. nach längerer Bettlägerigkeit). Doch schon bald gab es Kritik an seiner Lehre. Ein naturwissenschaftlicher Beweis, dass erworbene Eigenschaften an die Nachkommen vererbt werden, konnte nicht erbracht werden. Alle Experimente, die die Vererbung erworbener Eigenschaften (Modifikationen, siehe S. 36 f.) beweisen sollten, schlugen fehl. Belege für einen inneren Vervollkommnungstrieb konnten ebenfalls nicht gefunden werden.

Die Evolutionstheorie DARWINS: Passiver Artwandel durch Selektion

Charles DARWIN nahm 1831 als 21-Jähriger auf der Beagle, einem königlichen Forschungsschiff, die Stelle eines unbezahlten Naturforschers an. Während einer fünfjährigen Forschungsreise konnte DARWIN so viele biologische Beobachtungen machen und so viel Material sammeln, dass er über 20 Jahre für die Auswertung benötigte. Erst 1859 konnte er seine Erkenntnisse in Buchform veröffentlichen. Der Titel des Buches lautete: „Über die Entstehung der Arten durch natürliche Zuchtwahl oder die Erhaltung der bevorzugten Rassen im Kampf ums Dasein“ (engl. *“On the Origin of Species by Means of Natural Selection”*). Die entscheidenden Beobachtungen, die ihn schließlich auf den Gedanken seiner Evolutionslehre brachten, machte DARWIN auf den Galapagosinseln. Diese Inselgruppe liegt im Pazifik, etwa 1 000 km von Ecuador entfernt, und wurde erst 1535 entdeckt. Die Tier- und Pflanzenwelt konnte sich deshalb ohne den Eingriff des Menschen entwickeln. Neben den urzeitlichen Echsen interessierten DARWIN z. B. die Riesenschildkröten. Auf jeder der Inseln gab es eine andere Schildkrötenrasse, die sich in Form und Farbe ihres Panzers von den übrigen unterschied. DARWIN beschäftigte sich auch näher mit einer Gruppe von Finken, die es nirgendwo sonst auf der Welt gab. Die Gruppe dieser Finken setzte sich aus insgesamt 13 verschiedenen Arten zusammen. Jede davon hatte sich auf eine bestimmte Ernährung spezialisiert: Einige fraßen Körner (ihr Schnabel war entsprechend kurz und dick), andere ernährten sich von Blättern und wieder andere erbeuteten Insekten. Eine Art hatte sich sogar darauf spezialisiert, mithilfe von Kakteenstacheln Insekten unter der Rinde und aus Ritzen hervorzuholen (siehe S. 52). Jede Finkenart besaß eine ihrer Ernährungsweise entsprechende Schnabelform. Alle seine Beobachtungen führten DARWIN zur Formulierung seiner **Selektionstheorie**.

> In seiner Evolutionstheorie (Selektionstheorie) geht **DARWIN** von einer zunehmenden passiven Angepasstheit der Lebewesen an die sich ändernden Umweltbedingungen aus. Die Gründe für die Veränderung der Arten liegen nach DARWIN in den besseren Überlebens- und Fortpflanzungschancen der jeweils zufällig am besten angepassten Individuen, die ihre Merkmale so bevorzugt an die folgende Generation weitergeben können.

Die Grundlagen der Selektionstheorie sind im Einzelnen:

- **Überproduktion von Nachkommen:** Alle Lebewesen erzeugen Nachkommen im Überschuss. Trotzdem nimmt die Gesamtpopulation einer Tierart in der Regel nicht zu, da nur ein geringer Teil der Nachkommen zur Fortpflanzung kommt, die meisten fallen der Selektion zum Opfer.
- **Variabilität:** Die Nachkommen sind untereinander nicht alle gleich. Sie unterscheiden sich geringfügig. Aus heutiger Sicht sind die Unterschiede bei den Nachkommen auf deren verschiedene Gene und Genkombinationen zurückzuführen (genetische Variabilität).
- **Vererbung:** Im Laufe der Zeit treten bei den Individuen immer wieder erbfeste Veränderungen (heute: Mutationen) auf, die an die Nachkommen weitergegeben werden.
- **Konkurrenz:** Im „Kampf ums Dasein" *(struggle for life)* setzen sich die etwas besser angepassten Organismen durch und überleben *(survival of the fittest)*. Sie können somit ihre Erbanlagen an die nächste Generation weitergeben.
- **Selektion:** Durch die „natürliche Auslese" *(natural selection)* werden die Lebewesen den natürlichen Umweltbedingungen immer besser angepasst.
- **Artwandel:** Im Verlauf von langen Zeiträumen führt diese schrittweise bessere Angepasstheit der Lebewesen zu einem Wandel der Arten.

DARWIN bezog bei der Entwicklung der Selektionstheorie auch Erkenntnisse aus anderen Wissenschaftsgebieten mit ein:

- Geologie: Charles LYELL erkannte, dass die gleichen Naturkräfte die Erde von Anbeginn formten (z. B. Wasser, Wind, Erdbeben, Vulkanismus). Er schätzte die erdgeschichtlichen Zeiträume richtig ein. Sein **Aktualitätsprinzip** besagt, dass in der Vergangenheit die gleichen Naturgesetze wirksam waren wie in der Gegenwart.
- Volkswirtschaftslehre: Thomas MALTHUS vertrat die (heute überholte) These, dass die Weltbevölkerung schneller wachse als die Agrarproduktion zunehmen könne. Dies müsse einen ständigen Kampf der Völker um Landbesitz auslösen. DARWIN übertrug die Gedanken von Überproduktion (Übervermehrung) und Kampf ums Dasein auf das Tier- und Pflanzenreich.
- Philosophie: Von Herbert SPENCER, der den Kampf ums Dasein und das Überleben der Tüchtigsten als die wesentlichen gesellschaftlichen Kräfte ansah, übernahm DARWIN die Formulierungen *„struggle for life"* und *„survival of the fittest"*.

Am Beispiel der Entstehung des langen Giraffenhalses sollen die Theorien von LAMARCK und DARWIN gegenübergestellt werden:

Beispiel

LAMARCK	DARWIN

Die „Urgiraffen" hatten kurze Hälse, die aufgrund von Nahrungsknappheit in Bodennähe gestreckt werden mussten, damit die Tiere Blätter fressen konnten.	Die „Urgiraffen" hatten verschieden lange Hälse. Diese Unterschiede wurden an die Nachkommen weitergegeben. (DARWIN hatte keine Erklärung für die Verschiedenheit.)

Die durch Strecken länger gewordenen Hälse wurden an die Nachkommen vererbt, die sich ebenfalls nach dem Futter streckten.	Durch Nahrungskonkurrenz führte die natürliche Auslese zum Überleben der Individuen mit längeren Hälsen. Individuen mit kürzeren Hälsen konnten sich nicht durchsetzen.

Das ständige Strecken des Halses führte schließlich zu den heutigen Giraffen. LAMARCKs Theorie wird nicht durch Beobachtungen gestützt.	Im ständigen Konkurrenzkampf konnten nur die langhalsigen Giraffen überleben. Die Theorie DARWINs ist bis heute gut durch zahlreiche Belege untermauert.

Abb. 3: Vergleich der Theorien LAMARCKs und DARWINs anhand der Entstehung des Giraffenhalses

Auswirkungen des Evolutionsgedankens auf die Ordnungssysteme

Der schwedische Naturforscher Carl von LINNÉ entwarf im 18. Jahrhundert ein „System der Natur", in das er alle bis dahin bekannten Lebewesen aufnahm. Alle Pflanzen- und Tierarten erhielten einen lateinischen Doppelnamen für Gattung und Art **(binäre Nomenklatur)** und wurden aufgrund ihrer abgestuften Ähnlichkeiten in dieses System eingeordnet. So entstand ein hierarchisch gegliedertes, nach Auffassung von LINNÉ gottgeschaffenes System, eine Ordnung der Lebewesen in Ähnlichkeitsgruppen. Am Beispiel des Löwen soll das Ordnungsprinzip des „Systems der Natur" von LINNÉ aufgezeigt werden.

Beispiel

Stellung des Löwen im System der Lebewesen

- Reich: Tiere
  - Unterreich: Vielzeller
    - Stamm: Wirbeltiere (Chordatiere)
      - Klasse: Säugetiere
        - Ordnung: Raubtiere
          - Familie: Katzen
            - Gattung: Großkatzen *(Panthera)*
              - Art: Löwe (*Panthera leo* L.)

Die Art Löwe wurde von LINNÉ 1758 beschrieben und mit dem Gattungs- und Artnamen *Panthera leo* L. (L. für LINNÉ) versehen. Vier Unterarten oder geografische Rassen bewohnen Gebiete südlich der Sahara, z. B. der Massai-Löwe *(Panthera leo massaicus)*. Der bis in die Spät-Eiszeit in Europa verbreitete, heute ausgestorbene Höhlenlöwe *(Panthera leo spelaea)* ist ebenfalls eine Unterart des heutigen Löwen. Zur Gattung der Großkatzen *Panthera* gehören auch Tiger *(Panthera tigris)*, Leoparden *(Panthera pardus)* und Jaguare *(Panthera onca)*. Die Familie der Katzen umfasst neben den Großkatzen eine Reihe weiterer Gattungen, darunter Luchse, Pumas und *Felis* (dazu zählen Wild- und Hauskatzen). Zur Ordnung der Raubtiere werden neben den Katzen z. B. auch die Hundeartigen, Marder, Großbären, Hyänen, Seehunde und Walrosse gerechnet. Für diese Tiere ist z. B. das Raubtiergebiss mit seinen Dolch-(Fang-) und Reißzähnen typisch. Die Säugetiere wiederum haben fast alle ein Fell und ernähren ihre Jungen mit Milch, die sie in besonderen Milchdrüsen erzeugen. Die Wirbeltiere besitzen als gemeinsames Merkmal eine Wirbelsäule. Zu den Vielzellern zählen alle Tiere, die aus mehreren Zellen aufgebaut sind. Im Gegensatz dazu steht das Unterreich der Einzeller, zu dem z. B. das Pantoffeltierchen oder die Amöbe gehören. Schließlich stehen dem Reich der Tiere noch die Reiche der Pflanzen, Pilze und Prokaryoten gegenüber. Damit sind alle auf der Erde vorkommenden Lebewesen erfasst und können an entsprechender Stelle in das System der Organismen eingeordnet werden.

Entscheidend für die Erstellung solcher Ordnungssysteme ist die Auswahl der Merkmale, anhand derer die Lebewesen bestimmten Kategorien zugeordnet werden sollen. LINNÉ wählte meist wenige, leicht erkennbare Merkmale wie z. B. das Vorhandensein oder die Abwesenheit von Flügeln bei Gliederfüßern als Kriterium aus. Dadurch werden Läuse und Flöhe (typische Insekten) zusammen mit Spinnen, Krebsen und Tausendfüßlern in eine Gruppe gestellt. In solchen **künstlichen Systemen** ergeben sich häufig Widersprüche bei der Beurteilung weiterer Merkmale. Geht man jedoch von der Annahme aus, dass sich alle Lebewesen im Laufe der Zeit aus anderen Lebewesen entwickelt haben (Evolutionstheorie nach DARWIN) und somit mehr oder weniger miteinander verwandt sind, besteht ein **natürliches System** der Lebewesen. Übereinstimmungen in bestimmten Merkmalen weisen auf eine gemeinsame Abstammung der untersuchten Lebewesen hin. Solche Merkmale werden als homologe Merkmale (Homologien, siehe S. 11 ff.) bezeichnet. Das natürliche System zeichnet sozusagen die Evolution der Lebewesen nach.

Der morphologische und der biologische Artbegriff

Das Ordnungsprinzip des natürlichen Systems der Lebewesen und der abgestuften Ähnlichkeiten bildete die Grundlage der Definition des morphologischen Artbegriffs:

Morphologischer Artbegriff: Alle Lebewesen, die untereinander und mit ihren Nachkommen in wesentlichen Merkmalen übereinstimmen, werden zu einer Art zusammengefasst.

Da diese Definition des Artbegriffs in Bezug auf die „wesentlichen Merkmale“ (neben anatomisch-morphologischen auch physiologische und ethologische Merkmale) manchmal nur mit Schwierigkeiten anzuwenden ist (siehe Analogien, S. 24 f.), wird zusätzlich auch der biologische Artbegriff verwendet:

Biologischer Artbegriff: Unter einer Art fasst man alle Lebewesen zusammen, die sich miteinander kreuzen können und deren Nachkommen fertil bzw. fruchtbar sind.

In Ausnahmefällen ist es möglich, auch Tiere zweier unterschiedlicher Arten miteinander zu kreuzen. Wenn die Nachkommen sich selbst aber nicht mehr vermehren können, ist dies ein sicheres Zeichen dafür, dass die Eltern tatsächlich zwei verschiedenen Tierarten angehören. Sind die Nachkommen jedoch weiter fortpflanzungsfähig, so können beide Eltern einer Tierart zugeordnet werden.

Beispiele

Der Nachkomme aus einer Verbindung zwischen Auerhahn und Birkhahn, das sog. Rackelhuhn, entspricht optisch in etwa einer „Mischung" beider Elternarten. Es ist selber jedoch unfruchtbar, kann sich also nicht weiter fortpflanzen. Dasselbe gilt für die Nachkommen einer Kreuzung aus Pferd und Esel (Maulpferd bzw. Maulesel).

Eine Art setzt sich aus vielen Populationen zusammen. Unter einer **Population** versteht man die Mitglieder einer Art, die zur gleichen Zeit in einem begrenzten Gebiet leben und sich untereinander fortpflanzen. **Rassen** sind Populationen einer Art, die sich in einem oder mehreren vererbbaren Merkmalen voneinander unterscheiden.

1.3 Beurteilung von Ähnlichkeiten zur Rekonstruktion der Stammesgeschichte

In verschiedenen Wissenschaftsgebieten werden die einzelnen Lebewesen im Hinblick auf Ähnlichkeiten überprüft, die Mannigfaltigkeit der verschiedenen Lebewesen aufgrund von Gemeinsamkeiten und Übereinstimmungen geordnet. Dabei stellt man fest, dass zahlreiche Strukturen von Lebewesen auf einen gemeinsamen Bauplan und damit auf einen gemeinsamen Ursprung zurückzuführen sind.

Homologien aus dem Bereich der Anatomie

Die Anatomie ist die Lehre vom Aufbau bzw. dem Körperbau der Organismen. Vergleicht man die Gliedmaßen der Wirbeltiere, so fällt auf, dass sie trotz ihrer unterschiedlichen Funktionen (z. B. als Flug-, Grab- oder Schwimmextremitäten) einen gemeinsamen Grundbauplan aufweisen. Dieser ist ein Hinweis auf die Abstammung von gemeinsamen Vorfahren und somit ein Zeichen von Verwandtschaft. Die Entwicklung von homologen Organen erfolgt divergent, d. h. von einer Grundform ausgehend in verschiedene Richtungen.

Organe bzw. Merkmale, die auf einen gemeinsamen Grundbauplan zurückgehen, bezeichnet man als **homologe Organe** oder Merkmale. Wenn sich von einer gemeinsamen Stammform bzw. von einem gemeinsamen Bauplan ausgehend verschiedene Abwandlungen einer Grundstruktur entwickeln, spricht man von **Divergenz**.

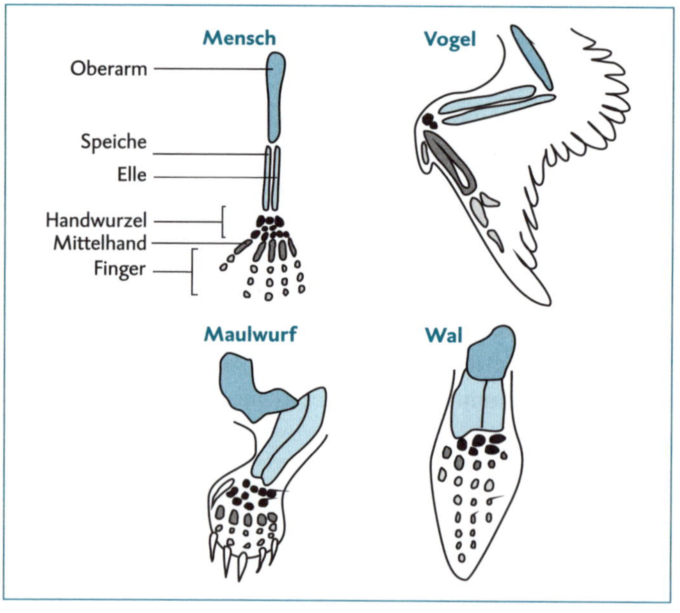

Abb. 4: Grundbauplan der Wirbeltierextremität und ihre Abwandlungen

Manchmal können homologe Organe aufgrund der starken Abweichung vom Grundbauplan nicht gleich erkannt werden. Es gibt aber drei Kriterien, die eindeutig auf eine Homologie von Organen hinweisen.

Um den gemeinsamen Grundbauplan von stark unterschiedlich aussehenden Organen zu erkennen, zieht man drei **Homologiekriterien** heran: das Kriterium der Lage, das Kriterium der Kontinuität sowie das Kriterium der speziellen Struktur. Organe sind dann homolog, wenn mindestens eines der drei Kriterien erfüllt ist.

Nach dem **Kriterium der Lage** sind Organe homolog, wenn sie in einem vergleichbaren Gefüge-System die gleiche Lage einnehmen. Homologie muss nicht zwangsläufig eine auffällige Ähnlichkeit bedeuten. Bei homologen Organen können (bedingt durch Spezialisierung und Änderungen in der Funktion) Verschmelzungen oder Reduktionen stattfinden. Entscheidend für die Homologisierung ist die Lagebeziehung der einzelnen Teile zueinander.

Beispiel

Ein Vogelflügel oder der Fuß eines Pferdes weisen weniger Fingerknochen auf als die fünf im Grundbauplan vorhandenen, die Vorderpfote des Maulwurfs (durch ein zusätzliches Sichelbein) dagegen mehr.

Homologe Organe sind auch daran zu erkennen, dass sie durch Zwischen- bzw. Übergangsformen miteinander in Verbindung stehen **(Kriterium der Kontinuität)**.

Beispiel

Ein Beispiel für einen Funktionswechsel, der kontinuierlich verfolgt werden kann, stellt die Bildung der Gehörknöchelchen der Säugetiere (Hammer, Amboss und Steigbügel) dar. Diese entwickelten sich aus dem Zungenbeinbogen der Haie bzw. der Columella (Schall leitendes Knochenstäbchen) der Amphibien sowie zwei Kieferknochen (primäres Kiefergelenk). Dabei lässt sich erkennen, dass im Laufe der Evolution das Hyomandibulare im Zungenbeinbogen der Haie zur Columella der Amphibien wurde und sich daraus bei den Säugetieren der Steigbügel bildete. Die Entwicklung der Kieferknochen (Articulare und Quadratum) der Amphibien führte schließlich zur Bildung von Hammer und Amboss bei den Säugern.

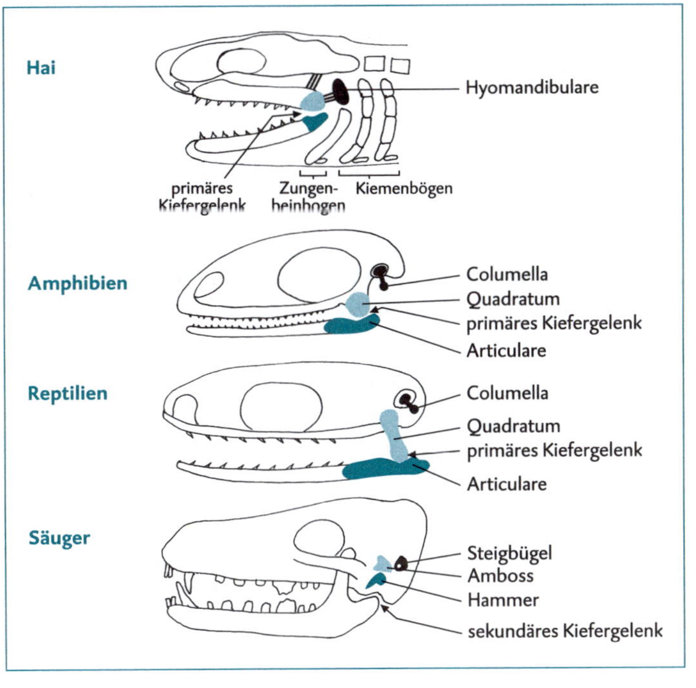

Abb. 5: Entwicklung der Gehörknöchelchen bei den Säugern

Das **Kriterium der speziellen Struktur** (Kriterium der spezifischen Qualität) besagt, dass Organe auch unabhängig von ihrer Lage als homolog eingeordnet werden können, wenn sie in zahlreichen Einzelheiten übereinstimmen. Je komplexer die Organe aufgebaut sind, desto wahrscheinlicher resultiert die Übereinstimmung der verglichenen Strukturen aus einem gemeinsamen Grundbauplan.

Beispiel

Säugetierzähne und Haifischschuppen sind äußerlich sehr verschieden, sie stimmen aber in mehreren Baumerkmalen bzw. der Beschaffenheit des Materials überein. So besteht die äußerste Schicht der Haifischschuppe und des Wirbeltierzahns aus Zahnschmelz, der das Dentin (Zahnbein) überzieht. Beide Strukturen sind innen hohl (Pulpahöhle).

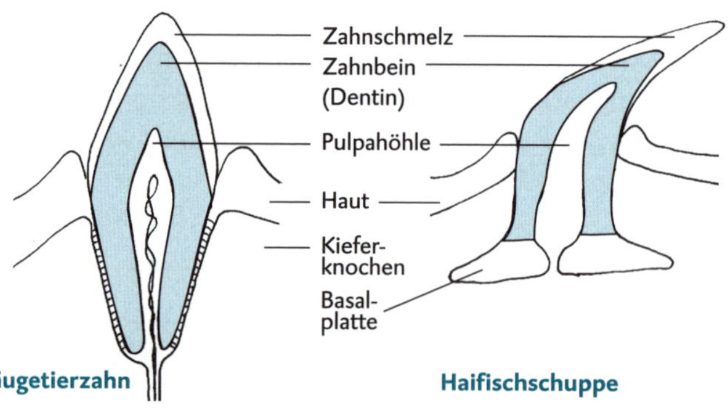

Abb. 6: Aufbau eines Säugetierzahns im Vergleich mit einer Haifischschuppe

Rudimente

Rudimente sind nicht mehr vollständig ausgebildete oder verkümmerte Organe, die ihre ursprüngliche Funktion nicht mehr erfüllen. Solche rückgebildeten Organe sind bis heute noch bei einigen Organismen als Überbleibsel der ursprünglich funktionierenden Organe vorhanden. Sie sind stumme Zeugen einer Abstammung dieser Organismen von Lebewesen, bei denen die Organe noch funktionierten. In manchen Fällen haben Rudimente aber auch eine neue Funktion übernommen.

Rudimente sind im Laufe der Evolution zurückgebildete Organe und Strukturen, die häufig keine Funktion mehr erfüllen.

Beispiele

Rudimentäre Organe bei Pflanzen

- Im Gegensatz zur Königskerze mit fünf fruchtbaren Staubblättern besitzt die Braunwurz vier fruchtbare und ein unfruchtbares Staubblatt, das ebenfalls zu den Rachenblütlern zählende Gnadenkraut nur noch zwei fruchtbare und zwei unfruchtbare Staubblätter.
- Parasitische Pflanzen wie Braunwurz und Fichtenspargel zapfen die Leitungsbahnen ihrer Wirtspflanzen an und entziehen ihnen Nährstoffe. Sie betreiben keine Fotosynthese und weisen nur noch Reste von Laubblättern in Form von kleinen Schuppen auf, die durch das Fehlen von Chlorophyll gelblich-bräunlich gefärbt sind.

Rudimentäre Organe bei Tieren

- Zurückgebildete, stark verkürzte Extremitäten der Erzschleiche
- Reste des Beckengürtels bei Blindschleichen: Diese Tiere gehören nicht zu den Schlangen, sondern zu den Echsen (vier Gliedmaßen!).
- Zurückgebildete, funktionslose Augen bei Axolotl und Grottenolm
- Griffelbeine des Pferdefußes (zurückgebildete Mittelhand- bzw. Mittelfußknochen)
- Reste des Beckengürtels bei Walen: Wale stammen von landlebenden Säugetieren ab, die vier Extremitäten besaßen. An den verkümmerten Beckenknochen der Wale befindet sich der Ansatz für After- und Penismuskeln.

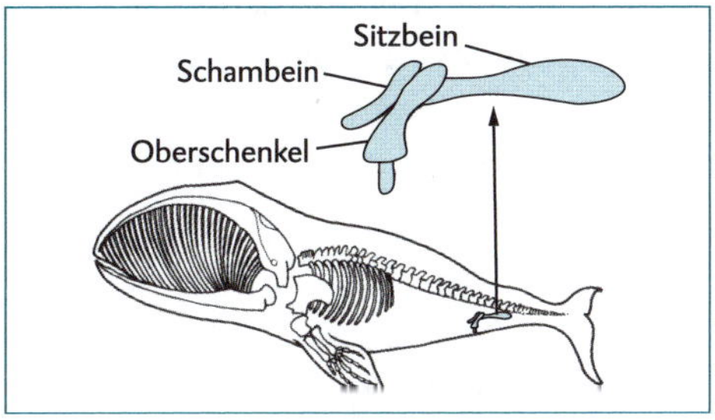

Abb. 7: Reste des Beckengürtels beim Wal

Rudimentäre Organe beim Menschen

- Eckzähne und Weisheitszähne
- Verkümmerte Ohrmuskeln: Ursprünglich konnten mit den Ohrmuskeln die Ohrmuscheln bewegt werden.
- Restkörperbehaarung, vor allem beim Mann: Die spärliche Körperbehaarung des Menschen stellt ein rudimentäres Fell dar.
- Wurmfortsatz des Blinddarms: Er diente früher zur besseren Verdauung pflanzlicher Nährstoffe; nun ist er Teil des Immunsystems und enthält zahlreiche Lymph-Follikel mit Lymphozyten.
- Zum Steißbein verwachsene Steißwirbel als Überbleibsel der verlängerten Wirbelsäule (Schwanz)

Atavismen

Sehr selten treten bei einzelnen Individuen Merkmale auf, die im Laufe der Evolution dieser Art rückgebildet und/oder ganz verschwunden waren. Solche plötzlich wiederauftauchenden Körpermerkmale werden als Atavismen bezeichnet und als Rückschläge in der phylogenetischen Entwicklung gesehen.

Treten bei einzelnen Individuen Merkmale wieder auf, die bei den Vorfahren voll entwickelt waren, aber im Laufe der Evolution reduziert oder ganz abgebaut wurden, spricht man von einem **Atavismus**.

Beispiele

Atavismen bei Pflanzen

- Radiärsymmetrischer Blütenbau beim normalerweise bilateralsymmetrischen Löwenmäulchen
- Grüne, chlorophyllhaltige Blütenblätter bei der Pfingstrose

Atavismen bei Tieren

- Verlängertes Griffelbein mit Zehenknochen bei Pferden (siehe Abb. 8a)
- Fliegen mit vollständig ausgebildetem hinterem Flügelpaar statt der Schwingkölbchen (Rudimente) (siehe Abb. 8b)

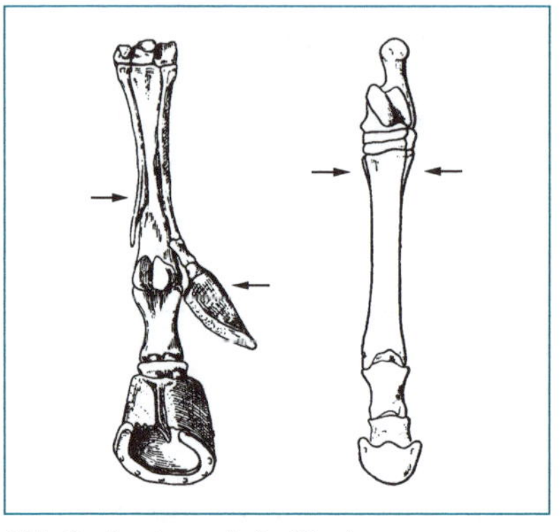

Abb. 8a: Atavismus beim Pferd

Abb. 8b: Atavismus bei der Fliege

Atavismen beim Menschen

- Überzählige Brustwarzen entlang einer Milchleiste bei der Frau
- Schwanzartig verlängertes Steißbein
- Extrem starke Körperbehaarung auch schon bei Kindern und Säuglingen, die stammesgeschichtlich als Rückschlag der Fellbildung gedeutet wird

Über die Entstehung derartiger Atavismen gibt es verschiedene Theorien. Manche Forscher nehmen sog. Rückmutationen an, andere wiederum führen das Entstehen von Atavismen auf Entwicklungsstörungen in der Embryonalentwicklung zurück. Die meisten Forscher gehen aber davon aus, dass es sich um die Realisierung von genetischer Information handelt, die normalerweise unterdrückt wird. Eine stammesgeschichtlich interessante Erklärung ihres Auftretens ist die Theorie der ursprünglichen Separation und erneuten Kombination von Genen. Nach dieser Theorie sind an der Ausbildung von atavistischen Merkmalen ursprünglich mehrere Gene beteiligt, die zusammenwirken. Kommt es zum Abtrennen von nur einem oder auch mehreren dieser Gene (Separation), so kann das Merkmal nicht mehr ausgebildet werden. Durch Kreuzungen und entsprechende Neukombination der alten Gene würde dann das ursprüngliche Merkmal wieder auftauchen.

Embryologie

Vergleicht man die Embryonen verschiedener Wirbeltiere zu Beginn ihrer Entwicklung miteinander, so fällt auf, dass sie sich in der ersten Phase ihrer Embryonalentwicklung so gut wie nicht voneinander unterscheiden. Alle Wirbeltierembryonen, auch der menschliche Embryo, zeigen zu Beginn der Keimesentwicklung die Anlage von **Kiemenbögen**, die – mit Ausnahme der Fische – bei den anderen Wirbeltierembryonen wieder verschwinden. Aus der Sicht der Evolutionsforschung ist dies ein deutlicher Hinweis für die Abstammung der landlebenden Wirbeltiere von früheren Wasser bewohnenden Tieren.

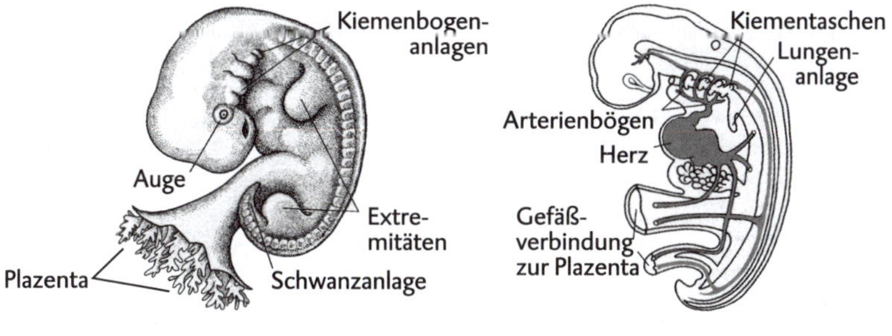

Abb. 9: Menschlicher Embryo im Alter von vier Wochen. Die Anlage der Kiemenbögen (links) und der zugehörigen Arterienbögen (rechts) sind deutlich erkennbar.

Während der Embryonalentwicklung treten immer wieder Strukturen auf, die bei den stammesgeschichtlichen Vorfahren funktionsfähige Organe darstellten. Das betreffende Merkmal tritt umso früher in der Embryonalentwicklung auf, je stammesgeschichtlich älter der Vorfahre ist.

Beispiele

- Froschembryonen (Kaulquappen) bilden als Larven Kiemen aus.
- Die Embryonen von Blindschleichen legen Vorder-Extremitäten an.
- Bartenwal-Embryonen haben Zahnanlagen und Hintergliedmaßen.
- Vogelembryonen weisen eine verlängerte Wirbelsäule auf.
- Zu Beginn der Entwicklung besitzt der menschliche Embryo ein zweikammeriges Herz (ähnlich dem der Fische), das durch die sich bildende Herzscheidewand in vier Kammern aufgeteilt wird.
- Im weiteren Verlauf der Embryonalentwicklung bildet der menschliche Embryo eine verlängerte Schwanzwirbelsäule aus, wiederum ein Hinweis auf die Abstammung von Schwanz tragenden Vorfahren.
- Im 5. Monat seiner Entwicklung ist der menschliche Fetus mit einem dichten Haarkleid bedeckt, was von den Wissenschaftlern als Fellanlage gedeutet wird, die normalerweise bis zur Geburt, bis auf wenige Reste, wieder verschwindet.

Ernst HAECKEL hat 1866 all diese Beobachtungen zusammengefasst und als sogenanntes biogenetisches Grundgesetz formuliert. Er vergleicht dabei die **Ontogenie** (Ontogenese, Individualentwicklung) eines Lebewesens mit der **Phylogenie** (Phylogenese, Stammesentwicklung) und kommt zu dem Schluss: „Die Ontogenese ist eine kurze und schnelle Wiederholung (Rekapitulation) der Phylogenese".

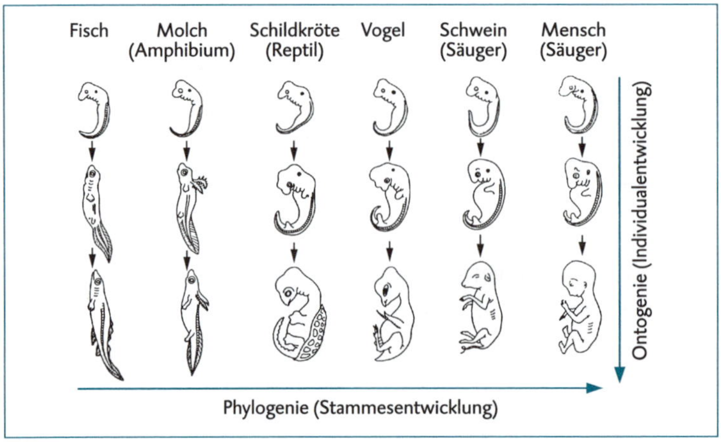

Abb. 10: Vergleich von Embryonalentwicklungsstadien einiger Wirbeltiere

Als Kritik an der Formulierung des biogenetischen Grundgesetzes durch HAECKEL lässt sich anführen:

- Es werden nicht alle Stadien der Phylogenese durchlaufen (z. B. fehlen den Vogelembryonen die Anlagen von Zähnen).
- Der Embryo legt auch Strukturen an, die nichts mit der Stammesentwicklung zu tun haben, wie z. B. Eihäute und Dottersack.
- Es bilden sich keine fertigen Organe aus, sondern nur die jeweiligen Anlagen dazu.

Aus diesen Gründen spricht man heute nicht mehr vom biogenetischen Grundgesetz, sondern von der biogenetischen Grundregel:

Biogenetische Grundregel: In der Embryonalentwicklung eines Lebewesens **(Ontogenese)** werden Merkmale seiner stammesgeschichtlichen **(phylogenetischen)** Vorfahren angelegt, die dem Erwachsenenstadium fehlen.

Vergleichende Molekularbiologie und Biochemie

Die vergleichende Molekularbiologie untersucht die Strukturen biochemischer Makromoleküle bei verschiedenen Lebewesen. In erster Linie werden dabei die Tertiärstrukturen von Proteinen und Enzymen (Oberflächenstruktur) untersucht (Serologie). Letztlich ist die Tertiärstruktur der Proteine aber durch die Primärstruktur, d. h. durch die Aminosäuresequenz, festgelegt. Die Aminosäuresequenz wiederum hängt von der Basensequenz der DNA ab. Alle biochemischen Verwandtschaftsbeziehungen zwischen den Lebewesen gehen daher auf eine mehr oder weniger große Übereinstimmung der Basensequenz der DNA zurück.

Serologie (Serodiagnostik)

Zentrifugiert man das Blut eines Lebewesens, so reichern sich die festen Bestandteile des Bluts (Erythrozyten, Leukozyten und Thrombozyten) im unteren Bereich der Probe an und können somit vom darüber stehenden flüssigen Anteil abgetrennt werden. Den flüssigen Bestandteil des Blutes bezeichnet man als Blutplasma. Durch Entfernen von Fibrinogen (Vorstufe des Gerinnungsstoffs Fibrin) erhält man **Blutserum**. In ihm sind neben Wasser und Nährstoffen, wie z. B. Glucose, auch lösliche Eiweißmoleküle wie die sog. Serumproteine enthalten. Ihre Zusammensetzung ist artspezifisch und genetisch bedingt. Injiziert man nun das Serum eines Tiers einem anderen Tier, so bilden sich aufgrund der Immunabwehrreaktion zu den fremden Serumproteinen komplementäre Antikörper. Werden diese Antikörper mit den zur Immunisierung verwendeten Serumproteinen vermischt, verbinden sie sich nach dem Schlüssel-Schloss-Prinzip und es kommt zur Ausflockung (Präzipitation) eines Antigen-Antikörper-Komplexes.

Der Grad der Übereinstimmung der Tertiär- und damit auch der Primärstruktur der Serumproteine zweier verschiedener Arten ist ein Maß für die biochemische Verwandtschaft der untersuchten Arten. Mithilfe des sog. **Serum-Präzipitintests** kann der Verwandtschaftsgrad zweier Arten relativ leicht bestimmt werden.

Einem Tier A, dessen biochemische Verwandtschaft mit dem Tier B untersucht werden soll, wird für einen Serum-Präzipitintest Blut entnommen und daraus Blutserum hergestellt. Dieses Blutserum wird einem anderen Tier, meist einem Kaninchen, injiziert. Das Kaninchen bildet gegenüber den fremden Serumproteinen Antikörper im Überschuss. Dem Kaninchen wird Blut entnommen und daraus ebenfalls Blutserum hergestellt, das Antikörper gegen die Serumproteine des Tieres A enthält. Ein Teil des Kaninchenblutserums wird im Reagenzglas mit dem Serum des Tieres A gemischt. Da hierbei alle Serumproteine des Tieres A als Antigen-Antikörper-Komplexe ausfallen, setzt man den gemessenen Wert gleich 100 %. In einem anderen Reagenzglas mischt man Kaninchenblutserum mit dem Serum des Tiers B. Es wird ein Ausfällungsgrad von weniger als 100 % auftreten.

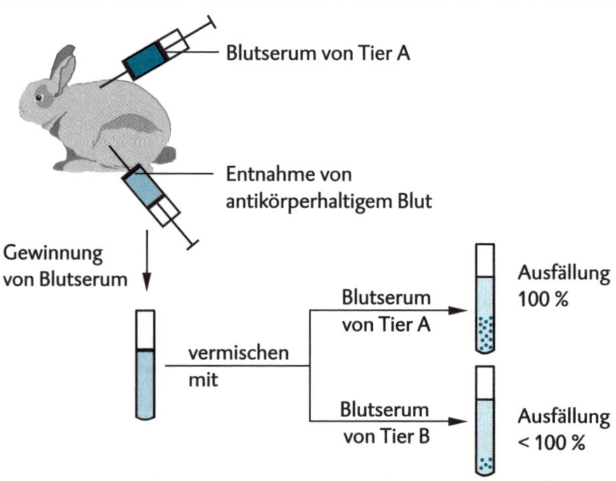

Abb. 11: Schematische Darstellung des Serum-Präzipitintests

Der Auswertung des Präzipitintests liegt folgende Überlegung zugrunde: Da es eine fast unendliche Anzahl von unterschiedlichen Primär- und somit auch Tertiärstrukturen von Proteinen gibt (etwa 10^{130}), ist die Wahrscheinlichkeit eines zufälligen Auftretens gleicher Proteinstrukturen bei zwei Tierarten praktisch gleich null. Eine Übereinstimmung in der Struktur zweier Proteine von verschiedenen Tierarten kann daher nur aufgrund einer mehr oder weniger nahen biochemischen Verwandtschaft der beiden Tierarten erklärt werden. Der Grad der Ausfällung gibt die Übereinstimmung der Struktur der Serumproteine der beiden untersuchten Tiere in Prozent an und ist somit ein Maß für den Verwandtschaftsgrad zwischen dem Tier A und dem Tier B.

Beispiel

Die Serodiagnostik von Mensch und Menschenaffen ergibt die in Abb. 12 dargestellten Werte.

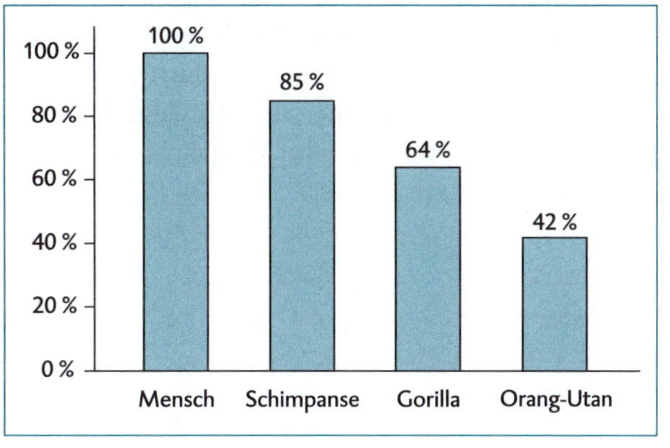

Abb. 12: Ergebnisse der Serodiagnostik von Mensch und Menschenaffen

Vergleich der Aminosäuresequenz von Proteinen

Proteine als Genprodukte spiegeln in ihrer Aminosäuresequenz (Primärstruktur) direkt die DNA-Codierung (Triplettfolge des Gens) wider. Durch den Vergleich homologer Proteine ist ein Rückschluss auf die Mutationen des betreffenden Gens möglich.

Die Abstammungslehre erklärt die Abweichung der Aminosäuresequenz in den gleichen Proteinen bei verschiedenen Arten als Folge von **Genmutationen** (siehe (1), S. 81), die sich mit einer bestimmten Häufigkeit ereignen. Daraus folgt, dass die Zahl der auftretenden Mutationen, also der veränderten Aminosäuren, von der Zeit abhängig ist. Je länger also die Zeit, die seit der Entwicklung von zwei Arten aus einem gemeinsamen Vorfahren vergangen ist, desto mehr Mutationen traten ein und desto größer sind daher die Unterschiede in der Aminosäuresequenz der verglichenen Proteine.

Zwei Pflanzen- oder Tierarten sind umso näher miteinander verwandt, je geringer die Abweichung der Aminosäuresequenz ihrer Proteine ist. Den Änderungen der Aminosäuresequenz liegen **Genmutationen** zugrunde. Die Zahl der Mutationen hängt von der Zeit ab: In längerer Zeit treten mehr Mutationen auf als in kürzerer. Die Zahl der ausgetauschten Aminosäuren ist daher umso größer, je früher sich Arten in der Stammesgeschichte getrennt haben.

Beispiele

Die Moleküle des Hormons **Insulin** sind Polypeptide aus 51 Aminosäuren, wobei die A-Kette aus 21 und die B-Kette aus 30 Aminosäuren aufgebaut ist. Die Aminosäuresequenz wurde bereits 1953 von F. SANGER aufgeklärt. Insulin ist ein Hormon der Bauchspeicheldrüse, das die Aufnahme der Glucose in die Zellen bewirkt und dadurch den Blutzuckerspiegel senkt. Ein Vergleich der Aminosäuresequenz des Insulins von verschiedenen Wirbeltierarten zeigt Abweichungen in der Sequenz der Aminosäuren, z. B. beim Vergleich eines Ausschnitts aus der A-Kette des Insulins dreier Huftiere.

	6	7	8	9	10	11
Rind	Cys –	Cys –	Ala –	Ser –	Val –	Cys –
Schwein	Cys –	Cys –	Thr –	Ser –	Ile –	Cys –
Schaf	Cys –	Cys –	Ala –	Cys –	Val –	Cys –

Tab. 2: Unterschiede in der Aminosäuresequenz des Insulins bei Rind, Schwein und Schaf (Die Ziffern geben die Positionen in der Aminosäurekette an.)

Rinder- und Schafsinsulin unterscheiden sich nur in der Aminosäure an Position 9, während zwischen Rinder- und Schweineinsulin zwei Unterschiede (Position 8 und 10) auftreten. Bei Schafs- und Schweineinsulin weicht die Aminosäuresequenz in den Positionen 8, 9 und 10 ab. Bezogen auf die Verwandtschaftsverhältnisse von Rind, Schaf und Schwein bedeutet dies, dass Rind und Schaf näher miteinander verwandt sein müssen als Rind und Schwein bzw. Schaf und Schwein. Aufgrund der Zeitabhängigkeit der Zahl der Mutationen lässt sich ein Stammbaum erstellen (siehe Abb. 13).

Der Zeitpunkt, an dem sich die stammesgeschichtliche Entwicklung des Schweins und des gemeinsamen Vorfahren von Schaf und Rind verzweigte (V_1), muss längere Zeit zurückliegen als der Verzweigungspunkt V_2 von Rind und Schaf.

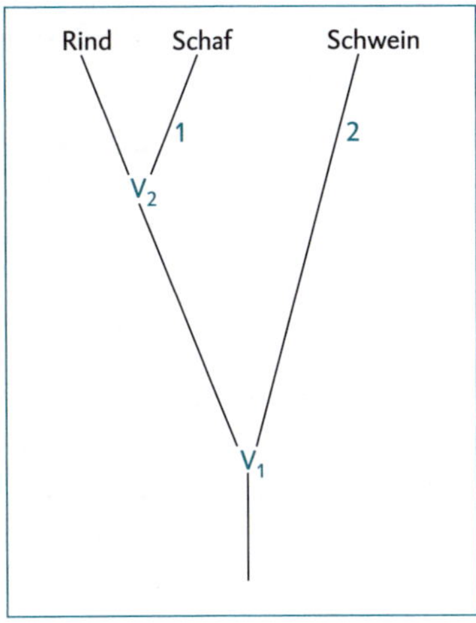

Abb. 13: Stammbaum von Rind, Schaf und Schwein als Ergebnis der Aminosäure-Sequenzanalyse

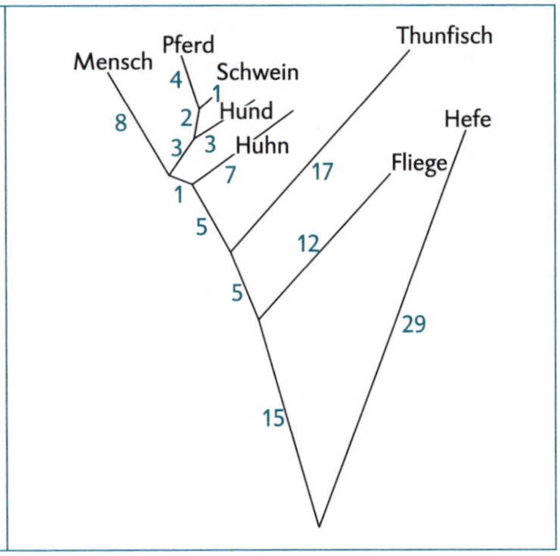

Abb. 14: Ausschnitt aus einem Stammbaum, der auf Unterschieden in der Aminosäuresequenz des Cytochroms c beruht.

(Die Ziffern geben jeweils die Anzahl der ausgetauschten Aminosäuren an.)

Ein weiteres Beispiel aus der vergleichenden Molekularbiologie ist das Cytochrom c (siehe Abb. 14), ein Enzym, das bei Pflanzen und Tieren eine Schlüsselrolle bei der Zellatmung (Energiefreisetzung) spielt. Es besteht aus einer Kette von 104 Aminosäuren. Seine biokatalytische Wirkung geht nicht verloren, selbst wenn bis zu 70 Aminosäuren der Kette ausgetauscht werden.

Direkter Vergleich der DNA durch DNA-Hybridisierung

Bei diesem Verfahren wird festgestellt, wie gut sich DNA-Einzelstränge von Organismen verschiedener Arten zu einem DNA-Doppelstrang zusammenlagern können. Hybrid-DNA-Doppelstränge bilden sich aufgrund komplementärer Basenpaarungen. Je näher zwei Arten miteinander verwandt sind, desto mehr stimmt ihre DNA in der Nukleotidsequenz überein und desto mehr komplementäre Basenpaarungen sind durch Ausbildung von Wasserstoffbrückenbindungen möglich. Erwärmt man diese Hybrid-Doppelstränge, so trennen sie sich wieder in Einzelstränge auf, und zwar bei einer umso höheren Temperatur, je mehr komplementäre Basenpaarungen zustande gekommen sind. Eine niedrigere Schmelztemperatur dagegen lässt auf eine geringere Übereinstimmung der genetischen Information schließen und damit auf eine entferntere Verwandtschaft der untersuchten Arten. Ihre Entwicklung muss also über eine längere Zeit getrennt verlaufen sein, sodass durch Mutationen deutliche Veränderungen in der Basensequenz der DNA auftraten.

Beispiel

Die Hybridisierung zwischen menschlicher DNA und der DNA verschiedener (Menschen-)Affen ergibt die folgenden Werte:

DNA-Hybride	Mensch × Mensch	Mensch × Schimpanse	Mensch × Gorilla	Mensch × Orang-Utan	Mensch × Gibbon	Mensch × Meerkatze
Schmelztemperatur	88,2 °C	86,4 °C	85,8 °C	84,6 °C	83 °C	80,5 °C

Tab. 3: Ergebnisse der DNA-Hybridisierung zwischen Mensch und Menschenaffen

Je höher die Temperatur zum Trennen der Hybrid-Doppelstränge ist, desto ähnlicher ist die DNA der verglichenen Arten und desto enger ist deren Verwandtschaft: Der Mensch ist in diesem Beispiel mit dem Schimpansen am nächsten und mit Meerkatzen am entferntesten verwandt.

Analogien und konvergente Entwicklung

Im Gegensatz zur Homologie beruht die Ähnlichkeit von analogen Organen nicht auf einem gemeinsamen Grundbauplan, sondern auf ihrer ähnlichen Funktion. Analogien geben daher keinen Hinweis auf stammesgeschichtliche Verwandtschaft.

Organe mit gleicher Funktion, aber unterschiedlichem Bauplan bezeichnet man als **analog**. Sie sind das Ergebnis von Anpassungsvorgängen an gleiche Umweltbedingungen. Eine derartige gleichgerichtete, aber unabhängig voneinander verlaufende Entwicklung von Organen wird **konvergent** genannt.

Beispiele

Beim Vergleich des Grabbeins eines Maulwurfs mit dem einer Maulwurfsgrille, eines Insekts, fällt auf, dass beide Gliedmaßen verbreiterte Grabschaufeln gemeinsam haben. Die Entstehung dieser analogen Struktur ist das Ergebnis einer Angepasstheit an das Leben in der Erde. Das Maulwurfbein entspricht im Aufbau der Wirbeltierextremität, das Maulwurfsgrillenbein dem Bauplan des Insektenbeins.

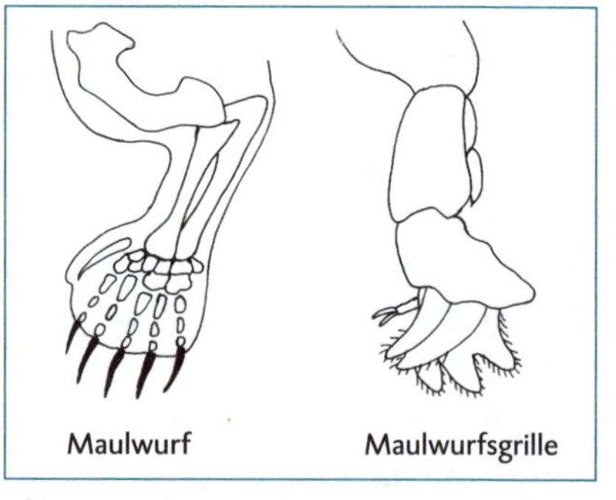

Abb. 15: Analoges Grabbein des Maulwurfs und der Maulwurfsgrille

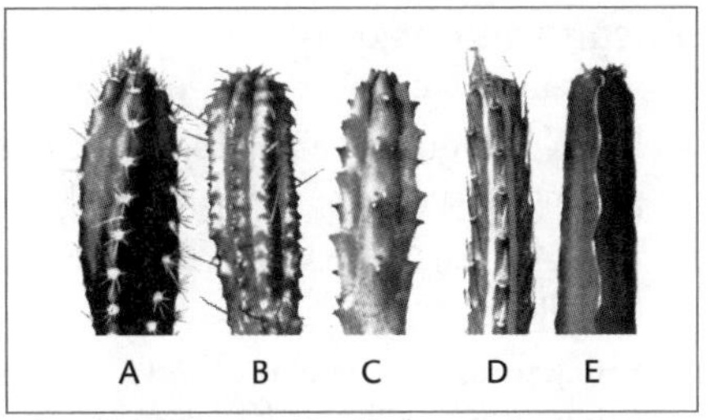

Abb. 16: Stammsukkulenz bei verschiedenen Pflanzenfamilien: (A) Kaktus, (B) Wolfsmilch, (C) Schwalbenwurz, (D) Korbblütler und (E) *Cissus*

Weitere Beispiele für Analogien:

- Ausbildung ähnlicher Wasserspeichergewebe in der Sprossachse (Stammsukkulenz) in verschiedenen Pflanzenfamilien (siehe Abb. 16)
- Lungen der Wirbeltiere – Tracheen der Insekten: Beide Organe dienen dem Gasaustausch, sind aber vollkommen unterschiedlich aufgebaut.
- Sprossdornen bei Rosen und Blattdornen bei Berberitzen
- Stromlinienform des Körpers bei wasserbewohnenden Tieren (siehe Abb. 17): Als Angepasstheit an das Wasserleben hat sich sowohl bei Krebsen (Garnelen), Weichtieren (Tintenfischen), Knorpel- und Knochenfischen, Reptilien (wie den ausgestorbenen Ichthyosauriern), Vögeln (Pinguinen) und Säugetieren (Robben, Delfinen) eine strömungsgünstige Körperform (Spindelform) entwickelt.

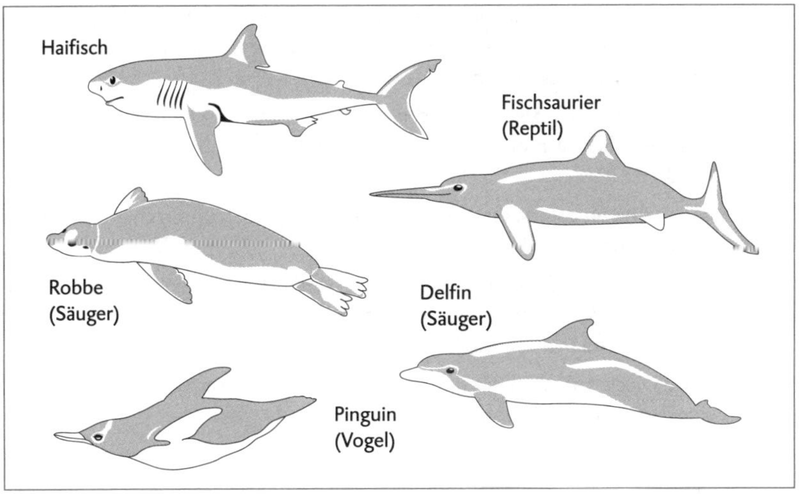

Abb. 17: Stromlinienform des Körpers bei verschiedenen Meeresbewohnern

Zusammenfassung

- Die **Evolution** der Lebewesen führte zu einer immensen **Vielfalt an Organismen** mit ganz unterschiedlichen Angepasstheiten an ihre Umwelt.
- Die Reste von Organismen aus der geologischen Vergangenheit bezeichnet man als **Fossilien**.
- **Brückenformen** vereinen Merkmale stammesgeschichtlich älterer und jüngerer Gruppen in sich. Beispiel: *Archaeopteryx*
- Nach der Theorie von LAMARCK kommt es im Laufe der Stammesgeschichte zu einem Wandel der Arten, indem sich die Organismen aufgrund ihres Vervollkommnungstriebes aktiv durch den Gebrauch und Nichtgebrauch von Organen verändern.
- Die Annahme **LAMARCKS, erworbene Eigenschaften seien vererbbar** und könnten so an die Nachkommen weitergegeben werden, lässt sich nicht beweisen.
- **DARWIN** erklärte den Artwandel durch eine Überproduktion und Variabilität der Nachkommen, an der die **natürliche Selektion** angreift. Nur die am besten angepassten Individuen überleben und können sich fortpflanzen.
- Im natürlichen System sind die Organismen entsprechend ihrer Verwandtschaftsverhältnisse in hierarchisch geordnete Gruppen eingeteilt.
- Der **morphologische Artbegriff** fasst alle Lebewesen zu einer Art zusammen, die sich in wesentlichen Merkmalen gleichen. Nach dem **biologischen Artbegriff** sind diejenigen Lebewesen einer Art zusammengefasst, die miteinander fruchtbare Nachkommen erzeugen können.
- In vielen Wissenschaftsgebieten lassen sich Belege dafür finden, dass alle heute auf der Erde lebenden Organismen miteinander verwandt sind, also einen gemeinsamen Ursprung haben.
- **Homologe Organe** sind ursprungsgleich, können jedoch unterschiedliche Aufgaben erfüllen. Sie geben einen Hinweis auf Verwandtschaft der betreffenden Organismen.
- **Analoge Organe** sind funktionsgleich, aber nicht ursprungsgleich. Analogien sind kein Hinweis auf eine Verwandtschaft, sie entstehen durch konvergente Entwicklung der Organe, die zur Ausbildung ähnlicher Strukturen führt.
- Homologe Organe, Rudimente und Atavismen lassen sich am einfachsten erklären, wenn man eine Evolution der Organismen annimmt.
- Da in der Keimesentwicklung vieler Arten einzelne Organe und Strukturen für kurze Zeit angelegt werden, die für die Vorfahren dieser Arten typisch waren, kann auch die **vergleichende Embryologie** Hinweise auf die stammesgeschichtliche Entwicklung liefern.
- Mit dem **Serum-Präzipitin-Test**, der **Aminosäuresequenzanalyse** und der **DNA-Hybridisierung** werden Proteine und die DNA verschiedener Arten verglichen.
- Aus den Unterschieden in der **Basensequenz** bestimmter DNA-Abschnitte und in der **Aminosäuresequenz** bestimmter Proteine bei verschiedenen Arten lässt sich die Zahl der aufgetretenen Mutationen und somit der **Grad der Verwandtschaft** ableiten.

Aufgaben

1 Erläutern Sie, inwiefern Fossilien einen Beweis für die Evolutionslehre darstellen.

2 *Archaeopteryx* weist als fossiles Brückentier sowohl Reptilien- als auch Vogelmerkmale auf.
Belegen Sie diese Aussage, indem sie jeweils mindestens ein Vogel- und ein Reptilienmerkmal des Arm- und Beinskeletts von *Archaeopteryx* aufführen.

3 Als Ausgangsgruppe der Landwirbeltiere werden die Quastenflosser (eine Ordnung der Knochenfische) angesehen. *Eusthenopteron* z. B. besaß neben Kiemen auch eine Lungenblase sowie ein sehr bewegliches, gut ausgebildetes Flossenskelett. *Ichthyostega*, ein primitiver Lurch, wies bereits Schulter- und Beckengürtel mit fünfstrahligen Extremitäten auf. Der Bau des Schädels lässt zahlreiche Übereinstimmungen mit dem von *Eusthenopteron* erkennen.

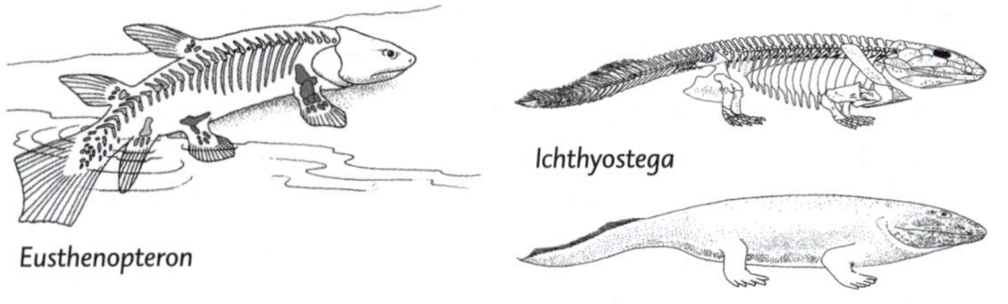

a Erläutern Sie die Bedeutung der angesprochenen Merkmale von *Eusthenopteron* und *Ichthyostega* in der Entwicklung der Landwirbeltiere.

b Nennen Sie zusätzliche Veränderungen im Körperbau, die zum reinen Landleben notwendig wären.

4 Das Schnabeltier ist ein heute noch lebendes Brückentier. Es legt Eier, die im Bauchfell gewärmt werden. Die Jungen lecken Milch auf, die von Drüsen im Bauchfell der Mutter abgesondert wird. Die Körpertemperatur der Tiere ist nicht ständig konstant.

a Nennen Sie die Wirbeltiergruppen, zwischen denen das Schnabeltier vermittelt.

b Ordnen Sie die im Text angegebenen Merkmale den beiden unterschiedlichen Wirbeltiergruppen zu.

5 Fassen Sie zusammen, worin die Lehren LAMARCKS und DARWINS übereinstimmen.

6 Stellen Sie dar, wie die Ansichten CUVIERs die Wissenschaft der Evolution beeinflusste.

7 Termitenkolonien setzen sich aus Soldaten mit großen Kiefern, Arbeitern mit kräftigen Beinen, einem geflügelten größeren König und einer ungeflügelten Königin mit sehr großem Hinterleib zusammen. Nur der König und die Königin sind für die Fortpflanzung zuständig.
Erklären Sie, inwiefern diese Tatsachen eine grundlegende Aussage LAMARCKs widerlegen.

8 Im schattigen Wald wachsende Pflanzen bilden häufiger als Wiesenpflanzen weiße, duftende Blüten aus.
Erklären Sie die Entstehung der Blütenmerkmale von Waldpflanzen aus evolutionsbiologischer Sicht.

9 Lesen Sie das folgende Zitat aufmerksam durch:
„Alles was die Individuen durch den Einfluss der Verhältnisse, denen ihre Rasse lange Zeit ausgesetzt ist, erwerben oder verlieren, wird durch die Fortpflanzung auf die Nachkommen vererbt, vorausgesetzt, dass die erworbenen Veränderungen beiden Geschlechtern oder den Erzeugern dieser Individuen gemein sind."
Nehmen Sie aus der Sicht der gegenwärtigen Evolutionsforschung kritisch Stellung zu dieser Äußerung eines Naturforschers und beschreiben Sie ein Experiment, mit dessen Hilfe man sie widerlegen kann.

10 Beschreiben Sie, wie ein Anhänger LAMARCKs die Entstehung der Giftresistenz von Insekten gegenüber Insektiziden erklären würde.

11 Höhlenfische weisen mehr oder weniger stark zurückgebildete Augen auf; ihre Geschmacks- und Tastsinnesorgane sind häufig besonders leistungsfähig.
Erklären Sie das Zustandekommen dieser Merkmale nach den Evolutionstheorien von LAMARCK und DARWIN.

12 Geben Sie an, welche der folgenden Aussagen LAMARCKs nach unseren heutigen Kenntnissen noch bejaht werden können:
- a Die Lebewesen haben sich im Laufe der Erdgeschichte ständig gewandelt.
- b Die Lebewesen sind an ihren Lebensraum meist hervorragend angepasst.
- c Die Anpassung an den Lebensraum geschieht ausschließlich durch den Gebrauch und Nichtgebrauch der einzelnen Organe.

d Organe werden durch Gebrauch gekräftigt, bei Nichtgebrauch werden sie schwächer.
e Die aktiven Anpassungen der Lebewesen an ihre Umgebung sind erblich.
f Sich ändernde Umweltbedingungen haben einen Einfluss auf die allmähliche Umgestaltung der Arten.
g Für die Entstehung neuer Organe ist ein inneres Bedürfnis des betreffenden Lebewesens maßgebend.

13 Erläutern Sie die Unterschiede zwischen dem morphologischen und dem biologischen Artbegriff.

14 Vergleichen Sie die Begriffe „Art" und „Rasse" anhand jeweils eines selbst gewählten Beispiels.

15 Bewerten Sie, welche Homologiekriterien für Laubblätter und Blattdornen zutreffen.

16 Bei der Aufklärung von Verbrechen sind vom Täter stammende Blutspuren oder Fingerabdrücke ein sehr wichtiges Beweismittel.
Erklären Sie, welches Homologiekriterium hier die entscheidende Rolle spielt. Geben Sie eine Definition für dieses Homologiekriterium an.

17 Geben Sie je ein konkretes Beispiel für die Anwendung der verschiedenen Homologiekriterien an.

18 Kartoffeln werden im Licht grün. Erklären Sie, welche Schlussfolgerung man bezüglich der Evolution der Kartoffelknolle aus dieser Tatsache ziehen kann.

19 *„Wie merkwürdig ist es, dass die zum Springen über die offene Ebene hervorragend geeigneten Hinterfüße des Kängurus oder die zum Umfassen der Äste geeigneten des kletternden Koalas und dass die Füße des grabenden Bandikuts alle nach demselben Typus gebaut sind, d. h. dass die Knochen der zweiten und dritten Finger sehr dünn und zudem von derselben Haut eingehüllt sind, sodass sie einer einzigen, mit zwei Klauen versehenen Zehe gleichen."* (DARWIN, verkürzt).
a Erläutern Sie anhand des oben stehenden Zitats den Begriff „Homologie".
b Leiten Sie ab, welche Schlussfolgerung diese Homologie zulässt.

20 In einer Zeitungsmeldung wurde berichtet, dass in Süditalien ein Kind mit Schwanzwirbelsäule geboren wurde. Die Eltern verheimlichten anfangs die ihrer Meinung nach ein Werk des Satans darstellende Missgeburt vor den Ärzten.
Erläutern Sie, wie man den Eltern diese Erscheinung aus der Sicht der Evolution erklären könnte.

21 Manche Tintenfische tragen einen hautüberzogenen Kalkschulp am Rücken, Nacktschnecken weisen Gehäusereste auf.
Erklären und deuten Sie diese Besonderheiten.

22 Bei der Stubenfliege, die in der Regel zwei Flügel und zwei Schwingkölbchen besitzt, treten manchmal Individuen mit vier gleichen Flügeln auf.
Erklären und deuten Sie diese Beobachtung.

23 Stellen Sie dar, worauf die Verwandtschaft zweier Lebewesen letztendlich zurückzuführen ist.

24 Studien zur Klärung der Abstammung von Neuweltgeiern (z. B. Kondor), in denen Anatomie, Verhalten und die Zusammensetzung von Bürzeldrüsensekreten berücksichtigt wurden, ergaben Hinweise auf eine verwandtschaftliche Nähe zu den Störchen und nicht, wie erwartet, zu den Altweltgeiern (z. B. Gänsegeier).
a Beschreiben und erläutern Sie einen möglichen serologischen Nachweis zur Bestätigung der angeführten Verwandtschaftsverhältnisse.
b Erläutern Sie unter Verwendung der entsprechenden Fachbegriffe, welchem Irrtum die Wissenschaftler erlagen, die die Neuweltgeier verwandtschaftlich näher zu den Altweltgeiern einordneten.

25 Erläutern Sie, warum man heute besser von der biogenetischen Grundregel und nicht wie früher vom „biogenetischen Grundgesetz“ spricht.

26 Erläutern Sie an zwei selbst gewählten Beispielen die Bedeutung der vergleichenden Embryologie für die Evolutionsforschung.

27 Meeresringelwürmer entwickeln sich über ein Larvenstadium. Diese sogenannten Trochophora-Larven besitzen zwei typische Wimpernkränze um die Mitte des kugeligen Körpers. Interessanterweise treten auch in der Entwicklung einiger Muscheln und Meeresschnecken solche Larven auf.
a Interpretieren Sie diesen Befund.
b Formulieren Sie die Regel, die sich hier anwenden lässt.

28 Erläutern Sie, welchen Aussagewert homologe und analoge Erscheinungsformen für die Beurteilung der stammesgeschichtlichen Entwicklung der Lebewesen haben.

29 Geben Sie an, welche der folgenden Merkmalspaare homolog bzw. analog sind:

a Kiemen der Forelle – Kiemen des Flusskrebses
b Brustflosse des Wals – Vorderlauf des Pferdes
c Horn des Nashorns – Horn des Rindes
d Schwimmblase der Fische – Lunge der Kriechtiere
e Kiemenbogenanlagen des Säugerembryos – Kiemenbögen der Fische
f Blütenblätter der Rose – Blattranke der Erbse
g Blattdornen – Laubblätter
h Wurzelknolle der Dahlie – Sprossknolle der Kartoffel
i Hundeschnauze – Elefantenrüssel

30 Bilden Sie aus den folgenden Organen möglichst viele analoge Paare: Vogelflügel, Grabbein der Maulwurfsgrille, Elefantenbein, Fledermausflügel, Bein des Marienkäfers, Grabbein des Maulwurfs, Insektenflügel.

31 Delfin und Pinguin zeigen Konvergenz. Erläutern Sie, was man darunter versteht und wie die Ausbildungen der Vorderextremitäten und die „Brustflossen" einzuordnen sind.

2 Mechanismen der Evolution

2.1 Zusammenspiel der Evolutionsfaktoren (erweiterte Evolutionstheorie)

Die heute am besten begründete Evolutionstheorie, die **Synthetische Theorie der Evolution**, vereinigt die Theorie DARWINS mit den Erkenntnissen aus der klassischen und modernen Genetik (Molekular- und Populationsgenetik) sowie der Ökologie und der Ethologie. Die Synthetische Theorie stützt sich bei der Erklärung der Evolutionsvorgänge u. a. auf populationsgenetische Erkenntnisse. Eine Population besteht aus einer Gruppe von Individuen der gleichen Art, die zur gleichen Zeit im gleichen Raum leben und eine Fortpflanzungsgemeinschaft bilden. Jedes dieser Individuen unterscheidet sich in seinem Genotyp von den anderen. Da jeder Träger eines diploiden Chromosomensatzes einerseits nur höchstens zwei verschiedene Allele eines Gens besitzen kann, andererseits jedoch bis zu 50 Allele pro Gen vorkommen können, ist der Gesamtgenbestand einer Population, deren **Genpool**, wesentlich höher als der eines Individuums. Die verschiedenen Allele eines Gens treten im Genpool mit unterschiedlicher Häufigkeit (= **Allelfrequenz**) auf. Weil die Mutationshäufigkeit in der Richtung vom Wildtypallel zum mutierten Allel immer viel größer ist als die Rückmutation (zurück zum Wildtyp), kommt es zu einer ständigen Erweiterung der genetischen Mannigfaltigkeit des Genpools einer Population. Daraus ergibt sich eine ständige Tendenz zur Veränderung des Genpools.

> Die Gesamtheit aller Gene bzw. Allele in einer Population bezeichnet man als **Genpool**. Populationsgenetisch betrachtet tritt Evolution auf, wenn sich die **Allelhäufigkeiten** im Genpool einer Population ändern. Die Entstehung neuer Arten setzt voraus, dass sich die **Zusammensetzung des Genpools** ändert.
> Durch fünf Evolutionsfaktoren wird diese Veränderung der Allelhäufigkeiten bewirkt: **Mutation, Rekombination, Gendrift, Selektion** und **Isolation.**

Mutationen und Rekombinationen, die zufällig auftreten, erzeugen die genetische Variabilität (erbliche Vielfalt) einer Population. An diesen Varianten greift die Selektion als richtender Faktor an und „sortiert" sie nach ihrer Eignung in der Umwelt. Durch die Gendrift wird die Zusammensetzung einer Population hinsichtlich ihrer Allelfrequenz zufällig verändert. Die Isolation von Populationen ist Voraussetzung für die Aufspaltung einer Art in zwei Tochterarten. Die Trennung verhindert den Genaustausch und es können genetische Unterschiede entstehen, die eine erneute Vermischung unterbinden.

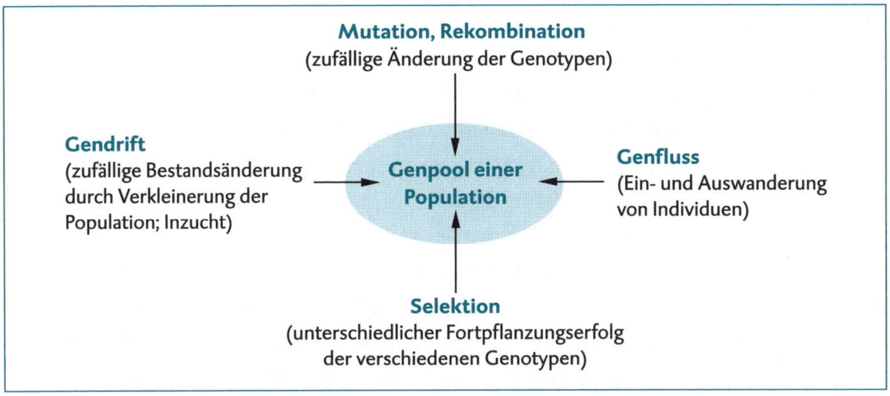

Abb. 18: Faktoren, die den Genpool einer Population beeinflussen und zu Änderungen in der Allelfrequenz führen können

2.2 Genetische Variabilität als Grundlage der Evolution

Als DARWIN seine Selektionstheorie konzipierte, ging er davon aus, dass die Individuen einer Tier- bzw. Pflanzenart nicht völlig gleich sind, sondern variieren. Es gibt im Wesentlichen zwei Ursachen für diese Variabilität:

- unterschiedliche genetische Voraussetzungen der Individuen **(genetische Variabilität)** und
- unterschiedliche Umwelteinflüsse **(modifikatorische Variabilität)**.

Nur die genetische Variabilität hat einen Einfluss auf die Evolution. Für die Erhaltung und Vergrößerung dieser Vielfalt sind zufällige Veränderungen des Erbgutes durch **Mutation** und **Rekombination** ausschlaggebend.

Mutation

Mutationen sind **zufällig** und **ungerichtet**, d. h., es kann nicht vorausgesagt werden, wann welches Gen in welche Richtung mutiert. Mutationen treten spontan auf oder können durch bestimmte Stoffe (Mutagene) und verschiedene Strahlenarten ausgelöst werden (siehe (1), S. 84). Mutationen kommen in drei verschiedenen Formen vor (siehe (1), S. 81 f.).

Die für die Evolution bedeutsame Form ist zumeist die **Gen-** oder **Punktmutation** als Folge von Veränderungen im Molekulargefüge der DNA. Sie führt zur Entstehung neuer Allele. Da meist mehrere Möglichkeiten des Mutierens für ein bestimmtes Gen bestehen, existieren auch mehrere Allele (manchmal bis zu 50) für ein Gen (multiple Allelie).

Eine Genmutation mit dominanter Wirkung (Allel a mutiert zu A) drückt sich sofort im Phänotyp aus, bei einer rezessiven Genmutation (Allel A mutiert zu a) bei haploiden Organismen (z. B. Bakterien) verhält es sich ebenso. Bei diploiden Organismen ist dies nur der Fall, wenn die Mutation im homozygoten Zustand (aa) vorliegt. Die meisten Genveränderungen führen zu Schädigungen oder gar zum Tod des betroffenen Individuums. Die Wahrscheinlichkeit, dass eine zufällig stattfindende Mutation bei einem komplexen Organismus eine Verbesserung zur Folge hat, ist sehr gering. Bei heterozygoten Genotypen (Aa) tritt eine rezessive Mutation im Phänotyp nicht in Erscheinung. Solche Allele können an die Nachkommen weitergegeben werden und sich in der Population anreichern. Jede Population hat dadurch einen Vorrat an Allelen, die unter veränderten Umweltbedingungen für eine Angepasstheit von Bedeutung sein können **(rezessive Allelreserve)**. Mutationen können aber auch zu Eigenschaften führen, die für das Individuum selbst weder von Vorteil noch von Nachteil sind, sich aber bei seinen Nachkommen als Voraussetzung für die Angepasstheit an neue Lebensbedingungen erweisen **(Präadaptionen)**.

Beispiel

In einer Bakterienpopulation kann bei einem Individuum (oder wenigen Individuen) durch Mutation ein Antibiotika-Resistenzgen entstanden sein. Es wird von der Selektion nicht erfasst, da es weder einen Vorteil noch einen Nachteil bringt. Erst bei veränderten Umweltbedingungen, in diesem Fall eine Antibiotikagabe, erhält diese Mutation einen positiven Selektionswert.

Die Wahrscheinlichkeit für eine Mutation erscheint bei einer Mutationsrate von 10^{-4} bis 10^{-6} Mutationen pro Gen und Generation relativ klein. Der Genbestand eines Individuums beträgt je nach Art 100 000 bis 1 Million Gene. Angenommen die Mutationsrate betrüge 10^{-6} Mutationen pro Gen bei einem Individuum mit einem Genom von 10^5 Genen, dann wäre jedes 10. Individuum einer Generation Träger einer Mutation. Bei der Fruchtfliege *(Drosophila)* nimmt man an, das 2–3 % der Individuen jeder Generation ein neu mutiertes Gen aufweisen, beim Menschen sollen es 10–40 % sein.

Chromosomenmutationen (Veränderungen der Chromosomenstruktur durch Verlust (Deletion), Verdopplung (Duplikation) und Umkehrung (Inversion) eines Chromosomenstücks) und **Genommutationen** (Vermehrung oder Verminderung einzelner Chromosomen (Aneuploidie) oder Vermehrung des ganzen Chromosomensatzes (Eu- oder Polyploidie) aufgrund von Chromosomen-Verteilungsfehlern bei der Meiose) führen meist zu so großen Beeinträchtigungen in der Lebens- und Fortpflanzungsfähigkeit der betroffenen Individuen, dass sie bei der Erhöhung der genetischen Variabilität einer Population kaum eine Rolle spielen. Eine Ausnahme stellt die Polyploidisierung der Pflanzen dar. So sind etwa 50 % aller Pflanzenarten Mitteleuropas durch Vermehrung der Chromosomensätze entstanden. Da polyploide Pflanzen nicht mehr mit ihren diploiden Eltern kreuzbar sind, ist diese Mutation bei der Evolution der Pflanzen von Bedeutung (siehe S. 55).

Rekombination

Aus dem Fundus der Gene im Genpool können bei der sexuellen Fortpflanzung ebenfalls zufällig und ungerichtet neue Allelkombinationen gebildet werden, die zu neuen Phänotypen führen, an denen die Selektion ansetzen kann. Folgende Vorgänge ermöglichen die Rekombination:

- Die zufällige Verteilung der väterlichen und mütterlichen Chromosomen der homologen Paare bei der 1. Reifeteilung (Reduktionsteilung) der Meiose (siehe (1), S. 101 ff.). Beim Menschen ergeben sich $2^{23} = 8\,388\,608$ verschiedene Kombinationsmöglichkeiten.
- Der Austausch gekoppelter Gene durch Crossing-over: Der Zusammenschluss vieler Gene in einem Chromosom wird aufgelöst, indem ein Teil eines Chromatids mit dem entsprechenden Stück des homologen Chromatids ausgetauscht wird (siehe (1), S. 104 f.). Bei der Spermienbildung beim Menschen treten 2–3 Crossing-over pro Chromosomenpaar auf, bei der Eizellbildung ist die Häufigkeit sogar noch größer.
- Das zufällige Zusammentreffen der Keimzellen bei der Befruchtung: Angenommen, zwischen jedem der 23 Chromosomenpaare eines Menschenpaares bestünde ein Unterschied an einem Genort, dann wären bei der Befruchtung 2^{46} verschiedene Kombinationen möglich (ohne Crossing-over!). Das würde bedeuten, dass rein rechnerisch erst bei einer Kinderzahl von $70 \cdot 10^{12}$ zwei völlig identische Genkombinationen zu finden wären!

Auf diese Weise erhöht die Rekombination die genetische Variabilität über die Anzahl der Mutationen hinaus, ohne dass dabei nicht überlebensfähige Individuen entstehen, wie es beim Auftreten von Mutationen häufig der Fall ist. Durch die zufällig entstehenden neuen Genkombinationen können die aufgetretenen Variationen in allen möglichen Zusammenstellungen „durchprobiert" werden. In dieser Steigerung der Variabilität liegt der große Vorteil der geschlechtlichen Fortpflanzung gegenüber der vegetativen Vermehrung, die dafür auf neue Mutationen angewiesen ist.

Sexualität (geschlechtliche Fortpflanzung) ist für die Evolution von entscheidender Bedeutung, da sie durch **Rekombination** die Vergrößerung der genetischen Vielfalt **(genetische Variabilität)** einer Art ermöglicht.

Bedeutung der Mutation und Rekombination für die Evolutionsgeschwindigkeit

Wenn in jeder Generation 10 % der Individuen eine neue Mutation aufweisen, entsteht erst nach sehr vielen Generationen und in sehr großen Populationen ein Individuum mit den erforderlichen Mutationen, die ihm eine komplexe Eigenschaft verleihen.
Bakterien, die sich unter idealen Bedingungen alle 20 Minuten teilen können, erzeugen innerhalb von 24 Stunden theoretisch 72 Generationen. Abgesehen von hinzugekommenen Mutationen sind die Bakterien genetisch identisch (Klone). Die letzte Generation besteht aus 2^{72} Bakterien ($5 \cdot 10^{21}$ Individuen). Da in jeder Generation neue Mutationen auftreten können, verändert sich das Erbgut so rasch, dass eine ausreichende Evolutionsgeschwindigkeit erreicht wird. Ein Beispiel dafür ist die Entstehung von antibiotikaresistenten Bakterienstämmen.
Sowohl die Entstehung komplexer Strukturen bei Arten mit langer Generationszeit als auch die große Variabilität innerhalb von Populationen lässt sich aus der Zahl der auftretenden Mutationen allein nicht erklären, d. h., die Evolutionsgeschwindigkeit wäre viel zu gering. Durch die Rekombination bei der sexuellen Fortpflanzung jedoch hat jedes Individuum die Chance, von seinen beiden Eltern, den vier Großeltern, acht Urgroßeltern usw. Mutationen zu erben. Die Individuen einer Population tragen also einen jeweils unterschiedlichen Anteil des Erbguts ihrer Vorfahren in sich. Die vielen Kombinationsmöglichkeiten bei der Rekombination führen schließlich zu Genotypen, die besondere Eigenschaften im Phänotyp ausbilden.

Modifikation

Modifikationen sind die durch Umwelteinflüsse hervorgerufenen unterschiedlichen Ausprägungsformen eines Merkmals oder Phänotyps innerhalb der genetisch festgelegten Variationsbreite. Diese modifikatorische Variabilität hat aber keinen direkten Einfluss auf die Evolution, da zwar der Phänotyp, nicht jedoch der Genotyp davon berührt ist.

Beispiel

Bestimmt man die Länge der Nadeln an einem Kiefernzweig, stellt man fest, dass sie um einen Mittelwert schwankt. Die meisten Nadeln weisen eine mittlere Länge auf, nur wenige Nadeln sind besonders lang oder kurz. Trägt man in einem Kurvendiagramm die Anzahl der Nadeln nach ihrer Länge auf, ergibt sich eine Gauß'sche Verteilungskurve (Glockenkurve). Diese Unterschiede können nicht genetisch bedingt sein, da ja alle Nadeln von einem Individuum stammen, also genetisch gleich sein müssen. Für diese Variabilität sind Umweltfaktoren verantwortlich wie z. B. die „Lichtdosis", die durch die unterschiedliche Stellung der Nadeln am Zweig zustande kommt, oder die Entwicklungsbedingungen wie unterschiedlich weit fortgeschrittene Wachstumsprozesse.

2.3 Selektion der Phänotypen als richtender Evolutionsfaktor

Nach DARWINS Auffassung von Selektion bestehen nur die Individuen den „Kampf ums Dasein" *(struggle for life)*, die die gegebenen Umweltbedingungen am besten nutzen und sich am erfolgreichsten fortpflanzen können. Voraussetzung ist, dass jede Art mehr Nachkommen hervorbringt als für ihre Erhaltung erforderlich sind und dass die Nachkommen untereinander variieren. Heute wird die Selektion unter Berücksichtigung populationsgenetischer Grundlagen als **gerichtete Verschiebung von Gen- bzw. Allelhäufigkeiten im Genpool** einer Population beschrieben. Da die Selektion nur an den Merkmalen, also dem **Phänotyp** eines Individuums, angreifen kann, dem ein bestimmter Genotyp zugrunde liegt, können die Individuen ihre Gene bevorzugt weitergeben, die die Erbänderung im Phänotyp zeigen. Ob ein Individuum mehr oder weniger gut an seine Umwelt angepasst ist, d. h. die Höhe seiner Eignung oder **Fitness**, lässt sich an seinem Fortpflanzungserfolg ablesen:

- Je größer die Lebenserwartung ist und je früher die Geschlechtsreife eintritt, desto mehr Nachkommen können gezeugt werden.
- Je schneller sich die Geschlechtspartner finden, desto erfolgreicher ist die Fortpflanzung.
- Je mehr Nachkommen (bei fehlender Brutpflege) gezeugt werden bzw. je mehr Nachkommen das fortpflanzungsfähige Alter erreichen (bei ausgeprägter Brutpflege), desto höher die Fitness.

Selektion zeigt sich darin, dass Träger bestimmter Genotypen einen größeren Fortpflanzungserfolg haben als andere. Sie bewirkt eine **gerichtete Verschiebung** der Gen- bzw. Allelhäufigkeiten im Genpool einer Population.

Selektionsformen

Die Selektion wirkt im Gegensatz zu Mutation und Rekombination in eine bestimmte Richtung. Dieser **Selektionsdruck** führt zu unterschiedlichen Wirkungen auf den Genpool einer Population.

Transformierende oder Richtende Selektion: Bei einer Veränderung der Umweltbedingungen erhalten oft Varianten einen Selektionsvorteil, die vom Durchschnitt abweichen. Ihr bislang geringer Fortpflanzungserfolg erhöht sich dann und ihr Anteil an der Population nimmt zu. Der Genpool verschiebt sich in Richtung der besseren Angepasstheit (siehe Abb. 19). Bestehen die veränderten Umweltbedingungen längere Zeit, wirkt der **Selektionsdruck** also einseitig und die Merkmale der Population verändern sich in eine bestimmte Richtung. Es tritt ein Artwandel ein, aber keine Vermehrung nebeneinander existierender Arten.

Beispiele

- Birkenspanner (Industriemelanismus siehe S. 43)
- Resistenzbildung bei Bakterien (siehe S. 36)
- Mimikry (siehe S. 41)

Stabilisierende Selektion: Bei sehr lang andauernden stabilen Umweltbedingungen entwickeln sich in Populationen **optimale Angepasstheiten**. Die meisten der neu auftretenden Varianten sind schlechter angepasst als die Durchschnittsformen und fallen der Selektion zum Opfer. Auf diese Weise wird die Angepasstheit erhalten, die Art bleibt konstant (siehe Abb. 20). Bei starkem Selektionsdruck verringert sich die Variationsbreite zugunsten der Durchschnittsformen.

Beispiele

- Lebende Fossilien (Quastenflosser *Latimeria*, Schnabeltier, Mammutbaum)
- Krokodile (seit ca. 4 000 Jahren unverändert)

Spaltende oder Disruptive Selektion: Bei dieser Form der Selektion haben die **extremen Varianten** innerhalb der Population Selektionsvorteile, während die Durchschnittsform benachteiligt ist (siehe Abb. 21). Wenn sich die Teilpopulationen nicht mehr vermischen und sich z. B. durch Besetzung unterschiedlicher ökologischer Nischen spezialisieren, kann eine **Artaufspaltung** eintreten.

Beispiele

- Dezimierung der häufigsten Form durch Parasiten, Krankheitserreger oder Feinde
- Darwinfinken – mehrfache Disruptive Selektion (siehe S. 52 f.)

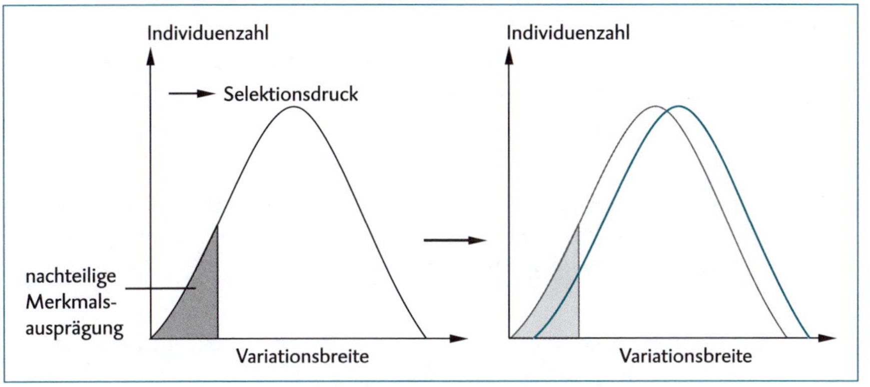

Abb. 19: Auswirkung der Transformierenden Selektion

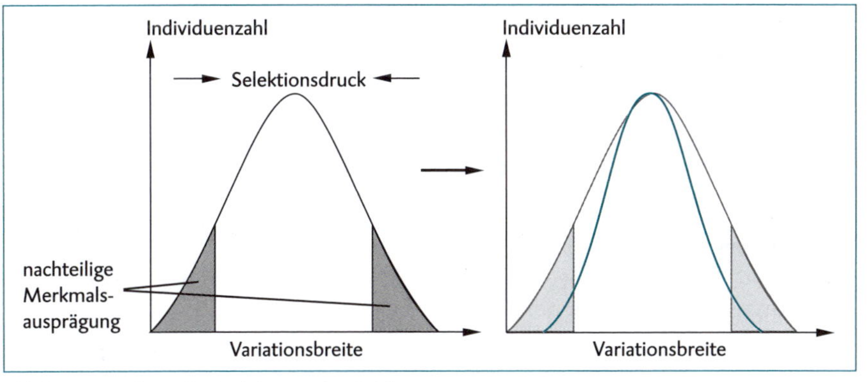

Abb. 20: Auswirkung der Stabilisierenden Selektion

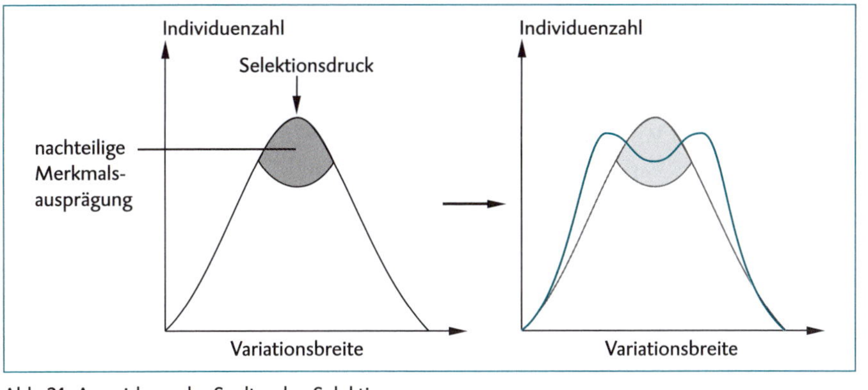

Abb. 21: Auswirkung der Spaltenden Selektion

Selektionsfaktoren

Stärke und Richtung der Selektion sind abhängig von der Umwelt. Vereinfachend lassen sich die Anforderungen der Umwelt an die Lebewesen in abiotische und biotische Selektionsfaktoren aufteilen.

> Einflüsse der belebten und unbelebten Umwelt **(biotische und abiotische Selektionsfaktoren)** verändern die Zusammensetzung des Genpools einer Population unterschiedlich stark in eine durch sie vorgegebene Richtung.

Unter **abiotischen Faktoren** versteht man Einflüsse der unbelebten Natur (Klima, Bodenverhältnisse, geografische Lage u. a.).

Beispiele

Auf sehr windigen Inseln überleben stummelflügelige (siehe Abb. 22) oder flügellose Insekten (z. B. Fliegen) eher als geflügelte.

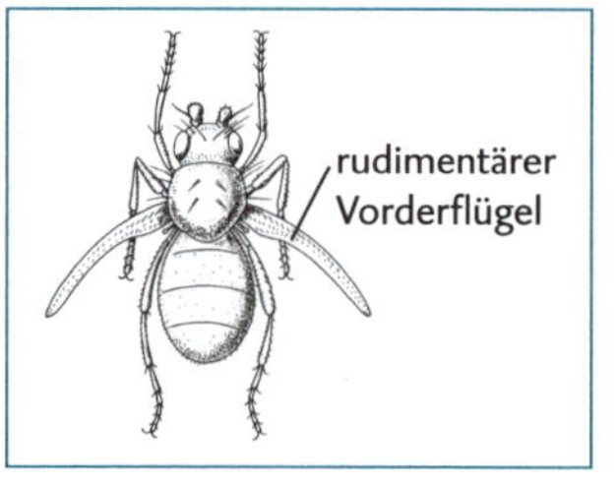

Abb. 22: Insekt mit Stummelflügeln

In sehr trockenen Gebieten können nur Pflanzen wachsen, die einen effektiven Verdunstungsschutz aufweisen (z. B. dicke Cuticula) und eine verdickte Epidermis oder Haarüberzüge sowie Wasser speichernde Gewebe entwickeln (Stamm-, Blattsukkulenz als konvergente Entwicklungen in verschiedenen Pflanzenfamilien).

Das Dromedar als typisches Wüstentier ist durch ein lockeres, zottiges Sommerfell und die Fetthöcker gegen Hitze geschützt. Wasservorräte in Höcker, Blut/Gewebe, geringe Schweißabsonderung (erst ab 41 °C Körpertemperatur) und die Fähigkeit, sehr schnell zu trinken, stellen Angepasstheiten an die mangelnde und unregelmäßige Wasserversorgung dar.

Tiere in kalten Regionen sind oft größer und schwerer (BERGMANN'sche Regel) und weisen im Verhältnis kleinere Körperanhänge (Schwanz, Ohren) auf als verwandte Arten in warmen Gebieten (ALLEN'sche Regel).

Biotische Faktoren sind die Standortfaktoren der lebenden Umwelt eines Organismus, z. B. Fressfeinde und Beute, Krankheitserreger und Parasiten, Konkurrenten oder der Mensch. Durch Tarnung schützen sich Beutetiere vor Fressfeinden. Umgekehrt verhindert eine Tarnung des Beutegreifers auch das schnelle Entdecktwerden durch die Beute. Viele Tiere sind durch eine der Umgebung entsprechende Färbung und Musterung getarnt (z. B. Feldhase, Frosch, Löwe, Rehkitz, Birkenspanner). Die Tarnung durch Nachahmung bestimmter Gegenstände wird als **Mimese** bezeichnet.

Beispiele

Stabheuschrecken und Spannerraupen imitieren täuschend echt Zweige. Fangheuschrecken ähneln in ihrem Äußeren Orchideenblüten, um so getarnt auf Beute zu lauern.

Auffällige rot-schwarze oder gelb-schwarze Farbmuster sollen den Fressfeinden Ungenießbarkeit oder Gefährlichkeit signalisieren. Als **Mimikry** oder Scheinwarntracht wird die Nachahmung wehrhafter oder giftiger Tiere durch völlig harmlose bezeichnet. Voraussetzung für das Wirken der Mimikry ist die Lernfähigkeit des Fressfeindes und eine geringe Zahl der Nachahmer, damit der Fressfeind die Gefährlichkeit der Originale lernen kann.

Beispiel

Der Hornissenschwärmer, ein harmloser Schmetterling, sieht einer Hornisse in seiner Gestalt und Färbung sehr ähnlich.

Abb. 23: Hornisse und Hornissenschwärmer

Durch die genetische Variabilität der Populationen sind einzelne Organismen besser oder weniger gut gegen Befall von Parasiten oder **Krankheitserregern** (Pathogenen) geschützt.

Beispiel

In den vergangenen Jahrhunderten wurden Millionen von Menschen Opfer von Seuchen, da sie gegenüber den Erregern eine geringere Widerstandskraft aufwiesen als die Überlebenden. In Indien z. B. ist die Blutgruppe 0 kaum vertreten, da die Pestbakterien und die roten Blutkörperchen der Menschen mit Blutgruppe 0 das gleiche Antigen H aufweisen. Die Bildung von Antikörpern gegen die Bakterien ist deshalb nicht möglich, da diese auch die eigenen Blutkörperchen angreifen würden.

Durch intraspezifische (innerartliche) **Konkurrenz** um Nahrung, Wohnraum und Geschlechtspartner vergrößert sich die Variabilität innerhalb einer Population, da nun z. B. die Mutanten, die wegen ihrer extremeren Merkmale andere Nahrungsquellen nutzen können, einen größeren Fortpflanzungserfolg haben. Eine ökologische Nischenbildung kann die Folge sein (siehe S. 50).
Interspezifische (zwischenartliche) Konkurrenz bewirkt eine Verschiebung der Variabilität der betreffenden Arten in entgegengesetzte Richtungen (transformierende Selektion). Jede Art wird den Umweltbedingungen auf ihre spezifische Weise angepasst. Es kommt zur Einnischung (siehe S. 51).

Beispiel

Der Große und der Kleine Grundfink sind auf den Inseln des Galapagos-Archipels heimisch, die größeren Inseln werden von beiden Arten gemeinsam bewohnt. Die Schnabelgröße der Vögel unterscheidet sich dort deutlich entsprechend ihrer Bevorzugung von harten, großen oder kleinen, weichen Samen. Vergleicht man jedoch die Schnabelgröße der Individuen beider Arten, die getrennt voneinander auf verschiedenen Inseln vorkommen, sind die Schnäbel fast gleich groß.

Sexuelle Selektion **(sexuelle Zuchtwahl)** als Spezialfall der intraspezifischen Konkurrenz tritt vor allem bei Tieren auf, bei denen mehrere Männchen um die Gunst eines Weibchens balzen. Der Erfolg eines Männchens hängt vor allem von der Wirksamkeit seiner **sexuellen Auslöser** ab, die das Weibchen begattungsbereit machen sollen. Wenn Männchen untereinander um Weibchen konkurrieren, werden häufig Körpermerkmale oder Verhaltensweisen herausgebildet, die dem Rivalen imponieren und ihn zum Rückzug veranlassen sollen. Männchen mit Allelen, die zur optimalen Ausbildung solcher auslösenden Signale führen, sind in der nächsten Generation dann mit einem größeren Anteil vorhanden. Auf diese Weise konnten teilweise sehr stark ausgeprägte Unterschiede zwischen den Geschlechtern **(Sexualdimorphismus)** entstehen.

Beispiele

- Schwanzfächer beim Pfau
- Zu Schauapparaten umgebildete Gefiederpartien bei Paradiesvögeln
- Riesiges Geweih beim eiszeitlichen Riesenhirsch (siehe Abb. 24)

Abb. 24: Sexualdimorphismus beim Paradiesvogel und Riesenhirsch

Auch unbeabsichtigte **Einflüsse des Menschen** können zu den biotischen Faktoren eines Verbreitungsgebietes gehören. So wird die Erscheinung, dass in Industriegebieten bevorzugt dunkel gefärbte Mutanten vieler Insekten- und Spinnenarten verbreitet sind, **Industriemelanismus** genannt.

Beispiele

Das berühmteste Beispiel ist der **Birkenspanner**, der als nachtaktiver Falter tagsüber am Stamm der Birke sitzt, getarnt durch seine schwarz-weiß gefleckte Flügelfärbung. Zufällig auftretende dunkle Varianten (melanistische Formen) werden normalerweise von Vögeln leicht entdeckt und gefressen. Diese Varianten kommen somit nicht zur Fortpflanzung (stabilisierende Selektion der hellen Variante). Als mit zunehmender Industrialisierung die hellen Flechten an den Birkenstämmen abstarben und die Baumrinden durch den Ruß dunkler wurden, war die Tarnung der bisher begünstigten helleren Varianten nicht mehr wirksam; die dunklere Form bekam einen Selektionsvorteil (erstmals 1850 in Manchester beobachtet). Die Folge war eine Häufigkeitsverschiebung im Genbestand des Birkenspanners zugunsten der dunklen Mutante von 1 % auf 99 % in Industriegebieten (1960).

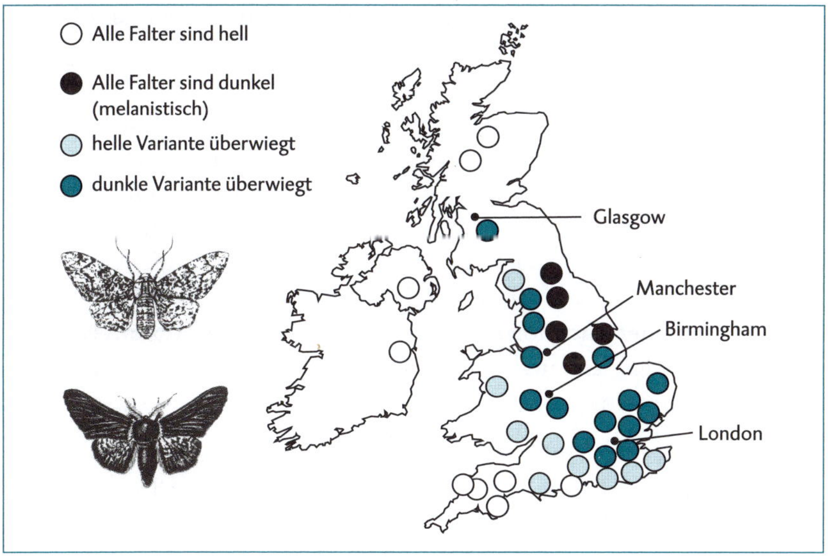

Abb. 25: Verbreitung der Birkenspanner-Varianten in Großbritannien

Weitere Beispiele für den unbeabsichtigten Einfluss des Menschen sind:

- Düngung: Stickstoff liebende Pflanzen wie Brennnessel oder Löwenzahn verdrängen Stickstoff meidende Pflanzen, z. B. Enzianarten.
- Herbizide, Pestizide und Antibiotika: Einige wenige Individuen können einen solchen Giftangriff überleben, wenn sie bereits vorher zufällig eine Giftresistenz als Präadaption (siehe S. 34) entwickelt haben.
- Umweltveränderungen durch Wasser- und Luftverschmutzung, Regenwaldzerstörung und Urbanisierung sind so gravierend, dass viele Tier- und Pflanzenarten aufgrund von mangelnden Anpassungsmöglichkeiten kurz vor dem Aussterben stehen.

Durch den Prozess der **Domestikation** greift der Mensch absichtlich in die Veränderlichkeit von Arten ein. Dabei wird die Auslese unter den natürlichen Umweltbedingungen künstlich durch den Menschen aufgehoben **(künstliche Auslese durch den Menschen)**.

Beispiele

Als ältestes Haustier gilt derzeit das Schaf (11 000 Jahre). Sehr bald folgten Ziege und Schwein und 3 000 Jahre später das Rind. Der Hund trat in Mitteleuropa etwa um 7 500 v. Chr. als Domestikationsprodukt des Wolfes erstmalig auf; er war Jagdhelfer, Wächter und beseitigte Abfälle in den Siedlungen.

Bei der Auslese durch den Menschen bleiben auch ungewöhnliche oder seltene Gene und Mutanten erhalten. Sie werden nach züchterischen Gesichtspunkten einer künstlichen Selektion unterworfen. Da der Mensch einen starken Selektionsdruck ausübte und nur kleine Individuenzahlen zur Verfügung hatte, entstanden in kurzer Zeit viele Rassen und Unterarten in überwältigender Formenvielfalt und Variationsbreite, wie z. B. die vielen Hühner-, Tauben- und Hunderassen oder Zuchtformen von Kohl, Weizen und Rosen. Außerdem bilden sich als Folge fehlender natürlicher Selektionsfaktoren (meist ungewollt) allgemeine Domestikationsmerkmale heraus.

Beispiele

Bei Zuchtpflanzen tritt häufig der Verlust von Bitter- und Giftstoffen oder Samenlosigkeit auf – Merkmale, die unter natürlichen Bedingungen nachteilig sind.

Bei Tieren treten häufig folgende Merkmale auf:

- Verkürzung der Beine (Dackelbeinigkeit)
- Verkürzung des Gesichtsschädels (Mopsschädel)
- Neigung zur Fellscheckung
- Locken oder Kräuselung der Haare, Kurzhaarigkeit oder Haarverlust

- Erschlaffung des Bindegewebes (Schlappohren, Hängebauch)
- Neigung zur Fettleibigkeit
- Abnahme des Hirngewichts auf bis zu 30 % gegenüber der Wildform
- Beibehaltung von Verhaltensweisen aus der Jungtierphase
- Veränderung des Fortpflanzungsverhaltens (mehr Brunstphasen, größere Würfe)
- Veränderung des Instinktverhaltens (Instinktreduktion)

2.4 Gendrift oder die Wirkung des Zufalls

In kleinen Populationen können Änderungen der Allelhäufigkeiten auftreten, als deren Ursache weder eine erhöhte Mutationsrate noch besondere Selektionsfaktoren infrage kommen, sondern nur zufällige Ereignisse. Je kleiner die Individuenzahl einer solchen Population ist, desto größer ist der Zufallseffekt für das Überleben einer bestimmten Genkombination, da die Kombinationsmöglichkeiten geringer sind.

Als Gendrift (auch **Allelendrift** oder nach dem Entdecker Sewall-Wright-Effekt genannt) bezeichnet man die zufällige und schnelle Anreicherung oder Verminderung von sonst seltenen Genen im Genpool einer kleinen Population. Gendrift führt zu einer ungerichteten Veränderung des Genpools und zu einer Verringerung der genetischen Vielfalt.

Beispiele

Ein heterozygotes Individuum Aa mit dem seltenen Allel a erzeugt mit einem homozygoten Partner AA nur zwei Nachkommen bzw. nur zwei der Nachkommen überleben (siehe Abb. 26). Bei einer großen Nachkommenzahl, bei der die MENDEL'schen Regeln gelten, ist ein Verhältnis AA : Aa = 1 : 1 zu erwarten, d. h., die Häufigkeit von Gen a bezogen auf die Elterngeneration bleibt erhalten (Genkonstanz).

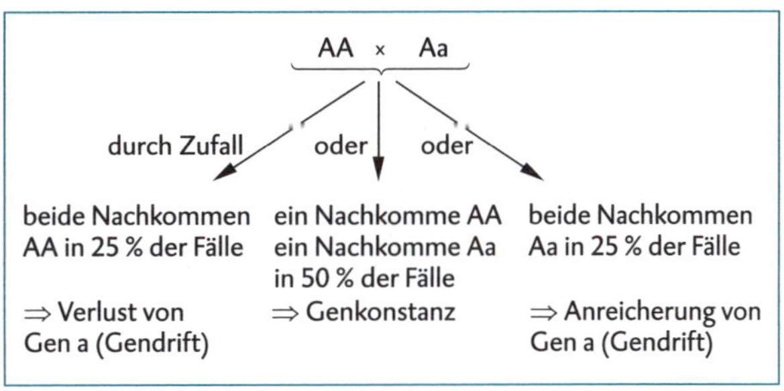

Abb. 26: Kreuzungsbeispiel für die Entstehung von Gendrift

Ein Beispiel für **Gendrift beim Menschen** sind die Hutterer, religiöse Sektenmitglieder, die in 80 sehr kleinen, isolierten Gruppen in den USA leben und nur ihresgleichen heiraten. Die Häufigkeit der Blutgruppe A z. B. weist eine wesentlich stärkere Schwankungsbreite auf als in anderen Gebieten der USA.

Gendrift liegt auch dem **Gründereffekt** zugrunde, wenn nur wenige Individuen einen neuen Lebensraum besiedeln, beispielsweise ein Vogelpaar eine Insel. Allein die zufällige Auswahl dieser Gründerindividuen bestimmt den Genpool der zukünftigen Inselpopulation. Sofern keine Konkurrenz und damit kein Selektionsdruck einwirkt, können z. B. auffällig gefärbte Varianten überleben und sich ausbreiten. Ist das neue Merkmal zusätzlich mit einem Selektionsvorteil verbunden, z. B. schnelleres Zusammenfinden der Geschlechter, setzt es sich sehr schnell durch.

Drastische Veränderungen des Genpools von Populationen können auch eintreten, wenn durch Katastrophen wie Seuchen, Überschwemmungen, Dürre oder Kälte die Individuenzahl stark abnimmt und mit den Überlebenden zufällig bestimmte Allele erhalten bleiben und andere mit dem Tod ihrer Träger verschwinden. Dieser Fall der Gendrift wird als **Flaschenhalseffekt** bezeichnet. Die kleine Restpopulation verfügt nur über einen zufälligen Genbestand, der möglicherweise zu einer geringeren Fitness der Nachkommen führt, sodass die Population nicht überlebt (Problem bei vom Aussterben bedrohten Arten).

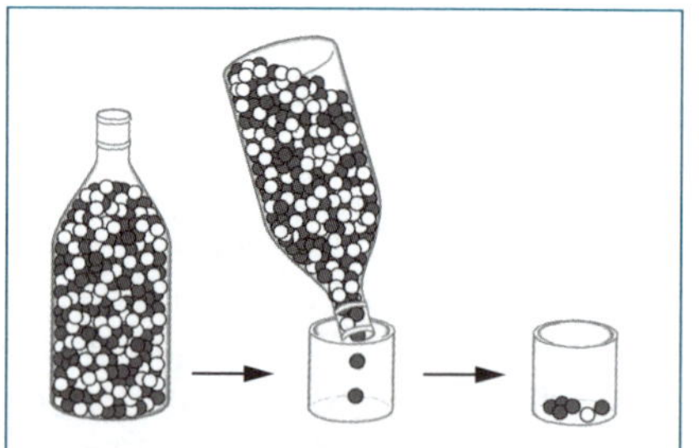

Abb. 27: Flaschenhalseffekt

2.5 Rassen- und Artbildung durch Isolation

Im Sinne des biologischen Artbegriffs (siehe S. 10) versteht man unter einer Art eine Gruppe von sich tatsächlich oder potenziell fruchtbar kreuzenden Populationen, die in Bezug auf die Fortpflanzung von anderen solchen Gruppen getrennt sind. Zwischen den Populationen einer Art besteht also ein **Genaustausch** oder **Genfluss** und ihre Genpools sind sich sehr ähnlich. Populationen unterschiedlicher Arten tauschen keine Gene aus, ihre Genpools sind zu verschieden.

Rassen sind Populationen einer Art, die sich in einem oder mehreren vererbbaren Merkmalen voneinander unterscheiden. Rassen derselben Art kreuzen sich meist fruchtbar. (Bei Hunderassen mit extremen Größenunterschieden, wie Zwergpinscher und Bernhardiner verhindern fortpflanzungstechnische Barrieren eine Kreuzung). Damit sich aus verschiedenen Populationen einer Art Rassen entwickeln können, ist die **Isolation** von einzelnen Populationen nötig. Der Genaustausch wird dadurch eingeschränkt und Rekombination findet vor allem innerhalb der Teilpopulationen statt. Mutationen, die in einer der Populationen aufgetreten sind, werden so nicht mehr an andere Populationen weitergegeben. Entwickelt sich der Genbestand der getrennten Populationen weiter auseinander (z. B. unter dem Einfluss unterschiedlicher Selektionsbedingungen), ist schließlich die Kreuzbarkeit nicht mehr gegeben, die Populationen sind **reproduktiv isoliert**. Wenn die Genpools der Rassen deutlich voneinander abweichen und kein Genfluss mehr möglich ist, sind aus einer Art zwei Arten entstanden.

Bei der **Artbildung** entstehen durch Isolation genetische Barrieren, die den Genaustausch zwischen Populationen einer Art verhindern.

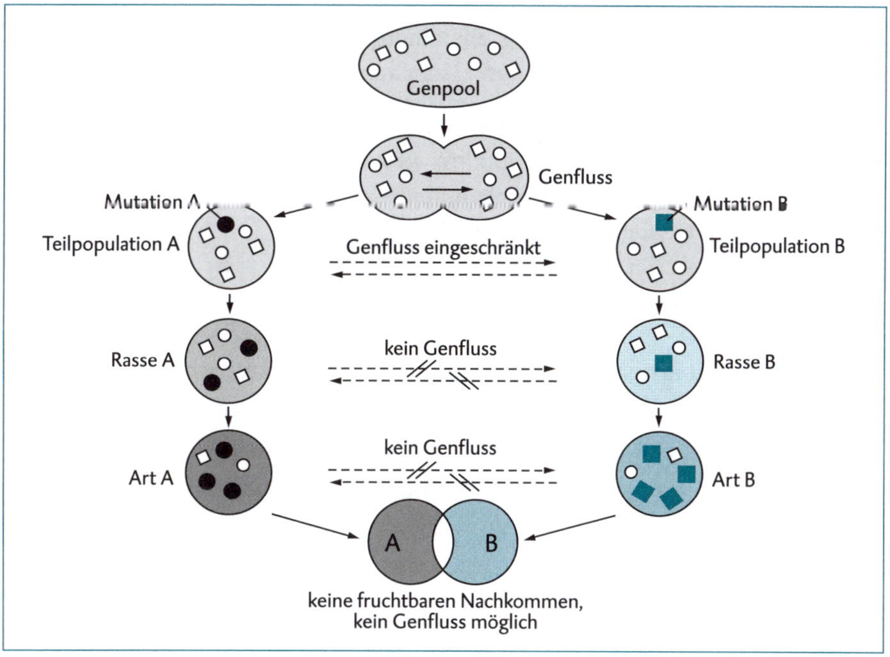

Abb. 28: Entstehung von Rassen und Arten

Separation

Besteht die Isolation in einer räumlichen Trennung, die durch äußere Faktoren bedingt ist, spricht man von Separation oder **geografischer Isolation**. Je kleiner die separierte Population ist, desto kleiner ist auch der Anteil der Allele der Ausgangspopulation. Das hat zur Folge, dass sich die Gendrift stärker auswirkt und sich neue Mutationen leichter durchsetzen können. Sind die Umweltbedingungen unterschiedlich, so wirkt die Selektion in verschiedene Richtungen und es werden unterschiedliche Angepasstheiten in den getrennten Populationen entwickelt. Ist die genetische Distanz genügend groß, liegen zwei Arten vor. Dieser vermutlich häufigste Fall der Artentstehung wird als **allopatrische Artbildung** bezeichnet.

Allopatrische Artbildung ist die Entstehung zweier neuer Arten durch **Separation** (geografische Isolation).

Separation führt allerdings nicht immer zur Bildung neuer Arten. Die europäische und die amerikanische Rasse der Elster sind seit sehr langer Zeit getrennt, ohne dass sich eine Fortpflanzungsschranke entwickelt hätte.
Separation kann auf verschiedene Art und Weise zustande kommen:

Gründerprinzip: Verschleppung einzelner oder weniger Individuen durch Sturm, Meeresströmungen oder den Menschen

Beispiele

Vögel, Echsen, Schildkröten sowie Samen und Pflanzenteile gelangten von Südamerika zu den 1 000 km westlich gelegenen Galapagos-Inseln. Es entwickelten sich dort viele endemische Arten (Arten, die nur in eng begrenzten Gebieten vorkommen).
Die Stammart der Kleidervögel wurde vom amerikanischen Festland nach Hawaii verdriftet.

Geologische Ereignisse: Neu entstehende geografische Barrieren verhindern die Vermischung zweier Populationen.

Beispiele

Auseinanderdriften der Kontinente: Entwicklung vieler Beuteltierarten in Australien und Südamerika aus Stammbeuteltieren ohne die Konkurrenz der Säuger
Talbildungen: Trennung der Eichhörnchen in eine nördlich und südlich des Grand Canyon lebende Art
Bildung von Landbrücken: Trennung von pazifischen und karibischen Korallenfischen durch die Bildung der mittelamerikanischen Landbrücke

Drastische Klimaveränderungen wie Vergletscherung, Versteppung, Wüstenbildung

Beispiel

In Mittel- und Westeuropa ist die Rabenkrähe verbreitet, die Nebelkrähe kommt vor allem in Osteuropa und Skandinavien vor. Während der letzten Eiszeit war die Ursprungspopulation durch Gletscher in Mitteleuropa getrennt. In der Überschneidungszone der Verbreitungsgebiete kommt es heute zur Bildung von fruchtbaren Bastarden aus den beiden Rassen.

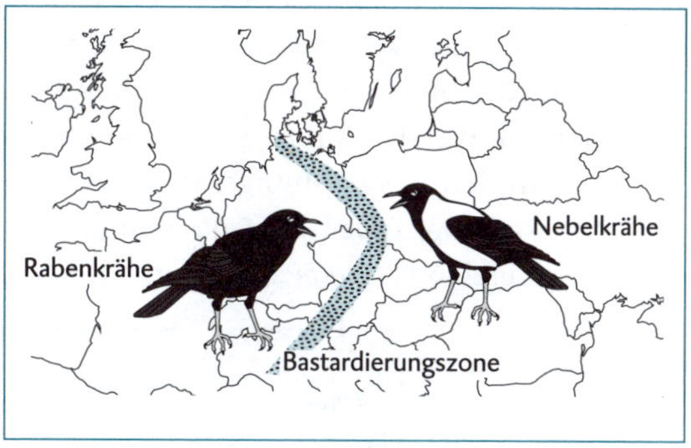

Abb. 29: Verbreitung der Raben- und der Nebelkrähe

Kreisförmige Überschneidung von Rassen: Verbreitet sich eine Population in verschiedene Richtungen unter Ausbildung verschiedener Rassen, so können die Abkömmlinge trotz erneuter Überlappung der Verbreitungsgebiete unvermischt bleiben. Bedingt durch die lange Trennung während der unterschiedlichen Ausbreitung haben sich zwei neue Arten gebildet.

Beispiele

Circumpolare Überlappung bei Möwen: Das Ursprungsgebiet der Möwen liegt in Asien, von dort aus haben sie sich entlang der nordischen Küsten um den Nordpol ausgebreitet. Bei der Wanderung in östlicher Richtung über Alaska, Kanada nach Westeuropa hat sich die heutige Form der Silbermöwe herausgebildet. Während der Ausbreitung in westlicher Richtung über Nordeuropa nach Westeuropa entstand die Heringsmöwe. Entlang des Verbreitungsweges existiert eine Reihe von Möwenrassen bzw. -unterarten, die untereinander fruchtbare Bastarde bilden, während die in Westeuropa heimische britische Silbermöwe und die britische Heringsmöwe sich nicht mehr kreuzen können.

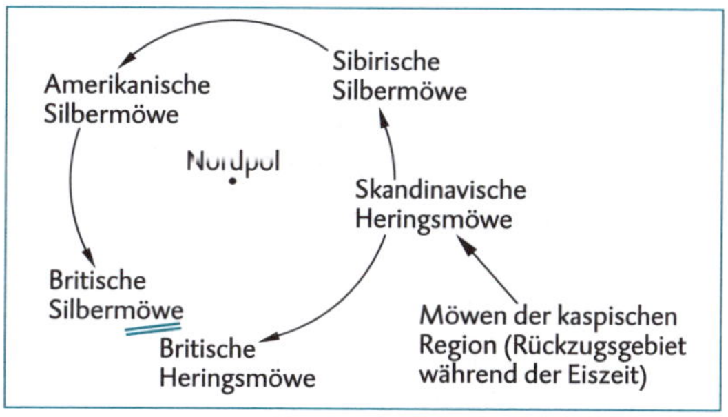

Abb. 30: Circumpolare Überlappung der Möwen

Kohlmeisen in Eurasien: Die Kohlmeise tritt in Eurasien als westliche, chinesische und südasiatische Rasse auf. Die südasiatische Rasse bildet am westlichen Rand ihres Verbreitungsgebietes (Persien) fruchtbare Bastarde mit der westlichen Rasse und am östlichen Rand (Südostasien) tritt Bastardierung mit der chinesischen Rasse auf. Nach der Eiszeit breitete sich die westliche Rasse nördlich der Gebirge Zentralasiens nach Osten aus. In den Überlappungsgebieten (in Ostsibirien) mit den beiden anderen Rassengruppen kommt es nicht zur Vermischung. Man kann in diesem Bereich von verschiedenen Arten sprechen.

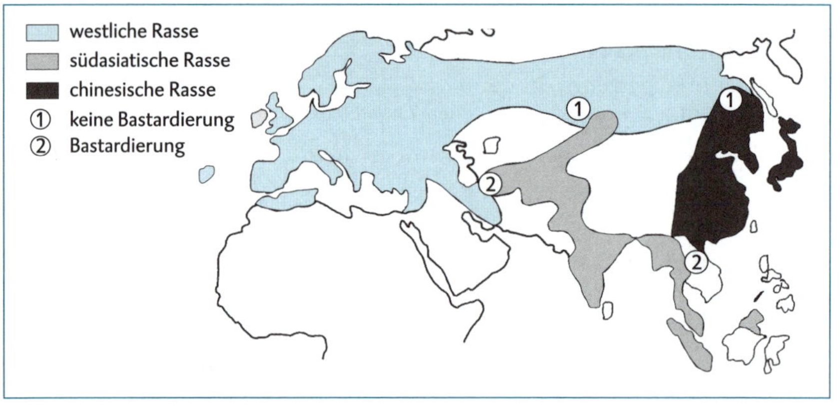

Abb. 31: Verbreitungsgebiete der Kohlmeise mit und ohne Bastardierung

Ökologische Isolation

Unter einer **ökologischen Nische** versteht man die Summe aller abiotischen und biotischen Umweltfaktoren, die einem Tier oder einer Pflanze das Überleben ermöglichen. Das Besetzen unterschiedlicher ökologischer Nischen spielt in der Evolution eine sehr wichtige Rolle. Die Konkurrenz zwischen Angehörigen einer Art ist besonders groß, da sie die gleichen Umweltansprüche haben. Wenn in einer Population Mutanten auftreten, die die Umweltbedingungen auf eine spezielle Art nutzen können, unterliegen sie der innerartlichen Konkurrenz nicht mehr so stark und können sich vermehren. Durch die Bildung ihrer neuen ökologischen Nische kommt es zu einer Absonderung dieser Teilpopulation von der Ursprungspopulation. Dieser Prozess der Anpassung an die neuen, meist sehr speziellen Lebensbedingungen **(Einnischung** oder **Annidation)** ist häufig auch mit einer räumlichen Trennung verbunden.

Eine **ökologische Nische** umfasst die Gesamtheit aller abiotischen und biotischen Faktoren der Umwelt, die den Individuen einer Art das Überleben in ihrem Lebensraum ermöglichen. Die ökologische Nische bezeichnet die Stellung dieser Art im Ökosystem. Die Anpassung einer Population an eine neue ökologische Nische nennt man **Einnischung** oder **Annidation**. Die Auffächerung (Aufspaltung) einer Stammart in mehrere, an unterschiedliche ökologische Nischen angepasste Arten wird **adaptive Radiation** genannt.

Die Artentstehung durch adaptive Radiation kann mit folgendem Modell erklärt werden:

- Eine **Gründerpopulation** einer wenig spezialisierten Art trifft auf weitgehend unbesetztes Neuland mit vielfältigen Lebensmöglichkeiten. Ohne Konkurrenten und bei ausreichend Nahrung kann sich die Population gut vermehren.
- Durch **innerartliche Konkurrenz** im begrenzten Nahrungsraum entsteht ein **Selektionsdruck**. Nur die Varianten, die neue Nahrungsquellen und Lebensräume erschließen können, haben einen Selektionsvorteil. Dies erzwingt die Besetzung unterschiedlicher **ökologischer Nischen**.
- **Separation:** Ein Teil der Ursprungspopulation wird geografisch isoliert. In dieser Population verläuft die Evolution in eine andere Richtung. Ursachen dafür können z. B. eine zufällige Auswahl der Gene in der Teilpopulation, Gendrift, unterschiedliche Mutationen und Rekombinationen oder unterschiedliche Selektionsfaktoren durch verschiedene Umwelt sein.
- Die in unterschiedliche Richtungen verlaufende Entwicklung der Teilpopulationen führt zu **reproduktiver Isolation**. Kehren Individuen der separierten Population in das ursprünglich neu besiedelte Gebiet zurück, ist eine fruchtbare Fortpflanzung zwischen beiden Populationen nicht mehr möglich **(Verhinderung des Genflusses)**. Im gleichen Lebensraum leben nun zwei Arten nebeneinander.
- Separation und Einnischung wiederholen sich mehrmals, sodass sich die Stammart in mehrere Arten aufspaltet, die jeweils an andere ökologische Nischen angepasst sind und so nebeneinander existieren können.

Beispiele

Ein eindrucksvolles Beispiel für die unterschiedliche Anpassung und Einnischung einer Art, die zu vielen neuen Arten führte, ist die **adaptive Radiation der Darwinfinken**: Vor etwa 10 Millionen Jahren wurden einige Körner fressende Bodenfinken vom südamerikanischen Festland als Gründerindividuen auf die etwa 1 000 km entfernten Galapagos-Inseln verschlagen. Diese Gründerindividuen waren wenig spezialisiert und fanden ein fast unbesetztes Neuland vor, das ihnen unterschiedliche Lebensmöglichkeiten bot. Die Finken konnten sich stark vermehren. Als die Konkurrenz um die leicht erreichbare Nahrung jedoch stärker wurde, entstand ein hoher Selektionsdruck, der nur durch die Erschließung konkurrenzfreier bzw. -armer ökologischer Nischen gemindert werden konnte. Außerdem kam es zur Separation der Populationen auf den 24 z. T. weit auseinander liegenden Inseln des Archipels. Dort entwickelten sich unter verschiedenen Selektionsbedingungen unterschiedliche Angepasstheiten. Wenn Teile dieser separierten Populationen auf die Ursprungsinsel zurückkehrten, konnten sie neben den dort vorkommenden Populationen existieren, sofern sie andere Umweltansprüche hatten. In einem geologisch relativ kurzen Zeitraum entwickelten sich 13 Arten von Finken, die sich im Gefieder und in ihrem Verhalten stark ähneln, aber unterschiedliche Schnäbel aufweisen. Eine weitere Art lebt auf der 800 km entfernten Cocos-Insel. Auf jeder Insel kommen 3–10 Darwinfinken-Arten vor, jedoch nie zwei mit gleichen Schnäbeln (Konkurrenzvermeidung!).

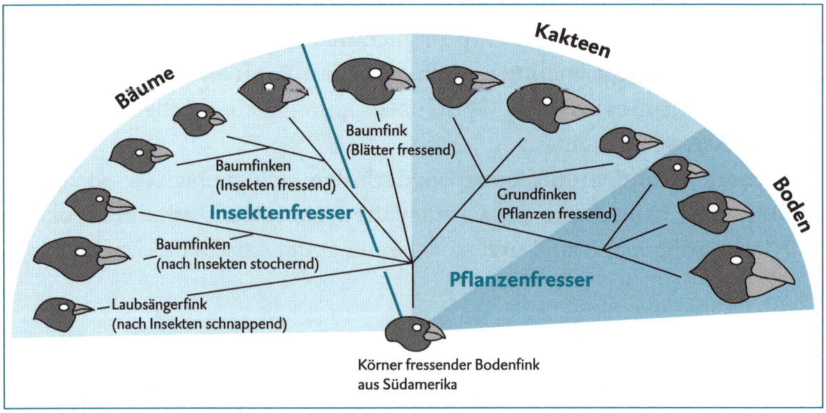

Abb. 32: Verschiedene Darwinfinken-Arten als Ergebnis der adaptiven Radiation

Durch die Abtrennung Australiens vom Festland konnten sich die Urbeuteltiere ohne Konkurrenz durch die Säugetiere und weitgehend ohne Fressfeinde in viele verschiedene Arten aufspalten. Unabhängig von den Entwicklungen auf anderen Kontinenten wurden in Australien unterschiedliche ökologische Nischen ausgebildet. Durch konvergente Entwicklung entstanden hier Tierarten, die den in Europa heimischen sehr ähnlich sind.

Abb. 33: Durch konvergente Entwicklung entstandene ähnliche Tierarten in Australien und Europa

Durch adaptive Radiation entwickelten sich auch die Kleidervögel auf Hawaii und die Lemuren (Halbaffen) auf Madagaskar.

Reproduktive Isolation

Echte biologische Arten sind reproduktiv voneinander isoliert, d. h. genetisch getrennt. Individuen verschiedener Arten können sich nicht mehr paaren oder, falls Bastarde entstehen, haben diese deutliche Selektionsnachteile.

Verschiedene **reproduktive Isolationsmechanismen** verhindern den Genaustausch zwischen Arten, selbst wenn diese im gleichen Verbreitungsgebiet vorkommen.
Man unterscheidet Mechanismen, die vor einer möglichen Paarung bzw. nach der Paarung eingreifen.

Die folgenden reproduktiven Isolationsmechanismen verhindern die Kreuzung nicht artgleicher Individuen.

Mechanische Isolation: Unterschiede in den Körpermerkmalen machen eine Paarung zwischen nicht artgleichen Individuen unmöglich.

Beispiele

Die Begattungsorgane von Männchen und Weibchen einer Art bei Insekten, Spinnen und Tausendfüßlern passen zusammen wie Schlüssel und Schloss, sodass die Kopulation nur bei artgleichen Paaren möglich ist.

Eine Paarung zwischen Yorkshire-Terrier und Deutscher Dogge ist aufgrund ihrer sehr unterschiedlichen Körpergröße nicht möglich.

Bei vielen Blütenpflanzen erfolgt die Bestäubung nur durch ganz bestimmte Insekten. Nelkenblüten z. B. weisen eine enge, langgestreckte Blütenröhre auf, durch die nur der Saugrüssel eines Schmetterlings bis zum Nektar am Blütengrund vordringen kann. Die Blütenstetigkeit der bestäubenden Insekten (sie besuchen über längere Zeit Blüten der gleichen Art) verhindert die Übertragung artfremden Pollens.

Ethologische Isolation: Unterschiede im Verhalten verhindern die Partnerfindung oder Paarung.

Beispiele

Die äußerlich ähnlichen und im gleichen Verbreitungsgebiet lebenden Vogelarten Fitis und Zilpzalp (sog. Zwillingsarten) unterscheiden sich deutlich im Gesang (siehe Abb. 34).

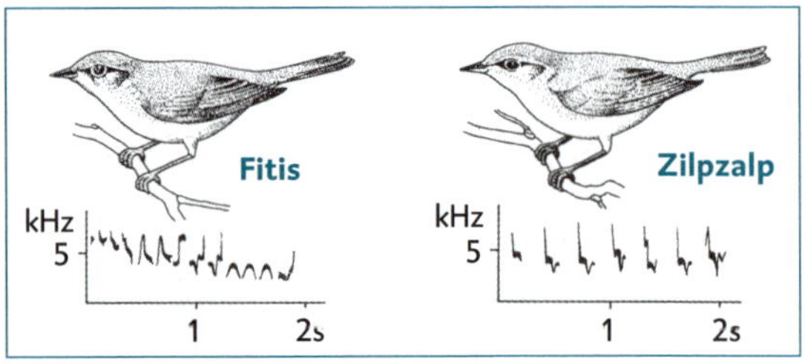

Abb. 34: Unterschiede im Gesang bei Zilpzalp und Fitis

Die Möwenarten erkennen sich an der Farbe der Iris und des Hautrings um die Augen.

Leuchtkäfer (Glühwürmchen) senden artspezifische Blinksignale aus.

Zeitliche Isolation: Nahe verwandte Arten sind zu unterschiedlichen Zeiten sexuell aktiv.

Beispiele

Grasfrosch: Paarung und Laichzeit von Februar bis März; Teichfrosch: Paarung und Laichzeit von April bis Mai

Die Heringsmöwe beginnt mit Paarung und Nestbau drei Wochen später als die Silbermöwe.

Bei Arten, zwischen denen es keine der genannten Barrieren gibt, verhindern Mechanismen, die zur **Bastardunterlegenheit** führen, die dauerhafte Vermischung der beiden Arten. Die Bastarde

- sterben schon in einem frühen Entwicklungsstadium ab (Embryonen- und Zygotensterblichkeit).

Beispiele

Bastardembryonen von Ziege und Schaf sterben in den allermeisten Fällen noch vor dem Ende der Tragzeit ab.
Zygoten aus Keimzellen von Hase und Kaninchen sterben bereits nach den ersten Teilungen.

- haben eine geringere Überlebenschance, z. B. infolge schlechterer Einpassung in die ökologischen Nischen der Elternteile.
- sind zwar fortpflanzungsfähig, haben aber weniger Nachkommen, weil sie z. B. aufgrund ihres zwischen den Elternteilen liegenden Aussehens eine geringere Chance haben, einen Geschlechtspartner zu finden.
- sind steril.

Beispiel

Maulesel und Maultier besitzen 63 Chromosomen (Pferd $2n = 64$, Esel $2n = 62$), die bei der Meiose nicht richtig aufteilbar sind.

Eine besondere Form der genetischen Isolation stellt die **Polyploidisierung** dar. Die Polyploidisierung von Pflanzen entsteht durch eine Genommutation, bei der der komplette Chromosomensatz vervielfacht wird. Bei der Meiose unterbleibt die Reduktionsteilung, die Keimzellen sind diploid (statt haploid). Durch Selbstbefruchtung entstehen Nachkommen mit tetraploidem Chromosomensatz (4n). Eine Kreuzung mit diploiden Pflanzen der Elternart ist zwar möglich, ergibt aber triploide Nachkommen (3n), die steril sind.
Polyploide Pflanzen sind vitaler als diploide. Deshalb findet man an extremen Standorten einen hohen Anteil polyploider Arten, z. B. in Island (66 %). Diese Form der genetischen Isolation kann ohne die Voraussetzung einer Separation zur Artbildung führen. Sie wird deshalb auch als **sympatrische Artbildung** bezeichnet.

Zusammenfassung

- Als **Evolutionsfaktoren** wirken Mutationen, Rekombination, Selektion, Gendrift und Isolation. Sie verändern die Allelhäufigkeiten im Genpool einer Population.
- **Mutationen und Rekombination** sind zufällige Ereignisse. Sie erhöhen die genetische Variabilität.
- **Selektion** bewirkt eine gerichtete, nicht zufällige Veränderung der Zusammensetzung des Genpools.
- Transformierende Selektion führt zu einer besseren Angepasstheit durch gerichtete Änderung von Merkmalen.
- Durch Stabilisierende Selektion wird die optimale Angepasstheit einer Population weiter gefestigt.
- Disruptive Selektion kann zur Artaufspaltung führen.
- Selektionsfaktoren sind **abiotische und biotische Umwelteinflüsse**.
- In kleinen Populationen kann **Gendrift** zufällig dazu führen, dass Allele unabhängig von ihrem Selektionswert häufiger oder geringer werden.
- **Separation** ist eine räumliche Trennung von Populationen einer Art, die zu einer Artaufspaltung führen kann **(allopatrische Artbildung)**.
- Die Artaufspaltung verläuft über die Entstehung von Rassen.
- Individuen von Rassen (Unterarten) einer Art unterscheiden sich in einigen Merkmalen, können sich jedoch fruchtbar miteinander fortpflanzen (Genaustausch ist möglich).
- Die Bildung einer **neuen Art** ist erfolgt, wenn sie von ihrer Ursprungsart **reproduktiv isoliert** ist, d. h. kein Genaustausch mit ihr möglich ist.
- Die Artentstehung ist meist mit einer ökologischen **Einnischung** verbunden.
- Stehen zahlreiche freie ökologische Nischen zur Verfügung, kann es zur **adaptiven Radiation** kommen.
- Reproduktive Isolation kommt durch Mechanismen zustande, die die Partnersuche erschweren und die Paarung verhindern oder bei den Bastarden zu geringeren Überlebenschancen führen.
- Durch **Polyploidisierung** sind Individuen einer Art sofort reproduktiv isoliert. Von ihnen kann eine Artbildung ohne Separation ausgehen **(sympatrische Artbildung)**.

Aufgaben

32 Ordnen Sie die nachfolgenden Aussagen danach, ob diese auf Mutationen, Modifikationen oder auf keine der beiden Alternativen zutreffen:

a Sie werden in einer Population durch die Selektion verhindert.

b Sie entstehen unabhängig davon, ob sie die Angepasstheit eines Organismus erhöhen oder verringern.

c Sie sind neue Kombinationen von Eigenschaften, die durch Kreuzung entstehen.

d Sie stellen Angepasstheiten des jeweiligen Organismus an seine Umwelt dar.

e Sie sind die einzigen Voraussetzungen der Evolution.

33 Erklären Sie, welche Bedeutung die geschlechtliche Fortpflanzung für die Evolution hat.

34 Erläutern Sie, wie sich Mutationen bei Diplonten und Haplonten in Bezug auf die Evolution auswirken.

35 In der nebenstehenden Abbildung ist die Häufigkeit des Sichelzellgens sowie die Verbreitung der Malaria in Afrika dargestellt. Seit langem ist bekannt, dass heterozygote Träger des Sichelzellgens (Ursache der Sichelzellanämie) weniger schwer an Malaria erkranken als homozygot gesunde Personen, während homozygote Träger des Gens meist vor Erreichen der Geschlechtsreife sterben. Bei den Betroffenen führt der Gendefekt zur Bildung veränderter Polypeptidketten im Hämoglobin, was bei Sauerstoffmangel die Ausbildung der charakteristischen Sichelform der roten Blutkörperchen bedingt. Die Sichelzellen verstopfen Blutkapillaren, wodurch es zu Blutarmut (Anämie), verminderter Leistungsfähigkeit und Organschäden kommt.

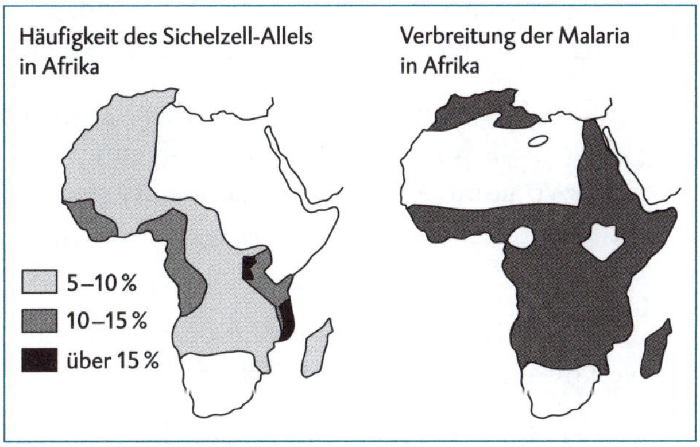

Erklären Sie die Verbreitung des Sichelzellgens in Afrika aus evolutionsbiologischer Sicht.

36 Vergleichen Sie die Auswirkung der genetischen und der modifikatorischen Variabilität auf das Evolutionsgeschehen.

37 Geben Sie ein Beispiel dafür an, unter welchen Voraussetzungen sich beim Menschen Modifikationen sicher nachweisen lassen.

38 Im Gegensatz zu Australien leben in Südamerika heute nur noch Beutelratten, während alle anderen Beuteltiere ausgestorben sind.
Erklären Sie diesen Befund.

39 Erklären Sie aus evolutionsbiologischer Sicht die Tatsache, dass fast alle Wüstenpflanzen polyploid sind.

40 Erläutern Sie, warum domestizierte Tiere gegenüber ihren wilden Verwandten eine größere Variabilität aufweisen.

41 Beurteilen Sie den Vorteil im Verlauf der Evolution, den ein stark spezialisiertes Lebewesen gegenüber einem wenig spezialisierten Lebewesen hat sowie den Vorteil für die zukünftige Evolution, den ein wenig spezialisiertes Lebewesen gegenüber einem stark spezialisierten Lebewesen hat.

42 Auf der Insel Hawaii, die vulkanischen Ursprungs ist, leben über 300 verschiedene Schneckenarten. Sie kommen ausschließlich hier vor (endemisches Vorkommen) und gehören alle der gleichen Gattung an.
Erklären Sie diese Tatsache nach dem heutigen Stand der Evolutionsforschung.

43 Erklären Sie, warum aus evolutionsbiologischer Sicht der häufige Einsatz von Insektiziden problematisch ist.

44 Blütenpflanzen sind meist Zwitter, d. h., sie besitzen männliche und weibliche Geschlechtsorgane in einer Blüte. Obwohl sich Blütenpflanzen theoretisch selbst befruchten könnten, sind im Laufe der Evolution zahlreiche Mechanismen entstanden, die dies verhindern.
Erklären Sie im Sinne DARWINS die Entwicklung solcher Mechanismen.

45 Erläutern Sie kurz, warum sich die Erscheinung des Industriemelanismus nicht durch Präadaption entwickeln konnte.

46 Nennen Sie Selektionsfaktoren, die im Wesentlichen nur bei Pflanzen oder nur bei Tieren vorkommen.

47 Der bei uns heimische Feuersalamander besitzt eine auffällig gelb-schwarz gemusterte Haut mit Giftdrüsen. Legen Sie dar, inwiefern diese Merkmale der Amphibie einen Selektionsvorteil bieten.

48 Die sexuelle Fortpflanzung diploider Organismen beinhaltet die Möglichkeit zur Rekombination des Erbmaterials. Erläutern Sie dies anhand folgender Beispiele:

- a Zwei Individuen verschiedenen Geschlechts weisen je eine unterschiedliche dominante Mutation in verschiedenen nicht homologen Chromosomen auf.
- b Zwei Individuen verschiedenen Geschlechts weisen dieselbe rezessive Mutation in heterozygotem Zustand auf.
- c Ein Individuum weist in einem Chromosom eine vorteilhafte und eine nachteilige Mutation auf.

49 Der Hornissenschwärmer, ein Schmetterling, betreibt Mimikry.

- a Erklären Sie kurz, was man unter Mimikry versteht.
- b Erläutern Sie stichpunktartig mithilfe der Evolutionstheorie von DARWIN die Ursachen und Vorgänge, die zur Ausbildung dieser Mimikry geführt haben.
- c Erklären Sie, unter welchen Umständen die Mimikry ihre Wirkung verliert.

50 Entscheiden Sie begründet, ob starke Schwankungen der Populationsgröße Veränderungen des Genpools beschleunigen können.

51 Geben Sie an, welche der genannten Fakten oder Phänomene zur Isolation von Arten oder Rassen führen können.

- a Unterschiedlichkeit der Balzrituale
- b Unmöglichkeit einer Begattung
- c Auftreten von Modifikationen
- d Bevorzugung unterschiedlicher ökologischer Nischen

52 Geben Sie an, welche der folgenden Aussagen die Wirkung von Isolationsmechanismen erklären:
Isolationsmechanismen

- a tragen zur Bildung verschiedener Genpools bei.
- b verhindern eine Arten- oder Rassenbastardierung.
- c beeinflussen die Mutationsrate.
- d erhöhen die nicht erbliche Variabilität (Modifikationen).

53 Erklären Sie, welche Veränderungen zu erwarten sind, wenn Haustiere verwildern.

54 Erklären Sie, welche Bedeutung Mutationen für das Evolutionsgeschehen im Tier- und Pflanzenreich haben.

55 Auf bestimmten kleinen, mit Lava bedeckten und sehr pflanzenarmen Inseln leben hellgrün gefärbte und damit kaum getarnte Eidechsen.
Erläutern Sie, wie sich auf diesen Inseln die grün gefärbten Reptilien entwickeln konnten.

56 Zeigen Sie das Wirken von Selektionsfaktoren an folgenden Beispielen auf:
- a Auf den kleinen Kerguelen-Inseln am Rande der Arktis finden sich zahlreiche flugunfähige Fliegen- und Schmetterlingsarten.
- b Im Vergleich zum arktischen Eisfuchs besitzt der Wüstenfuchs äußerst große Ohren.
- c Paradiesvogelmännchen besitzen ein prachtvolles buntes Federkleid mit langen Schwanzfedern, die Weibchen sind unscheinbar gefärbt.

57 Eine Bergziegenpopulation weist modifikatorische Unterschiede (Körpergröße, Muskeln u. a.) auf, die dazu führen, dass sich die Stärkeren innerhalb der Population durchsetzen und sich vermehrt fortpflanzen.
Stellen Sie eine begründete Hypothese darüber auf, wie sich dies auf die Evolution der Bergziegen auswirkt.

58 Die Stummelfüße der Erzschleiche und der Blinddarm des Menschen sind rudimentäre Organe.
Nehmen Sie Stellung zu der Aussage, dass die genannten Organe der Selektion unterliegen können.

59 Vor etwa 150 Jahren wurde eine weibliche Pflanze der Kanadischen Wasserpest nach Mitteleuropa eingeschleppt. Sie verbreitete sich sehr rasch, da bei dieser Art eine vegetative Vermehrung z. B. durch abgerissene Teile leicht möglich ist. In den letzten Jahrzehnten ging der Bestand in manchen Gewässern zurück.
- a Erklären Sie die anfänglich rasche Ausbreitung und den heute beobachtbaren Rückgang der Wasserpest-Bestände.
- b Stellen Sie eine Hypothese darüber auf, wie sich die Bestände verändern würden, wenn man männliche Pflanzen in Mitteleuropas Gewässern ansiedeln würde.

60 In seltenen Fällen geht aus der Paarung von Schaf und Ziege eine lebensfähige, jedoch unfruchtbare „Hybrid-Schiege" hervor. Der diploide Chromosomensatz des Hausschafs *(Ovis ammon)* beträgt 2n = 54, der der Hausziege *(Capra aegagrus)* 2n = 60. Bei einer Schiege lassen sich 57 Chromosomen pro Körperzelle nachweisen.

a Geben Sie eine Erklärung für die Unfruchtbarkeit der Schiege.

b Versuchen Sie eine Erklärung zu finden, warum aus der Paarung von Schaf und Ziege nur sehr selten lebensfähige Nachkommen hervorgehen, während die Bastarde von Esel *(Equus asinus)* und Pferd *(Equus przewalskii coballus)* in der Regel immer lebensfähig sind.

3 Evolutionsprozesse

3.1 Hypothesen zu den Anfängen des Lebens

Im Mittelalter schien die Antwort auf die Frage, wie das Leben entstanden ist, überhaupt keine Schwierigkeiten zu bereiten. Man nahm an, dass sich Leben jederzeit aus toter Materie entwickeln könnte, wenn nur die entsprechenden Bedingungen erfüllt wären. Diese Theorie, die man als **Urzeugungstheorie** bezeichnet, geht auf die Griechen zurück. Schon Aristoteles beschreibt, dass sich Aale aus Würmern entwickeln und Würmer aus Schlamm hervorgehen. Im 16. Jahrhundert wurde noch genau erklärt, wie man aus Mehl, Weizenkörnern und einem ungewaschenen Hemd in 21 Tagen Mäuse züchten kann. Selbst GOETHE beschreibt in einem Aufsatz, wie Flöhe aus dem Dreck der Bodenritzen entstehen. Doch allmählich setzte sich die Meinung immer mehr durch, dass Lebewesen nur aus Lebewesen entstehen können. Mit der Erfindung des Mikroskops erhielt die Urzeugungstheorie erneut Auftrieb, da man die Entstehung von Mikroorganismen aus toter Materie, wie z. B. Fleischbrühe, „experimentell" verfolgen konnte.
Erst Louis PASTEUR (1822–1895) gelang es gegen Ende des 19. Jahrhunderts, die Urzeugungstheorie auch im Bereich der Kleinstlebewesen zu widerlegen, indem er mit hitzesterilisierter Fleischbrühe experimentierte. Nur wenn Keime aus der Luft in die sterile Fleischbrühe eindringen konnten, entwickelten sich in ihr Mikroorganismen. Von da an galt der biologische Grundsatz: „Lebendiges stammt ausschließlich von Lebendigem". Dieser Grundsatz gilt zwar für alle existierenden Lebewesen, er hilft jedoch nicht weiter, die Frage nach der Entstehung des Lebens zu beantworten.
Auch wenn die Frage nach dem Ursprung des Lebens bis heute ungelöst ist, geht doch die Mehrzahl der Wissenschaftler davon aus, dass der Übergang von unbelebter zu belebter Materie ein Evolutionsprozess war. Die Annahmen zu dieser **chemischen Evolution** sind zwar bis heute nicht bewiesen, aber einige Teilaspekte sind durch Simulationsversuche überprüft worden und lassen sie dadurch als wahrscheinlich erscheinen.

Abiotische Entstehung organischer Moleküle

Die Erde entstand vor ca. 4,6 Milliarden Jahren als glutflüssiger Planet ohne Atmosphäre. Als dieser Planet abkühlte, bildete sich die feste Erdkruste. Aus dem Erdinneren entweichende Gase umgaben als Uratmosphäre die Erde. Sie bestand vermutlich aus Methan (CH_4), Ammoniak (NH_3), Kohlenstoffmonoxid (CO), Kohlenstoffdioxid (CO_2), Wasserstoff (H), Wasser (H_2O), Stick-

stoff (N) und Schwefelwasserstoff (H_2S). Da sie keinen freien Sauerstoff enthielt, hatte sie **reduzierende** Eigenschaften. Das Element Sauerstoff war im Wasser und den Kohlenstoffoxiden chemisch gebunden. Das Wasser war wegen der hohen Temperatur zum größten Teil als Wasserdampf in der Atmosphäre verteilt.
Nachdem die Erdoberfläche auf Temperaturen unter 100 °C abgekühlt war, sammelte sich das Wasser an tieferen Stellen und verdampfte größtenteils wieder. Die Hitze und die Wolkenbildung führten dazu, dass fast pausenlos Blitze in die Atmosphäre zuckten und immer wieder heftige Gewitterregen auf die Erde prasselten.
Die bis jetzt ältesten Lebensspuren sind die **Stromatolithen**, mineralische Ablagerungen, die fossile Prokaryoten enthalten. Ihr Alter wird auf ca. 3,5 Milliarden Jahre geschätzt. Daraus ergibt sich folgende wichtige Frage zur Entstehung des Lebens auf der Erde: Konnten sich vor mehr als 3,5 Milliarden Jahren organische Verbindungen aus anorganischen Stoffen unter den damaligen extremen Reaktionsbedingungen bilden?
Stanley MILLER, ein junger amerikanischer Wissenschaftler, war davon überzeugt, dass durch die Einwirkung der Blitze auf die Uratmosphäre sich die ersten organischen Verbindungen von selbst bildeten. Er machte 1953 den Vorschlag, die Uratmosphäre und die Reaktionsbedingungen der Urerde im Labor zu rekonstruieren.
Ein Glaskolben (I) wurde mit Wasser gefüllt. Von ihm aus führte ein Rohr in einen weiteren Kolben (II), der mit der „Uratmosphäre", nämlich Methan, Ammoniak und Wasserstoff gefüllt war. Wurde das Wasser in Kolben I zum Sieden gebracht, dann wanderte der Wasserdampf in den Kolben II. In diesen Kolben waren zwei Elektroden eingeschmolzen, die mit einer Spannungsquelle verbunden waren. Beim Anlegen einer hohen Spannung sprangen zwischen den beiden Elektroden elektrische Funken über. Diese Funken sollten die Blitze in der Uratmosphäre darstellen. Sie waren die Energiequelle für die chemischen Reaktionen, die sich in der Uratmosphäre abspielten. Von da aus wurde das Gasgemisch in einen Kühler (III) geleitet, wobei sich der Wasserdampf wieder zu Wassertröpfchen kondensierte, die sich in dem anschließenden U-Rohr (IV) sammelten. Diese Wassertröpfchen entsprachen dem Regen, der

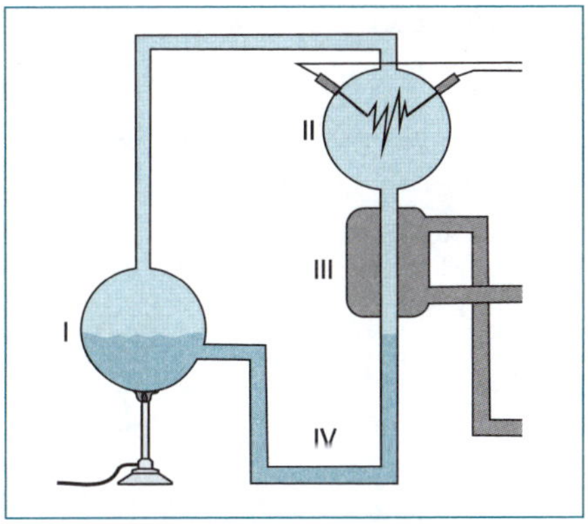

Abb. 35: MILLERs Versuchsanordnung

die neu entstandenen Verbindungen zur Erde brachte. Dort sammelten sie sich im Ozean, dessen Funktion in der Versuchsanordnung von dem U-Rohr übernommen wurde. Zum Teil gelangten die Verbindungen wieder in den Kolben I, wurden dort verdampft und wanderten in Kolben II, wo sie für weitere Reaktionen zur Verfügung standen.

Nach einer Woche untersuchte MILLER die Flüssigkeit im U-Rohr. Auf Anhieb konnte er mehr als 20 verschiedene organische Substanzen identifizieren, darunter für Organismen so wichtige Stoffe wie Essigsäure, Milchsäure und Aminosäuren. Das MILLER'sche Experiment wurde später noch oft, auch mit anderen Energiequellen, wie z. B. UV-Licht und anderen energiereichen Strahlen, wiederholt. Dabei konnten auch komplexer gebaute organische Moleküle wie z. B. die Zucker Desoxyribose und Ribose, Adenosintriphosphat (ATP) und die organischen Purin- und Pyrimidinbasen nachgewiesen werden, alles wichtige Bausteine für Lebewesen. Diese Ergebnisse stützen die Vorstellung, dass sich die organischen Verbindungen in immer stärkerer Konzentration im Urozean ansammelten und auf diese Weise vor der Zerstörung durch energiereiche Strahlen geschützt waren. Es bildete sich ein mit organischen Molekülen angereicherter Ozean, die sog. **„Ursuppe"**.

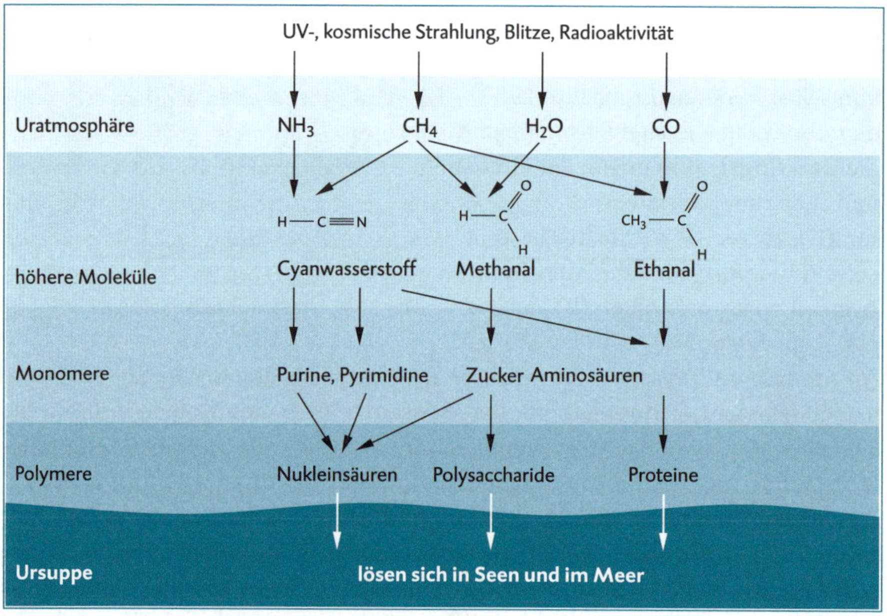

Abb. 36: Mögliche chemische Evolution biologisch wichtiger Moleküle

Eine andere Hypothese zur chemischen Evolution geht davon aus, dass sich organische Verbindungen in der Tiefsee im Bereich vulkanischer Quellen gebildet haben könnten. Unter anaeroben Bedingungen wäre eine exotherme Reaktion zwischen Schwefelwasserstoff (H_2S) und Eisen(II)-sulfid (FeS) zu Pyrit (FeS_2) und Wasserstoff möglich. Mithilfe der freigesetzten Energie und Wasserstoff als Reduktionsmittel könnten aus Kohlenstoffdioxid oder Kohlenstoffmonoxid einfache organische Moleküle entstanden sein. Der entstehende Pyrit bildete Kristalle, an deren Oberflächen die Bildung von Biomolekülen katalysiert worden sein könnte.
Die Bildung verschiedener organischer Verbindungen auf diesem Wege unter Vergrößerung von Pyritkristallen konnte experimentell nachgewiesen werden. Auch das Vorkommen von bestimmten Bakterien in warmen Tiefseequellen stützt das Pyrit-Modell. Diese Bakterien setzen aus Schwefelwasserstoff Wasserstoff frei, den sie zur Reduktion von Kohlenstoffdioxid verwenden.

Entstehung sich selbst reproduzierender Makromoleküle

Nach der Phase der Entstehung organischer Moleküle aus anorganischem Material schloss sich die Entstehung von sog. **Biopolymeren** (biologisch wichtigen Makromolekülen) an. Diese langkettigen Riesenmoleküle mussten sich schließlich zu sich selbst reproduzierenden Einheiten organisieren, um die Grundlage für die erste Zelle zu bilden.
Nach MONOD bilden sich aus einer Lösung von monomeren Molekülen – ähnlich wie bei der Kristallbildung aus Salzlösungen – spontan größere Molekülgruppen (Oligomere) mit einem höheren Ordnungsgrad als die Monomere **(spontane Oligomerie)**. So können sich z. B. Aminosäuren spontan zu Oligopeptiden verbinden. Experimentell konnte nachgewiesen werden, dass sich beim Auftropfen von Aminosäurelösungen auf Tonmineralien Polypeptide bilden, sog. **Proteinoide**.

Die **Theorie der Selbstorganisation** nach EIGEN besagt, dass auch schon im Bereich der Molekülbildung „Mutationen“, d. h. spontane Veränderungen, bei den organischen Molekülen auftreten können. Diese Veränderungen können sich auf die Beständigkeit der Moleküle negativ, manchmal aber auch positiv auswirken. Nach EIGEN gilt auch schon im molekularen Bereich das Prinzip der DARWIN'schen Evolutionslehre, nämlich *„survival of the fittest“*, d. h., eine Veränderung des Moleküls kann zu seiner verbesserten Angepasstheit an die Umwelt führen und damit seine „Überlebenschance“ erhöhen. Dies gilt vor allem für Molekülsysteme, die sich aufeinander abstimmen, wie z. B. Nukleinsäuren und Proteine: Proteine können als Enzyme wirken. Wenn bestimmte Proteinmoleküle die Replikation der Nukleinsäuren katalysieren, so hat sich ein System mit größerer „Überlebenschance" entwickelt. Andererseits können Nukleinsäuren auch Information speichern und z. B. zur verbesserten Synthese von Proteinen beitragen. Nukleinsäuren und Proteine bilden nach EIGEN somit einen Reaktionszyklus, der sich selbst erhält, indem die Nukleinsäuren genauer repliziert und die Proteine exakter synthetisiert werden. Wenn sich mehrere solcher Reaktionszyklen miteinander verknüpfen, entsteht ein sog. **Hyperzyklus**. Die Hyperzyklen konkurrieren untereinander und es werden sich diejenigen durchsetzen, die den Umweltbedingungen am besten angepasst sind. Es findet daher schon auf dieser Stufe der Entstehung des Lebens „Mutation, Selektion und somit Evolution" statt.

Entwicklung abgegrenzter Gebilde: Koazervate und Mikrosphären

Eines der wichtigsten Kennzeichen des Lebens und die Voraussetzung für seine Entstehung ist der Stoffwechsel. Darunter versteht man einen geregelten Ablauf von chemischen Reaktionen, die aufeinander abgestimmt sind und ineinander greifen. Dabei gehen beim katabolischen, d. h. abbauenden Stoffwechsel energiereiche organische Verbindungen unter Energiefreisetzung in energieärmere über. Die freigesetzte Energie kann wiederum dazu verwendet werden, neue organische Stoffe aufzubauen. Es liegt auf der Hand, dass ein solches geregeltes Zusammenwirken verschiedener chemischer Reaktionen besonders gut in einem abgeschlossenen Raum stattfinden konnte und sich nicht zufällig immer wieder von selbst im Urmeer abspielte. Eine wichtige Voraussetzung zur Entstehung des Lebens war daher die Bildung eines vom umgebenden Wasser abgetrennten Tröpfchens **(Kompartiment)**, in dem chemische Reaktionen ablaufen konnten.

Es lässt sich experimentell zeigen, dass fettähnliche Substanzen (Lipoide) spontan bimolekulare Filme bilden können, die sich um Flüssigkeitstropfen legen. Der Flüssigkeitstropfen wäre damit gegenüber der umgebenden Ursuppe abgegrenzt. Gleichzeitig könnten von außen aber auch Stoffe in das Innere des abgegrenzten Flüssigkeitstropfens eindringen, da Lipoidmembranen für bestimmte Stoffe durchlässig sind.

Derartige Gebilde sind nicht sehr beständig. Die Wahrscheinlichkeit, dass sie einen größeren Zeitraum überstehen, wird aber größer, wenn die Reaktionen, die im Inneren des Tröpfchens ablaufen, zu seiner Beständigkeit beitragen. Wenn außerhalb des Tröpfchens Substanzen die Lipoidmembran angreifen und zersetzen, sich aber innerhalb der Membran Reaktionen abspielen, die neue Lipoide erzeugen, dann hat dieses Tröpfchen mehr „Überlebenschancen" als eines, dem die Fähigkeit zur Erzeugung lipoidähnlicher Verbindungen fehlt.

Obwohl man in diesem angenommenen Fall keines der beiden Tröpfchen als lebendig bezeichnen darf, überdauert das Tröpfchen mit der „besseren Angepasstheit", während das andere zugrunde geht. Die **Selektion**, als eine Grundlage für Evolution, bzw. chemische Evolution, setzte also bereits auf der Stufe der Entwicklung komplizierter organischer Moleküle (Biopolymere) ein.

Nach der Theorie von OPARIN umgeben sich hydrophile Moleküle in wässriger Umgebung mit einer Hydrathülle. Diese Wasserhülle geht jedoch nach außen ohne scharfe Grenze in das Lösungsmittel Wasser über. Bei Vorhandensein bestimmter Salze verändern sich die Molekülladungen und damit auch die Wasser bindenden Kräfte. Die Folge ist eine Verkleinerung und damit schärfere Begrenzung der Wasserhülle. Im Inneren eines solchen Gebildes trennt sich eine dichtere, wasserarme Phase (das **Koazervat**) von der wasserreicheren Umgebung. Berühren sich nun die Hydrathüllen mehrerer derartiger Koazervate, so verbinden sie sich zu einer einzigen gemeinsamen Hydrathülle und es entsteht ein großes komplexes Koazervat mit zahlreichen kleinen Koazervaten im Inneren.

S. W. FOX erhitzte von ihm hergestellte Proteinoide in Meerwasser und fand nach dem Abkühlen kleine Hohlkugeln vor, die er **Mikrosphären** nannte. Die Membranen dieser Bläschen sind stabiler als die Hüllen von Koazervaten. Da sie semipermeabel sind, ermöglichen sie einen selektiven Stoffaustausch.

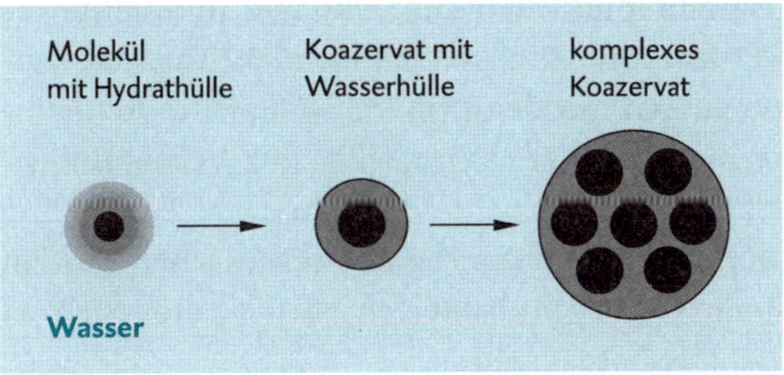

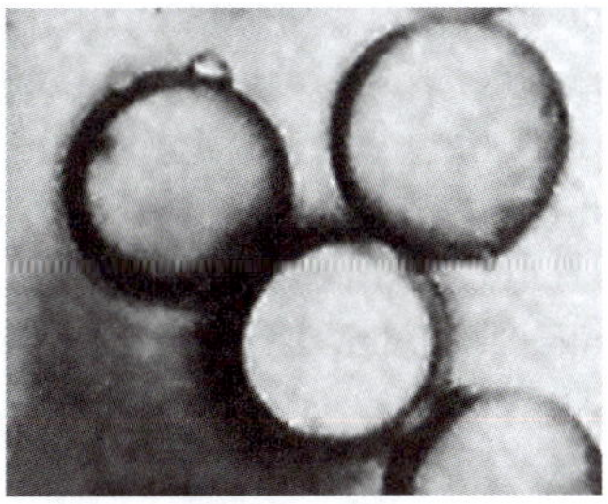

Abb. 37: Entstehung von Koazervaten und komplexen Koazervaten (links) und Mikrosphären (rechts)

Evolution der Zelle

Über die Bildung der ersten Zellen als Anfang der **biologischen Evolution** gibt es keinerlei Belege. Es existieren nur Denkmodelle und Hypothesen, wie es zu ihrer Entstehung gekommen sein könnte. Grundlage der Bildung von **Protobionten** oder **Urlebewesen** waren vermutlich abgeschlossene Systeme ähnlich den Koazervaten und Mikrosphären. Hyperzyklische Systeme aus RNA-Molekülen, die als Informationsträger fungieren, und Proteinen, die als Katalysatoren wirken, sind denkbar. Die RNA müsste ein Enzymprotein codie-

ren, das seinerseits die Replikation von RNA-Molekülen fördert. Ein solcher Reaktionszyklus wäre durch Einfügen weiterer Reaktionssysteme aus RNA und Proteinen erweiterbar. Solche einfachen Systeme würden bereits Eigenschaften lebender Systeme wie Informationsweitergabe, Replikation, Fähigkeit zur Mutation (durch Kopierfehler bei der Replikation) und Stoffwechsel (Stoffaustausch mit der Umgebung durch die Membran) aufweisen.
Die ersten nachgewiesenen Lebewesen auf der Erde waren **Prokaryoten**, die den heute lebenden Cyanobakterien (Blaualgen) und Bakterien ähneln. Ihre Zellen sind einfacher aufgebaut als die der Eukaryoten. Ihr Erbmaterial besteht nur aus einem ringförmigen DNA-Doppelstrang, der nicht von einer Kernmembran umhüllt wird. Zellorganellen mit Doppelmembran wie Mitochondrien und Chloroplasten fehlen.

Entstehung von eukaryotischen Zellen aus Prokaryoten

Der Schritt von der Protozyte zur Euzyte vollzog sich vor ca. 1,8 Milliarden Jahren. Eine mögliche Erklärung für diesen Entwicklungsschritt gibt die **Endosymbionten-Hypothese**. Danach sind die Mitochondrien, und bei Pflanzenzellen auch die Chloroplasten, aus Prokaryoten hervorgegangen, die wiederum von anderen Prokaryoten aufgenommen wurden. Dieser Vorgang könnte so ähnlich wie die Phagozytose bei den Makrophagen oder den Amöben abgelaufen sein: Ein kleiner Prokaryot (z. B. ein Bakterium) wird von einer beweglichen Zelle umflossen, in ein Membranbläschen verpackt und ins Zellinnere gebracht. Die aufgenommenen Prokaryoten wurden jedoch nicht verdaut, sondern blieben funktionsfähig und gingen mit der größeren Zelle eine Art Symbiose ein. Bestimmte Leistungen wurden der „Wirtszelle“ zur Verfügung gestellt: Aus aeroben Bakterien entstanden Mitochondrien, die die Zellatmung als besonders effektive Form der Energiegewinnung aus organischen Stoffen ermöglichten; die Pigmentsysteme der Cyanobakterien entwickelten sich zu Chloroplasten, den Zellorganellen der Fotosynthese.

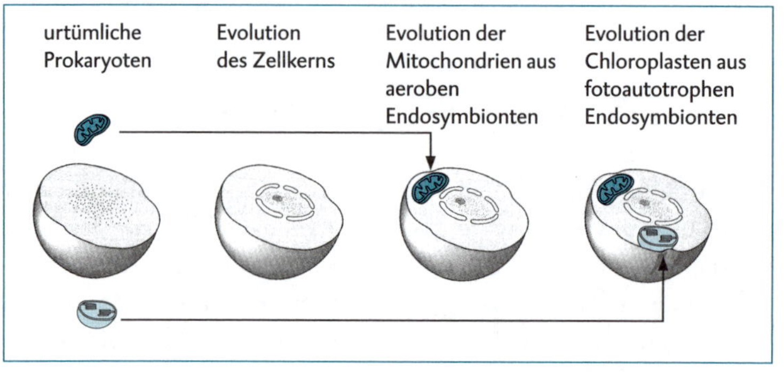

Abb. 38: Entstehung der Euzyte nach der Endosymbionten-Hypothese

Für die Endosymbionten-Hypothese spricht eine Reihe von Argumenten:

- Mitochondrien und Chloroplasten entstehen immer nur aus ihresgleichen, durch Teilung und können nie völlig neu gebildet werden.
- Mitochondrien und Chloroplasten weisen eine Doppelmembran auf, wobei die äußere Membran eine andere chemische Zusammensetzung aufweist als die innere. Die innere Membran ähnelt in ihrem Aufbau der Membran von heutigen Bakterien.
- Mitochondrien und Chloroplasten besitzen eine eigene DNA, die die Proteinbiosynthese in diesen Organellen steuert. Die DNA ist ringförmig und die Ribosomen haben die gleiche Größe wie bei Prokaryoten.
- Bestimmte Arten von Pantoffeltierchen und Hohltieren bauen einzellige Grünalgen in ihre Körperwand ein und leben mit ihnen in Symbiose.

Nach der **Endosymbionten-Hypothese** wurden kleinere Prokaryoten von einer größeren prokaryotischen Zelle aufgenommen. In einer Symbiose (Lebensgemeinschaft zum gegenseitigen Nutzen) entwickelten sich die kleineren Prokaryoten zu Zellorganellen, den Mitochondrien und Chloroplasten.

Die **Entwicklung eines Zellkerns** dagegen ist noch weitgehend rätselhaft. Die doppelte Kernmembran könnte eine Bildung des endoplasmatischen Reticulums sein. Wie jedoch die Chromosomen mit dem komplizierten Aufbau aus DNA und Proteinen und der für die Zellteilung notwendige Mitoseapparat entstanden sein könnten, ist noch immer unklar.

Evolution des Energiestoffwechsels

Da die Uratmosphäre keinen Sauerstoff enthielt, mussten die ersten einzelligen Organismen ihre Energie durch den **anaeroben Abbau** (ohne Sauerstoff) von organischen Substanzen gewinnen. Auch heute noch gibt es viele Prokaryoten, die ihre Energie nur durch anaerobe Abbauprozesse **(Gärung)** gewinnen können. Allerdings ist die Energieausbeute an ATP dabei verhältnismäßig gering (siehe (1), S. 51 ff.). Die ersten Organismen waren **heterotroph**, d. h., auf organische Nährstoffe angewiesen. Diese organischen Verbindungen gab es zunächst in der „Ursuppe" in großen Mengen. Da aber die zufällige Bildung dieser Stoffe sehr lange Zeiträume in Anspruch nahm, kam es zu einer Abnahme der organischen Stoffe in der Ursuppe. Auf die Dauer konnten sich diejenigen Zellen durchsetzen, die ihren Energiestoffwechsel unabhängig von den organischen Stoffen in der Ursuppe betrieben. Manche dieser Organismen konnten aus anorganischen Stoffen durch chemische Reaktionen Energie freisetzen und damit energiereiche organische Verbindungen aufbauen (chemoautotrophe Organismen). Fotoautotrophe Organismen stellen dagegen mithilfe des Sonnenlichts aus Kohlenstoffdioxid und einem Wasserstoffdonator, wie z. B. Schwefelwasserstoff (H_2S), Glucose selbst her. Ein Beispiel dafür ist die Purpurbakterien-Fotosynthese:

$$6\,CO_2 + 12\,H_2S \xrightarrow[\text{(Bakterienchlorophyll)}]{\text{(Licht)}} C_6H_{12}O_6 + 12\,S + 6\,H_2O$$

Im Lauf der weiteren Evolution des Energiestoffwechsels wurde der Schwefelwasserstoff als Wasserstoffdonator durch Wasser ersetzt. Die Spaltung des Wassers erfolgte mithilfe des Chlorophylls in der **Fotosynthese** (siehe (1) S. 27 ff.). Glucose wurde dabei im Überschuss produziert, sodass sich auch heterotrophe Organismen davon ernähren konnten. Gleichzeitig wurde Sauerstoff aus dem Wasser freigesetzt und reicherte sich in der Atmosphäre an. Dieser Sauerstoff stand schließlich für Energie liefernde Oxidationsprozesse zur Verfügung. So entwickelte sich die Atmung als der wichtigste aerobe Energie freisetzende Prozess des Stoffwechsels. Der **aerobe (oxidative) Abbau** von organischen Stoffen liefert wesentlich mehr Energie als der anaerobe Abbau von organischen Stoffen mittels Gärung. Durch die Entwicklung der Autotrophie konnte sich ein Kreislauf zwischen heterotrophen und autotrophen Lebewesen ausbilden, der bis heute die Grundlage des Lebens auf der Erde darstellt.

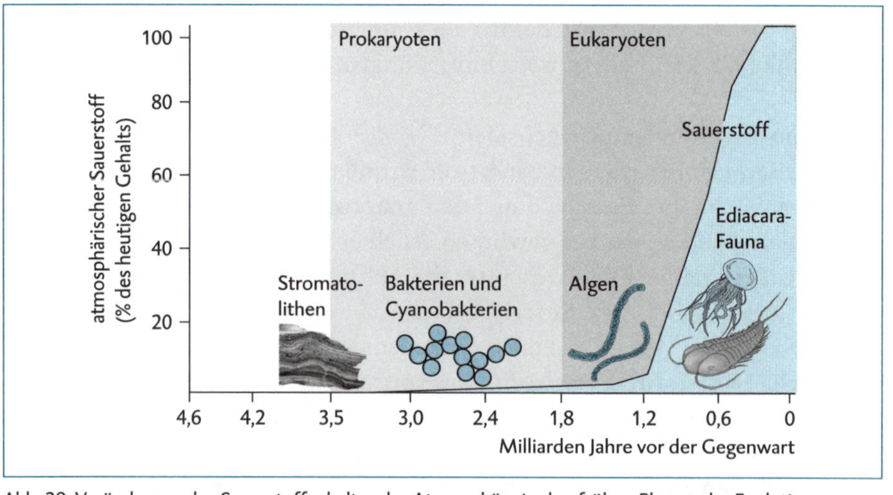

Abb. 39: Veränderung des Sauerstoffgehaltes der Atmosphäre in den frühen Phasen der Evolution

Evolution der Vielzelligkeit

Alle Prokaryoten (Bakterien, Cyanobakterien, Archaeen) sind einzellige Lebewesen. Ihr Zelltyp ist die Protozyte. Alle Stoffwechselvorgänge laufen in einer Zelle ab: sie ist totipotent.

Bei den Eukaryoten existieren neben einzelligen Formen (sog. Protisten) auch viele vielzellige Formen (Tiere, Pflanzen, Pilze). Die Entwicklung der Euzyte war Voraussetzung für die Entwicklung vielzelliger Lebewesen. Ihre starke Kompartimentierung ermöglichte vielfältige Differenzierungen. Mit der Ausbildung eines diploiden Chromosomensatzes, der Meiose und der sexuellen Fortpflanzung waren die Grundlagen der genetischen Rekombination entstanden, die die Entstehung einer enormen Vielfalt von Genotypen begünstigte.

Man nimmt an, dass die Vielzelligkeit mehrfach unabhängig voneinander entstanden ist. Der vielzellige Aufbau eines Organismus hat offensichtlich Selektionsvorteile. Einer davon ist sicherlich die zunehmende Größe. Ein größerer Organismus kann einen kleineren leichter fressen. Er ist möglicherweise auch robuster gegenüber Umwelteinflüssen. Entscheidender dürfte aber die Arbeitsteilung zwischen den Zellen gewesen sein. Bestimmte Zellen erledigen Verdauungsfunktionen effektiver durch verstärkte Bildung von Enzymen, andere übernehmen die Fortpflanzung durch Bildung von Keimzellen und wieder andere verleihen dem Organismus eine bessere Beweglichkeit durch den Besitz besonders ausgeprägter Geißeln. Diese Spezialisierung der Zellen geht einher mit dem Verlust der Totipotenz der Zellen. Die Körperzellen eines vielzelligen Organismus sterben nach einer bestimmten Lebensspanne ab, nur die Keimzellen sind potenziell unsterblich.

Der Übergang vom Einzeller zum Vielzeller lässt sich modellhaft bei Grünalgen verfolgen (siehe Abb. 40): Die Grünalge *Chlamydomonas* (A) ist ein echter Einzeller, der sich mithilfe von zwei Geißeln fortbewegt. Die Grünalge *Eudorina* (B) bildet eine Kolonie aus maximal 32 Zellen, die in eine Gallerte eingebettet sind, jedoch keine verbindenden Strukturen untereinander aufweisen. Die Zellen können ihre Geißelbewegungen synchronisieren, sodass sich die Kolonie immer mit der gleichen Seite voranbewegt. Die Kugelalge *Volvox* (C) ist eine Hohlkugel aus einer wesentlich größeren Anzahl von Zellen, die durch Plasmabrücken zum Stoff- und Informationsaustausch verbunden sind. Bei diesem einfachen Vielzeller lassen sich zwei Typen von Zellen unterscheiden: Viele kleinere Zellen zur Fortbewegung und Ernährung, wenige größere Zellen (vorwiegend am hinteren Pol der Kugel) zur ungeschlechtlichen (D, E) und geschlechtlichen Fortpflanzung.

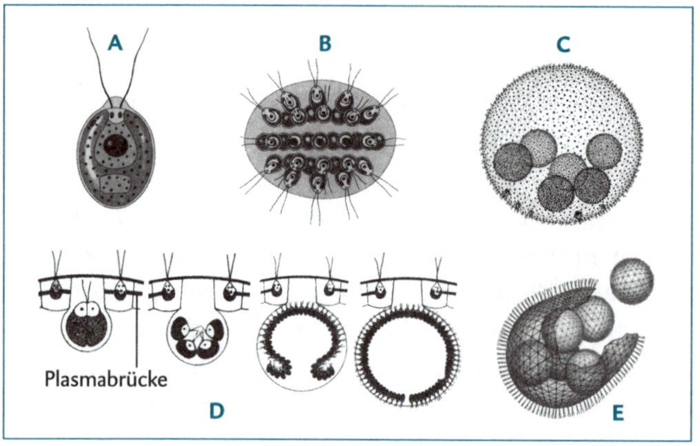

Abb. 40: Übergang vom Einzeller zur Vielzelligkeit bei Grünalgen: (A) Einzeller *Chlamydomonas*, (B) Kolonie *Eudorina*, (C) Kugelalge *Volvox* mit differenzierten Zellen für die ungeschlechtliche Vermehrung, (D) Entstehung einer Tochteralge im Inneren von *Volvox*, (E) die Tochteralgen werden durch das Aufplatzen der Mutteralge frei.

3.2 Massenaussterben und Evolutionsschübe

Der Verlauf der Evolution der Organismen ist gekennzeichnet durch Aussterben und Neuentstehung von Arten. Man schätzt, dass ca. 99 % der Arten, die jemals auf der Erde existierten, ausgestorben sind. Neben dem in allen Epochen auftretenden **Hintergrundaussterben,** fanden auch mehrfach **Massenaussterben** von Arten in geologisch kurzen Zeitspannen von wenigen Millionen Jahren statt. Diesen sog. Faunenschnitten folgte jeweils rasch ein starker Anstieg der Artenzahl, weil frei gewordene ökologische Nischen neu besetzt werden konnten (adaptive Radiation, siehe S. 51 ff.).

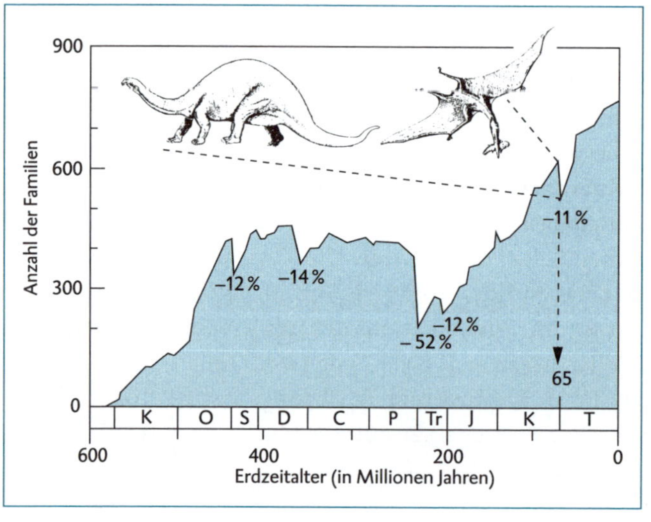

Abb. 41: Massenaussterbeereignisse im Laufe der Erdgeschichte. Die Prozentzahlen geben den Anteil ausgestorbener Familien an.
K: Kambrium; O: Ordovizium; S: Silur; D: Devon; C: Carbon; P: Perm; Tr: Trias; J: Jura; K: Kreide; T: Tertiär

Das bekannteste Massenaussterben ereignete sich vor ca. 65 Millionen Jahren und markiert den Übergang von der Kreide zum Tertiär. Innerhalb von etwa 10 Millionen Jahren verschwanden außer den Dinosauriern und Flugsauriern auch viele Arten von Meeresreptilien und die Artengruppe der Ammoniten. Ausgelöst wurde die Katastrophe wahrscheinlich durch den Einschlag und die Explosion eines Asteroiden im Golf von Mexiko. In Sedimenten aus der späten Kreidezeit tritt weltweit eine dünne Tonschicht auf, die einen sehr hohen Iridiumgehalt aufweist. Da nur in außerirdischer Materie so hohe Iridiumkonzentrationen auftreten, wird ein Asteroiden-Einschlag als mögliche Ursache angesehen. Riesige Mengen Staub, Asche und Ruß (aus verheerenden Bränden) wurden in die Atmosphäre geschleudert und verdunkelten den Himmel über lange Zeit. Das führte zur Beeinträchtigung der Fotosynthese und zum Absinken der Temperatur. Saurer Regen (durch das Lösen der Verbrennungsgase im Regenwasser) vergiftete die Meere und tötete das Plankton. Viele Arten verloren dadurch ihre Nahrungsgrundlage, z. B. Landtiere mit einer großen Körpermasse wie die Dinosaurier oder Meerestiere wie die Ammoniten. In den frei gewordenen Lebensräumen konnten sich die Säugetiere durch Einnischung und adaptive Radiation entfalten. Innerhalb von etwa 10 Millionen Jahren entwickelten sich alle Säugetiergruppen aus den wenigen Formen, die bereits in der Saurierzeit existierten.

3.3 Koevolution

In einem Biotop (Lebensraum) leben stets Populationen vieler verschiedener Arten zusammen. Diese Lebensgemeinschaft (Biozönose) mit den abiotischen Faktoren des Lebensraums wird als Ökosystem bezeichnet. Durch die Wechselwirkungen und Abhängigkeiten in einem Ökosystem ist die Evolution der Arten häufig voneinander abhängig. Sind Arten besonders gut aneinander angepasst, ist dies oft auf Koevolution zurückzuführen. Beispiele für Koevolution findet man in Symbiosen, Parasit-Wirt- sowie Räuber-Beute-Beziehungen.

> **Koevolution** ist die wechselseitige Anpassung von Arten aneinander. Sie beruht darauf, dass diese Arten über einen längeren Zeitraum in ihrer Stammesgeschichte einen starken Selektionsdruck aufeinander ausüben.

Symbiose zwischen Blütenpflanze und Bestäuber:

Die seit ca. 120 Millionen Jahren bestehende Koevolution bedecktsamiger Blütenpflanzen und ihrer tierischen Bestäuber (Insekten, Vögel, Wirbeltiere) führte zu einer Vielfalt von Blütenmerkmalen, die sich in Anpassung an die Fremdbestäubung herausgebildet haben. Solche wechselseitige Anpassungen werden als **Koadaptationen** bezeichnet.

Beispiele

Farbige Blütenblätter und Duftstoffe wirken als Fern- bzw. Nahsignale, um Blütenbesucher anzulocken (z. B. süßer Duft für Bienen, nach Aas stinkend für Fliegen).

Farblich abgesetzte Markierungen, die das Zentrum einer Blüte betonen oder Flecken auf den Blütenblättern, die die „Landebahn“ für den anfliegenden Bestäuber markieren.

Durch die Blütenform lassen sich bestimmte Bestäuber gezielt auswählen. Die Schlüsselblumenblüte (lange, enge Blütenröhre) kann nur von Schmetterlingen mit einem langen Rüssel bestäubt werden.

Angebot an zuckerhaltigem Nektar als Belohnung, die das Erlernen einer bedingten Appetenz (reizbedingte Konditionierung, siehe S. 165 ff.) erleichtert: Der Bestäuber lernt bedingt durch die gute Erfahrung die spezifischen Merkmale (Reize) der besuchten Blüte und sucht weitere genauso aussehende Blüten auf. ⇒ Diese „Blütenstetigkeit“ sichert die Bestäubung mit arteigenem Pollen.

Platzierung der Nektardrüsen tief im Inneren der Blüte, sodass auf der Suche nach Nektar unweigerlich Pollen aus den Staubblättern am Körper des bestäubenden Insekts hängen bleibt.

Auch auf der Seite der Bestäuber haben sich Koadaptationen entwickelt.

Beispiele

- Langer Saugrüssel oder Schnabel zum Aufsaugen des verborgenen Nektars z. B. bei Hummeln, Schmetterlingen und Kolibris.
- Löffel- bzw. pinselartige Zunge zur Aufnahme des Nektars bei Bienen bzw. Fledermäusen.
- Pollenbehälter an den Hinterbeinen („Körbchen“) bei der Honigbiene.

Sowohl die Pflanze als auch der Bestäuber ziehen Vorteile aus dieser Beziehung; es handelt sich also um eine echte Symbiose.

Vorteil für die Pflanze	Vorteil für den Bestäuber
Sicherung der Bestäubung mit Pollen einer anderen Pflanze der gleichen Art = **Fremdbestäubung** ⇒ Bildung einer größeren Menge Samen	Zuckerhaltiger Nektar und/oder eiweißreicher Pollen als ergiebige und sichere **Nahrungsquelle**

Tab. 4: Vorteile aus der Symbiose zwischen Pflanzen und Bestäubern

Beispiel

Die Orchidee „Stern von Madagaskar", *Angraecum sesquipedale*, besitzt einen 30 cm langen Blütensporn, in dessen Ende sich der Nektar befindet. DARWIN stellte 1862 die Hypothese auf, dass es auf Madagaskar einen Bestäuber für diese Orchidee mit einem ebenso langen Rüssel geben muss. Vierzig Jahre später fand man den Schwärmer *Xanthopan morgani praedicta*, obgleich erst 1994 nachgewiesen wurde, dass es sich tatsächlich um den vorhergesagten Bestäuber handelt.

Abb. 42: Die Orchidee *Angraecum sesquipedale* und ihr Bestäuber, der Falter *Xanthopan morgani praedicta*

Parasit-Wirt-Beziehung

Unter Parasitismus versteht man das Zusammenleben zweier artverschiedener Organismen zum einseitigen Nutzen des Parasiten und zum Nachteil des Wirts.

Beispiel

Das bekannteste Beispiel eines **Brutparasiten** ist der Kuckuck. Indem er seine Eier von verschiedenen Singvogelarten ausbrüten und die Jungkuckucke von Stiefeltern aufziehen lässt, erspart er sich die eigene aufwendige Brutpflege. Die Wirtsvögel haben weniger eigene Nachkommen, da der geschlüpfte Jungkuckuck die Eier oder geschlüpften Jungen der Pflegeeltern aus dem Nest wirft. Da nur eine der beteiligten Parteien von der Beziehung profitiert, kommt es zu einer Art koevolutiven Wettrüstens. Ein Kuckucksweibchen wählt zur Eiablage meist ein Nest der Singvogelart aus, von der sie selbst aufgezogen wurde. Je mehr das Kuckucksei dem

Abb. 43: Junger Kuckuck im Nest einer Heckenbraunelle

Wirtsvogelei gleicht und je geschickter das Kuckucksweibchen bei der Eiablage vorgeht, desto höher ist der Fortpflanzungserfolg der Kuckucke. Die Eiablage erfolgt beispielsweise nur, wenn sich die Wirtseltern nicht in der Nähe des Nests befinden. Nach dem Ablegen des Kuckuckseies wird ein Wirtsvogelei entfernt. Der auffällig gefärbte Sperrrachen des Jungkuckucks und seine Bettelrufe, die denen der Wirtsvogeljungen täuschend ähnlich sind, veranlassen die Pflegeeltern dazu, das Junge trotz seines abweichenden Aussehens unermüdlich mit Futter zu versorgen (Instinkthandlung, siehe S. 142 ff.). Umgekehrt können die Wirtsvögel ihren Fortpflanzungserfolg erhöhen, wenn sie ein Kuckucksei erkennen und dieses entfernen. Drosselrohrsänger und Trauerbachstelzen lassen sich nur von perfekt imitierten Eiern täuschen. Heckenbraunellen dagegen können zwischen eigenen und fremden Eiern nicht unterscheiden (siehe Abb. 43). Die Beziehung zwischen Heckenbraunellen und Kuckucken besteht noch nicht lange genug, als dass sich gegenseitige Anpassungen hätten entwickeln können.

Zusammenfassung

- Als **chemische Evolution** wird die Bildung organischer Verbindungen (Biomoleküle) aus anorganischen Stoffen bezeichnet.
- In Simulationsversuchen lässt sich die Bildung einfacher organischer Moleküle aus Gasen, die die **Uratmosphäre** enthielt, nachvollziehen. Wichtige Reaktionsbedingungen sind die Zufuhr von Energie und die Abwesenheit von Sauerstoff.
- Koazervate und Mikrosphären dienen als Modelle für Protobionten als Vorläufer lebender Zellen.
- Die ältesten Organismen waren Prokaryoten mit einfachem Zellaufbau ohne Zellkern, Mitochondrien und Chloroplasten.
- Nach der **Endosymbionten-Hypothese** entstand die Euzyte durch Vereinigung mehrerer prokaryotischer Zellen. Mitochondrien und Chloroplasten entwickelten sich aus aufgenommenen Prokaryoten mit besonderen Stoffwechselleistungen.
- Der Energiestoffwechsel entwickelte sich in drei Stufen: Gärung (Energie liefernder Abbau organischer Stoffe ohne Sauerstoff) – Fotosynthese (Aufbau energiereicher organischer Verbindungen mithilfe der Lichtenergie) – Zellatmung (vollständiger Abbau energiereicher organischer Stoffe unter Sauerstoffverbrauch).
- Mit der **Vielzelligkeit** begann die Evolution der Pflanzen und Tiere.
- In einem vielzelligen Organismus kommt es zu einer Arbeitsteilung und Spezialisierung der Zellen und damit zu einem Verlust der Totipotenz der Zellen.
- **Massenaussterben** beeinflussten den Verlauf der Erdgeschichte entscheidend, da durch das Verschwinden vieler Arten zahlreiche ökologische Nischen frei wurden und neu besetzt werden konnten.
- Arten, die ein Massenaussterben überlebt haben, entfalteten sich durch **adaptive Radiation**.
- **Koevolution** ist die gleichzeitige Evolution von Eigenschaften zweier oder mehrerer voneinander abhängiger Arten.
- Wechselseitige Angepasstheiten werden als **Koadaptationen** bezeichnet.

Aufgaben

61 Beschreiben Sie kurz den Versuch von S. MILLER zur Entstehung des Lebens und nennen Sie die wichtigsten Stoffe, die bei diesem Experiment entstanden.

62 Erklären Sie, welche Eigenschaften ein durch die chemische Evolution entstandenes Gebilde aufweisen müsste, damit es als lebend angesehen werden kann.

63 Die Urzellen in der Ursuppe deckten ihren Energiebedarf aus Gärungen. Erläutern Sie, warum sich zum Fortbestand des Lebens neue Stoffwechselwege entwickeln mussten.

64 Begründen Sie, warum die Zellatmung im Laufe der Evolution erst nach der Fotosynthese entstanden ist.

65 Erläutern Sie, welche Selektionsvorteile Vielzeller gegenüber Einzellern haben.

66 Die Entwicklungsgeschichte der Pflanzen und Tiere zeigt, dass auch ohne Eingriff des Menschen immer wieder Organismengruppen ausstarben. Geben Sie Gründe für das Aussterben der Dinosaurier an.

67 Fledermäuse jagen ihre Beute mithilfe eines Ultraschall-Ortungssystems. Die Beute, vor allem Nachtfalter, wird im Flug mit der Schwanzhaut wie mit einem Käscher eingefangen. Die Nachtfalter besitzen an den Körperseiten Hörorgane, mit denen sie die Ultraschallrufe der Fledermäuse wahrnehmen können. Sie reagieren blitzschnell mit einer Änderung der Flugrichtung oder lassen sich fallen. Die starke Behaarung des Insektenkörpers dämpft außerdem das Echo der Fledermausrufe.
Erläutern Sie am Beispiel der beschriebenen Räuber-Beute-Beziehung das Phänomen der Koevolution.

68 Die Blüten der Fliegenorchis *(Ophrys insectifera)* ahmen die Weibchen von Grabwespen in ihrer Behaarung, Form und Färbung nach. Dadurch und durch Duftstoffe der Blüte, die den Sexuallockstoffen der Insekten täuschend ähnlich sind, werden Grabwespenmännchen angelockt. Beim Versuch, das vermeintliche Weibchen zu begatten, bleibt der Blütenpollen am Körper des Männchens hängen und wird von ihm auf die nächste Täuschblüte übertragen.

a Erläutern Sie die wechselseitigen Anpassungen von Fliegenorchis und Grabwespen aus evolutionsbiologischer Sicht.

b Begründen Sie, warum man die Beziehung zwischen der Fliegenorchis und ihren Bestäubern nicht als Symbiose bezeichnen kann.

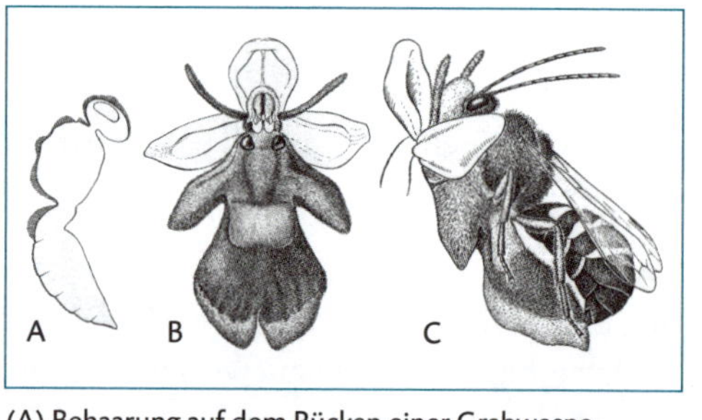

(A) Behaarung auf dem Rücken einer Grabwespe, (B) Blüte der Fliegenorchis, (C) Grabwespenmännchen auf der Blüte

4 Evolution des Menschen

Grundlage der naturwissenschaftlichen Erklärung der Herkunft des Menschen ist der Vergleich seiner Merkmale mit denen bestimmter Fossilien und heute noch lebender Affen.

4.1 Stellung des Menschen im natürlichen System

System der Primaten

Der Mensch lässt sich zwanglos in das System der Tiere einordnen. Innerhalb der Wirbeltiere gehört er zu den Säugern, und dort bildet er zusammen mit den Affen und Halbaffen die Ordnung der **Primaten**. Seine nächsten Verwandten sind die Menschenaffen:

- Schimpanse (Afrika, zwei Arten)
- Orang-Utan (Asien)
- Gorilla (Afrika)

Abb. 44: Menschenaffen. Von links nach rechts: Schimpanse, Orang-Utan und Gorilla

Die nächsten Verwandten des Menschen sind Schimpanse, Orang-Utan und Gorilla.

Die Verwandtschaftsbeziehungen zwischen Menschenaffen und Mensch sind nicht ganz geklärt. Der **anatomische Vergleich** und die **DNA-Analyse** ergeben unterschiedliche Stammbäume:

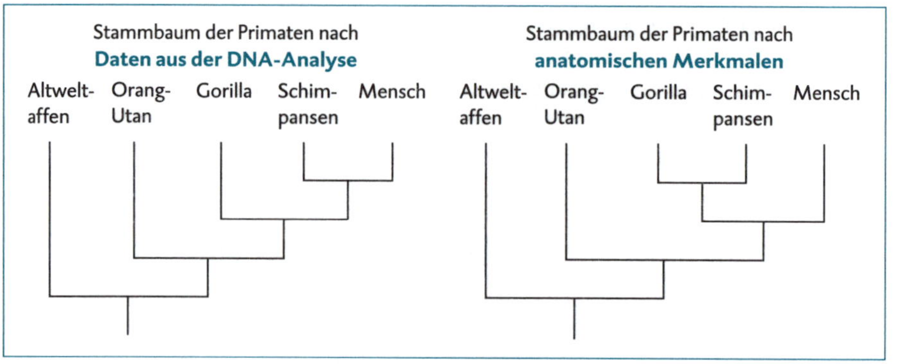

Abb. 45: Verwandtschaftsbeziehungen zwischen Menschenaffen und Mensch nach anatomischen und biochemischen Analysen

Alle heutigen Menschen gehören zur selben Art und Unterart, zum *Homo sapiens sapiens*. Die nächsten Verwandten des Menschen und der Menschenaffen sind die **Altweltaffen**. Dazu zählen die Affen Afrikas und Asiens, z. B. Paviane, Meerkatzen und Makaken. Nach anatomischen Merkmalen ist der Mensch am nächsten verwandt mit einer Gruppe von Menschenaffen, die von Schimpansen und Gorillas gebildet wird. Aus den Daten des DNA-Vergleichs ergibt sich dagegen, dass der Mensch mit den Schimpansen näher verwandt ist als mit den übrigen Menschenaffen. In den dargestellten Stammbäumen (siehe Abb. 45) sind die Gibbons und die Neuweltaffen nicht berücksichtigt. Gibbons sind kleine, mit den Menschenaffen nahe verwandte Arten, die in den tropischen Wäldern Asiens leben. Die systematische Gruppe der Neuweltaffen ist auf Süd- und Mittelamerika beschränkt. In Australien gibt es weder rezente noch fossile Affen. In Europa sind heute alle Affen ausgestorben, außer einer sehr kleinen Population in Gibraltar.

4.2 Vergleich der Anatomie von Menschenaffen und Mensch

Menschen und Menschenaffen ähneln sich in ihrem Körperbau sehr stark, jedoch bewegen sich Menschenaffen vorwiegend vierbeinig, der Mensch ist ein zweibeinig aufrecht laufender Bodenbewohner. Viele Merkmale, durch die sich der heutige Mensch von den Menschenaffen unterscheidet, stehen im Zusammenhang mit dem **aufrechten Gang**. Im Folgenden sind einige Unterschiede zwischen Menschenaffen und dem heutigen Menschen mit einer möglichen Erklärung dargestellt.

Körperhaltung und Körperproportionen

Die Arme der Menschenaffen sind länger als die Beine. Beim Menschen dagegen sind die Größenverhältnisse umgekehrt. Die langen Beine ermöglichen eine große Schrittweite beim Menschen, beim Menschenaffen lassen die langen Arme eine größere Greifweite beim Hangeln in den Bäumen zu (siehe Abb. 46). Bei Menschenaffen ist der Oberschenkel im aufrechten Stand gegen die Wirbelsäule abgeknickt, beim Menschen dagegen bildet er mit der Wirbelsäule eine gerade Linie. In aufrechter Körperhaltung liegt der **Schwerpunkt** beim Menschen günstiger, sodass ein geringerer Kraftaufwand beim zweibeinigen Gang erforderlich ist (siehe Abb. 47).

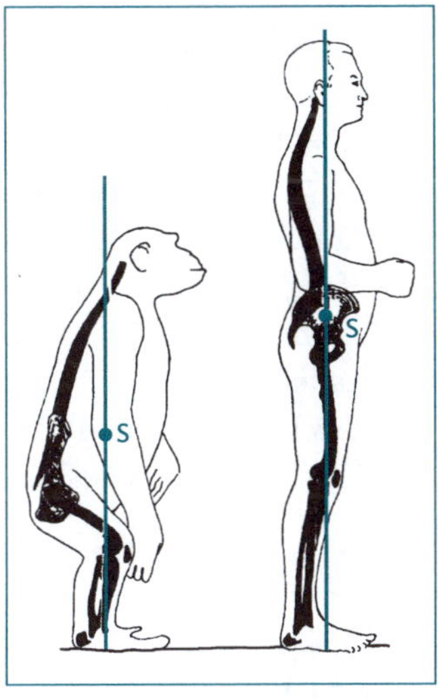

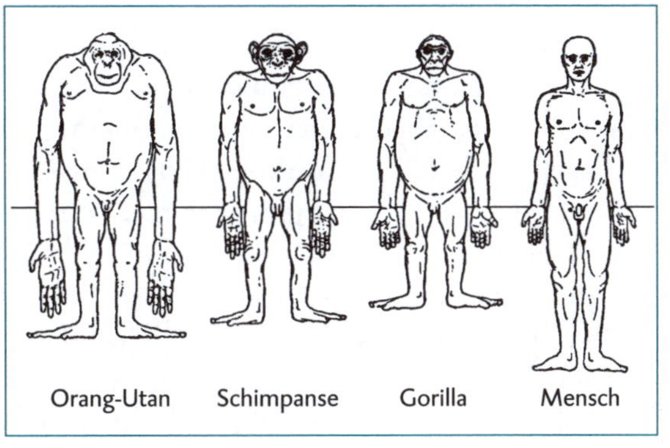

Abb. 46 (oben): Körperproportionen bei Menschenaffen und beim Menschen

Abb. 47 (links): Lage des Schwerpunktes bei aufrechter Körperhaltung beim Menschenaffen und beim Menschen

Wirbelsäule und Becken

Die **Wirbelsäule** der Menschenaffen ist gerade oder bogenförmig, beim Menschen dagegen **doppelt S-förmig** gebogen (siehe Abb. 47). Dadurch kann sie beim aufrechten Gang und beim Sprung die Last des Kopfes und Rumpfes abfedern. Das **Becken** der Menschenaffen ist lang und schmal, das der Menschen breit und schüsselförmig. Beim Menschen wirkt das Becken wie eine tragende Schüssel für die beim aufrechten Stand in Körperlängsachse nach unten gerichtete Last der Eingeweide. Beim Menschenaffen trägt die Bauchdecke den größten Teil der Eingeweide. Die Öffnung im Becken, die den **Geburtskanal** darstellt, ist beim Menschen viel weiter als bei den Menschenaffen. Die weite Beckenöffnung des Menschen stellt eine Anpassung an den großen Kopfdurchmesser des Kindes dar, der durch das große Gehirnvolumen bedingt wird.

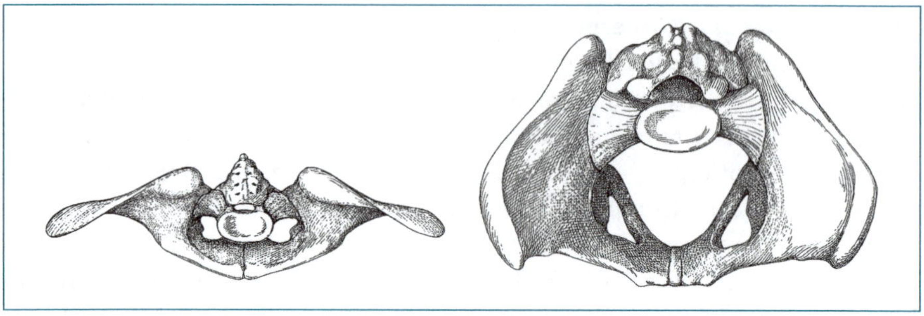

Abb. 48: Das Becken von Schimpanse (links) und Mensch (rechts). Ansicht von oben.

Hände und Füße

Bei Menschenaffen liegt die Last des Körpers im zweibeinigen Stand auf der äußeren Fußkante (Zwei-Punkt-Stand). Die erste Zehe auf der Innenseite, die große Zehe, ist abgespreizt und opponierbar. Der Fuß des Menschen hat drei Auflagepunkte **(Drei-Punkt-Stand)**. Außerdem ist er gewölbt. Seine erste Zehe ist nicht abgespreizt und auch nicht opponierbar. Durch die opponierbare erste Zehe können Menschenaffen mit den Füßen greifen. Das erleichtert ihnen die Bewegung im Geäst der Bäume. Beim Menschen bringt der Stand auf drei Punkten des Fußes mehr Stabilität. Vor allem ist es leichter möglich, auf nur einem Bein zu stehen. Das bringt eine höhere Standsicherheit in der Phase des Gangs, in der der Körper nur auf einem Fuß ruht. Das Fußgewölbe federt die Last des Körpers beim Gehen und Springen ab.

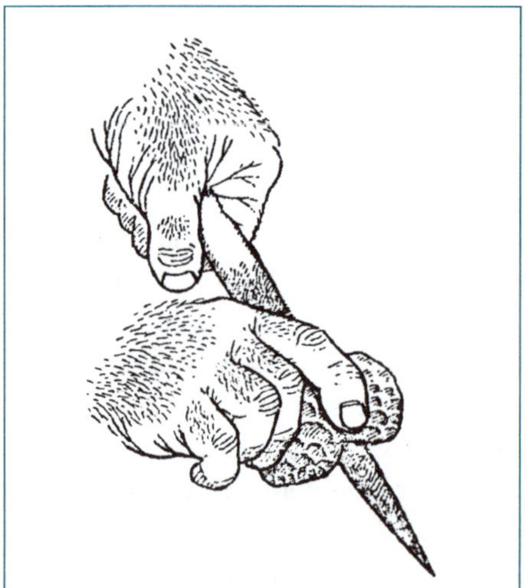

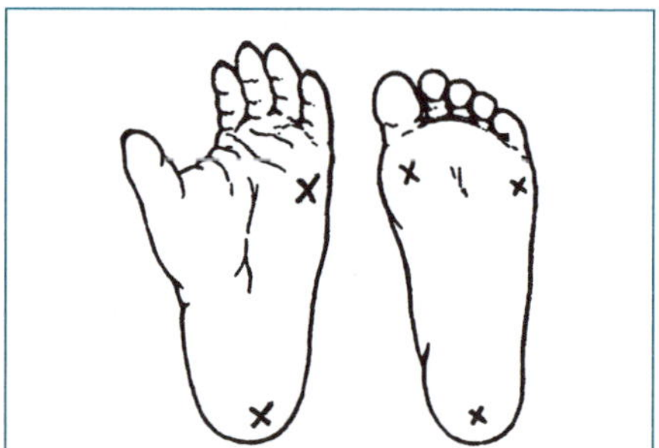

Abb. 49 (oben): Fuß eines Gorillas und eines Menschen mit Auflagepunkten

Abb. 50 (links): Der Präzisionsgriff des Menschen ist die Voraussetzung für sein großes handwerkliches Können

Menschenaffen haben nur einen kurzen Daumen. Er kann daher den übrigen Fingern nur unvollkommen gegenübergestellt werden. Der Daumen des Menschen ist lang und sehr gut gegen alle Finger opponierbar. Dieser sehr bewegliche, kräftige Daumen erlaubt durch seine vollständige Opponierbarkeit zu allen Fingern fest, aber gefühlvoll zuzugreifen. Dadurch wird der **Präzisionsgriff** möglich, der u. a. für die große handwerkliche Geschicklichkeit des Menschen verantwortlich ist. Die leistungsfähige, geschickte Hand ist besonders vorteilhaft, weil sie durch den aufrechten Gang für die Fortbewegung nicht erforderlich und daher für andere Aufgaben frei ist. Sie kann zu jeder Zeit, sowohl in Ruhe wie auch beim Laufen eingesetzt werden.

Schädel

Der **Schädelinnenraum** der Menschenaffen ist mit ca. 500 *mℓ* viel kleiner als der des Menschen mit ca. 1 500 *mℓ*. Das große Gehirn, das das Innere des Schädels fast ganz ausfüllt, ermöglicht eine hohe Intelligenz. Bemerkbar macht sich dies u. a. in einer stark ausgebildeten Fähigkeit, zu planen und differenziert und flexibel auf verschiedene Situationen zu reagieren.

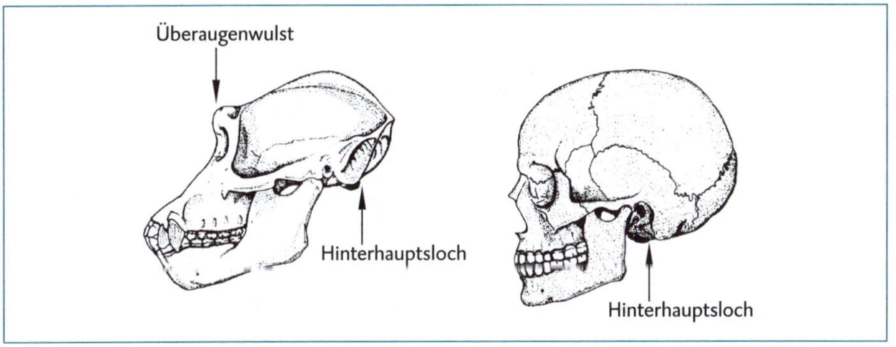

Abb. 51: Schädel von Schimpanse und Mensch

Das **Hinterhauptsloch**, die Eintrittstelle des Rückenmarks am Auflagepunkt des Schädels auf der Wirbelsäule, liegt bei Menschenaffen im hinteren Bereich des Schädels, beim heutigen Menschen dagegen im Zentrum der Schädelunterseite. Beim Mensch ruht der Schädel bei aufrechter Körperhaltung gut ausbalanciert auf der Wirbelsäule. Daher ist nur eine geringe Nackenmuskulatur erforderlich, um den Schädel aufrecht zu halten. Menschenaffen brauchen eine stärkere Nackenmuskulatur, um den Schädel in Position zu halten.
Menschenaffen haben eine sehr flache, **fliehende Stirn**, der Mensch eine steile und hohe (siehe Abb. 51). Die hohe Stirn des Menschen ist als Erweiterung

des Hirnraums nach vorne zu verstehen, als Raum für die Vergrößerung des Gehirns durch „Überbauung" des Hirnschädels über den Augenbereich.
Der **Gesichtsschädel** der Menschenaffen wölbt sich in Form einer **Schnauze** vor. Beim Menschen ist der Gesichtsschädel flach (siehe Abb. 51). Der Oberkiefer (Schnauzenteil) ist beim Menschen unter den Hirnschädel verlagert. So rückt der Schwerpunkt des Kopfes näher zur Schädelmitte, also näher zum Auflagepunkt und kann bei aufrechter Körperhaltung besser ausbalanciert werden. Ein vorspringender Gesichtsschädel würde dem Schädel ein Übergewicht nach vorne geben, sodass eine stärkere Nackenmuskulatur erforderlich wäre, um zu verhindern, dass der Kopf nach vorne zur Brust hin kippt.
Menschenaffen haben starke **Überaugenwülste**. Beim Menschen sind sie sehr schwach ausgebildet (siehe Abb. 51). Die Überaugenwülste der Menschenaffen stellen Verstrebungen des Schädels dar, die den Kaudruck des Gesichtsschädels auffangen. Beim Menschen sind die Überaugenwülste reduziert, da der Kaudruck durch die Verlagerung des Oberkiefers unter den Hirnschädel besser auf den Schädel abgeleitet werden kann. Außerdem verdeckt der Knochen des Hirnschädels im Stirnbereich einen Teil der reduzierten Überaugenwülste.

Gebiss

Die **Backenzahnreihen** der Menschenaffen verlaufen parallel **U-förmig**, die des Menschen **parabel**förmig (siehe Abb. 52). Durch die Verlagerung des Oberkiefers unter den Hirnschädel wird der Platz für die Backenzähne knapp (wie eng der Raum ist, zeigen die Schwierigkeiten, die uns Weisheitszähne bereiten können). Die Parabelform bietet mehr Raum als geradlinige Zahnreihen. Die Zahnreihen der Menschenaffen werden von einer charakteristischen Lücke unterbrochen, die man als **Affenlücke** bezeichnet. Sie liegt im Oberkiefer zwischen Schneide- und Eckzähnen, im Unterkiefer zwischen Eck- und Backenzähnen. Der Mensch hat keine Zahnlücke, seine Zahnreihen sind geschlossen. Bei Menschenaffen ist diese Zahnlücke erforderlich, um das Maul trotz der großen Eckzähne vollständig schließen zu können. Die Eckzähne liegen bei geschlossenem Maul in den Zahnlücken. Beim Menschen sind die Zahnlücken überflüssig, da die Eckzähne kaum größer sind als die Schneidezähne. Die **Eckzähne** sind bei Menschenaf-

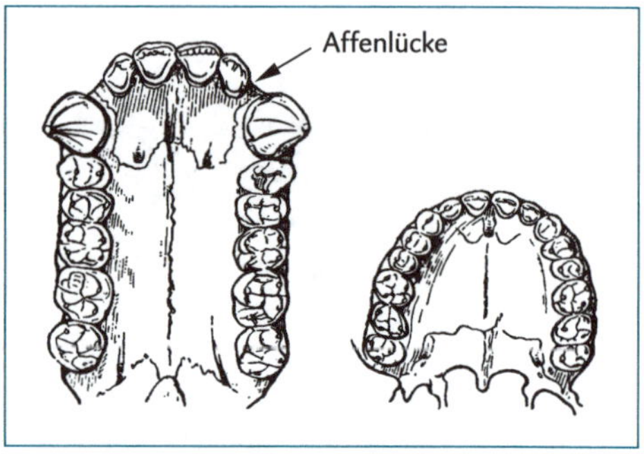

Abb. 52: Oberkiefer von Menschenaffe und Mensch

fen sehr groß und dolchartig, beim Menschen ragen sie nur wenig über die Schneidezähne hinaus. Die Reduktion der Eckzähne beim Menschen bringt Vorteile, da kleine Eckzähne beim Schließen der Kiefer keine Zahnlücke erfordern. Der nicht mehr beanspruchte Raum kann von Backenzähnen besetzt werden. Günstig ist dies, da durch die Verlagerung des Oberkiefers unter den Hirnschädel „Platzmangel" herrscht.

Unterkiefer

Die beiden Unterkieferhälften sind bei Menschenaffen durch einen breiten, horizontal liegenden Bereich, der **„Affenplatte"**, miteinander verbunden. Der Mensch dagegen hat nur eine vertikal liegende Verbindung, allerdings verstärkt durch ein vorspringendes Kinn. Beim Kauen können sehr starke, einseitig wirkende Kräfte auftreten (Scherkräfte), die die Unterkieferäste belasten. Um zu verhindern, dass die beiden Unterkieferäste bei einseitigem Kaudruck gegeneinander verschoben werden, muss die Verbindung zwischen den beiden Hälften des Unterkiefers sehr fest sein. Bei Menschenaffen dient dazu neben der vertikalen Verbindung auch noch eine horizontale, die Affenplatte. Beim Menschen würde eine Affenplatte nach der Rückverlagerung des Kiefers unter den Hirnschädel zu viel Platz in Anspruch nehmen. Das **vorspringende Kinn**, ein charakteristisches Merkmal des menschlichen Unterkiefers, ist als Leiste zu verstehen, die die beim Menschen fehlende Affenplatte ersetzt. Es erhöht die Festigkeit der Verbindung zwischen den beiden Unterkieferästen. Den Menschenaffen fehlt diese Knochenleiste, sie haben ein **fliehendes** Kinn.

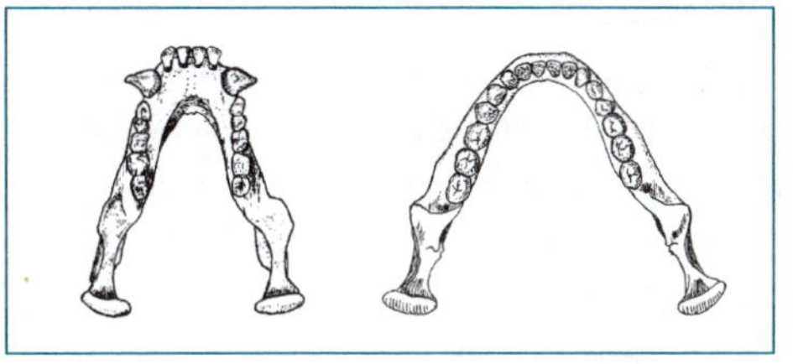

Abb. 53: Unterkiefer von Schimpanse und Mensch

4.3 Zytologische und molekularbiologische Merkmale

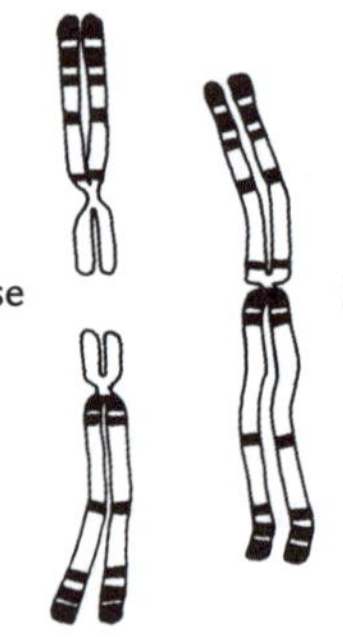

Abb. 54: Einander entsprechende Chromosomen des Schimpansen und des Menschen.

Die enge Verwandtschaft zwischen Menschen und Menschenaffen, die trotz der zuvor besprochenen Unterschiede besteht, lässt sich auch durch zytologische und biochemische Merkmale belegen: Menschenaffen haben **48 Chromosomen** (2n = 48), der Mensch **46** (2n = 46). Alle Chromosomen der Menschenaffen stimmen in ihrer Feinstruktur mit der des Menschen überein. Sehr wahrscheinlich sind zwei kleine Chromosomen der Menschenaffen beim Menschen zu einem großen „verschmolzen". So lässt sich die unterschiedliche Chromosomenzahl erklären. Serologische Untersuchungen und die **Aminosäuresequenzanalyse** vergleichbarer Proteine von Menschenaffen und Mensch, z. B. aus dem Hämoglobin, ergeben nur sehr geringe Unterschiede (siehe Präzipitintest S. 19 ff.). Menschen und Menschenaffen sind in ihrer **immunologischen Ausstattung**, z. B. in der Art der Antigene ihrer Zellen, sehr ähnlich. Auch die Blutgruppen des AB0-Systems sind gleich (siehe S. (1) 128 ff.) Die Ergebnisse der Analyse der **Basensequenz der DNA** wie auch die der DNA-Hybridisierung (siehe S. 80) ergeben eine enge Verwandtschaft des Menschen zu den afrikanischen Menschenaffen (Schimpansen und Gorilla), am nächsten sehr wahrscheinlich zu den Schimpansen (siehe Stammbaumschema, S. 80). Untersucht wurden u. a. eine Basensequenz des Hämoglobingens, aber auch die DNA der Mitochondrien. Alle Daten weisen darauf hin, dass die letzten gemeinsamen Vorfahren von Menschenaffen und Mensch vor ca. **5 Millionen Jahren** im oberen Tertiär lebten.

4.4 Stammesgeschichtliche Entwicklung des Menschen

Aus Fossilfunden geht hervor, dass die stammesgeschichtliche Entwicklung, die zur Entstehung des heutigen Menschen führte, vor etwa 5 Mio. Jahren begann. Die Fossilien der **Hominiden** (= Menschenartige: Menschen und ausgestorbene Vor- und Frühmenschen) lassen sich so anordnen, dass Entwicklungstendenzen und Abstammungsverhältnisse deutlich werden. Wegen der geringen Zahl und des häufig schlechten Erhaltungszustands der Fossilien sind die Verwandtschaftsbeziehungen in einigen Bereichen des Stammbaums noch nicht geklärt. Alle Stammbaumschemata haben Lücken und sind als vorläufig zu betrachten. Neue Funde machen häufig Änderungen erforderlich, wie es in der Vergangenheit immer wieder geschah. Alle fossilen Arten der Gattungen *Australopithecus* und *Homo* hatten parabelförmige Backenzahnreihen und kleine Eckzähne. Sie liefen ständig aufrecht auf zwei Beinen und lebten in offenen und halb offenen Graslandschaften Afrikas, die von Bäumen und Büschen durchsetzt waren, ähnlich den heutigen Savannen.

Schema der stammesgeschichtlichen Entwicklung des Menschen

Ein Stammbaumschema, das zurzeit von vielen Fachleuten anerkannt wird, ist in vereinfachter Form in der folgenden Abbildung dargestellt:

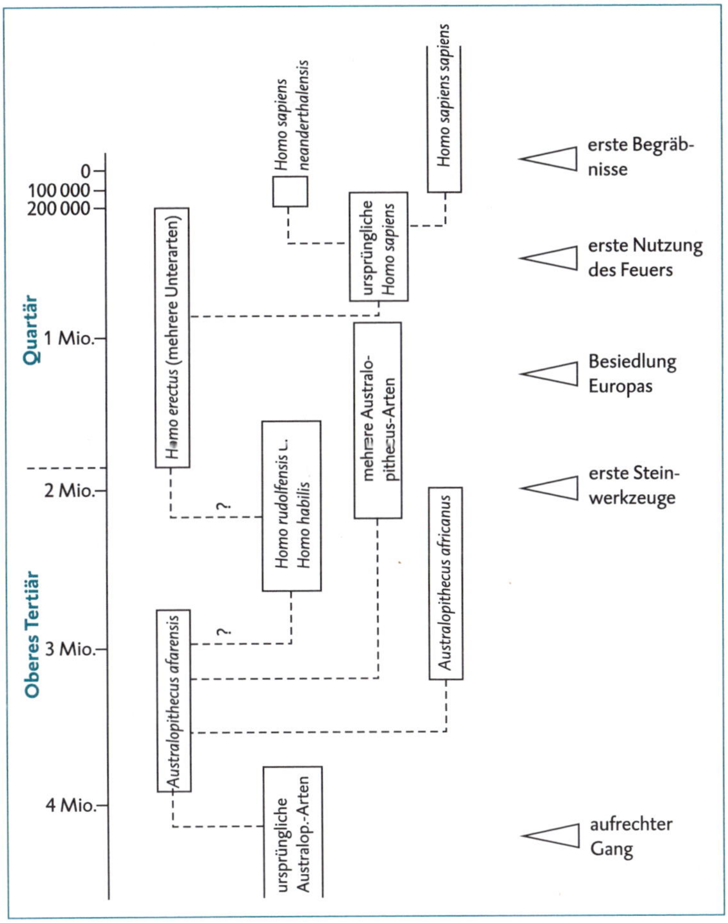

Abb. 55: Stammbaum des Menschen auf der Basis von Annahmen, die zurzeit von vielen Fachwissenschaftlern unterstützt werden

Australopithecus-Gruppe (Vormenschen)

Vor etwa 4 bis 1 Millionen Jahren lebten mehrere *Australopithecus*-Arten auf der Erde. Das geht aus Fossilien hervor, die fast ausschließlich in Süd- und Ostafrika gefunden wurden. Dort durchstreiften diese **„Vormenschen“** offene und halb offene Landschaften, die Savannen, auf der Suche nach pflanzlicher Nahrung und Kleintieren. Im Bau des Schädels zeigen die *Australopithecinen* noch viele Merkmale von Menschenaffen (siehe Tab. 8, S. 93), im Skelett unterhalb des Halses dagegen ähneln sie schon der Gattung *Homo*. Einige Arten gehörten zu blind endenden Seitenzweigen des menschlichen Stammbaums. Sie starben aus, ohne Nachfahren zu hinterlassen. Andere dagegen bildeten Gruppen, aus denen Vorfahren des heutigen Menschen hervorgingen.
Besonders aufschlussreich waren die zum Teil ungewöhnlich umfangreichen Funde von *Australopithecus afarensis* in Tansania und Äthiopien. Ihr Alter liegt bei 3,7 bis 2,9 Mio. Jahren. Reste von über 100 Individuen stehen den Fachleuten heute zur Verfügung. Ein Glücksfall für die Wissenschaft war der Fund von **„Lucy“** in Äthiopien, da nicht nur der Schädel, sondern auch sehr viele Teile des Körper- und Extremitätenskeletts erhalten waren. Die Beinknochen und das Becken ließen z. B. den Schluss zu, dass *Australopithecus afarensis* ständig aufrecht auf zwei Beinen lief. Diese Annahme konnte durch einen erstaunlichen Fund in Laetoli (Tansania) bestätigt werden. Dort sind in vulkanischer Asche die später versteinerten **Fußspuren** von *Australopithecus afarensis* erhalten. Die Abdrücke zeigen, dass er nicht auftrat wie ein Menschenaffe, sondern dass seine Füße denen des Menschen sehr ähnelten.

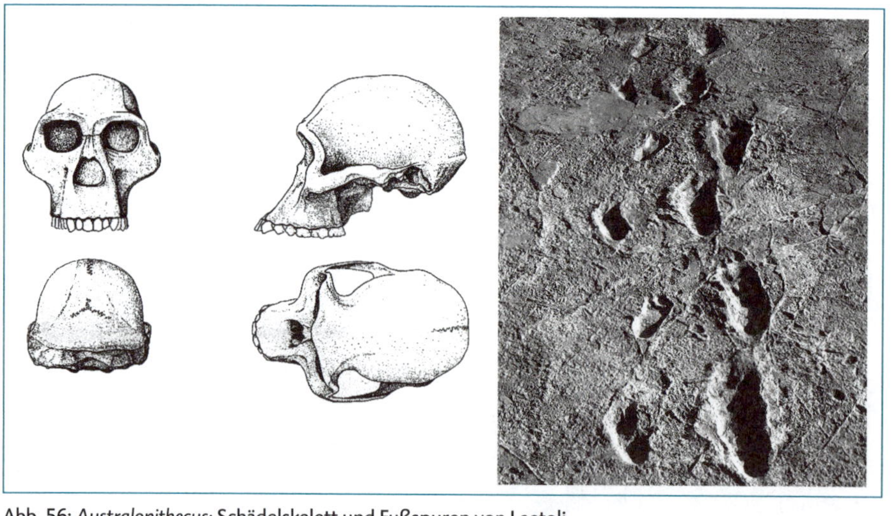

Abb. 56: *Australopithecus:* Schädelskelett und Fußspuren von Laetoli

Nach Ansicht einiger Fachleute entstanden aus *Australopithecus afarensis* durch Artspaltung (Separation (siehe S. 48 ff.), Gendrift (siehe S. 45 f.)) sowohl weitere *Australopithecus*-Arten wie auch die ersten Vertreter der Gattung *Homo*. Diskutiert wird aber auch die Entstehung von *Homo*-Arten durch eine Artumwandlung.

Homo rudolfensis-Gruppe

Die ältesten Vertreter der Gattung *Homo* stammen aus Ostafrika (Kenia, Tansania). *Homo rudolfensis* (2,5 bis 1,8 Mio. Jahre alt) und *Homo habilis* (2 bis 1,5 Mio. Jahre alt) lebten in der Savanne und ernährten sich von Pflanzen, Kleintieren und vermutlich auch von Aas. Sie waren bereits in der Lage, einfache Steinwerkzeuge herzustellen. Dazu zerschlugen sie Kieselsteine, sodass scharfkantige Bruchstücke entstanden. Man bezeichnet sie als **„pebble tools"**:

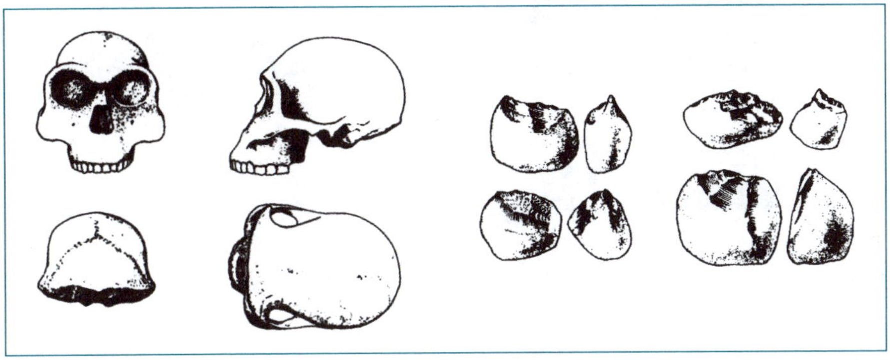

Abb. 57: Schädel von *Homo habilis* und Steinwerkzeuge

Diese Geröllgeräte waren dazu geeignet, große Säugetiere zu zerlegen. Mit ihren scharfen Kanten ließ sich die zähe Haut öffnen, um an die Innereien und das Muskelfleisch heranzukommen. Vermutlich handelte es sich dabei aber um bereits tote Tiere, da man mit pebble tools keine großen Beutetiere erlegen kann. Wegen der Möglichkeit, Aas zu nutzen, lag der Fleischanteil der Nahrung bei *Homo rudolfensis* und seinen nahen Verwandten wahrscheinlich höher als bei *Australopithecus*. *Homo rudolfensis* entstand wahrscheinlich aus *Australopithecus afarensis*, entweder durch Artspaltung oder Artumwandlung. *Homo habilis* ging vermutlich durch Artspaltung aus *Homo rudolfensis* hervor.

Homo erectus-Gruppe (Frühmenschen)

Die wichtigsten Fundorte von Fossilien des *Homo erectus* liegen in Ostafrika, Südasien (Java), Ostasien (China) und Europa (z. B. Heidelberg). Diese **„Frühmenschen"** stellten Faustkeile her, das sind Steinwerkzeuge, die in mehreren Arbeitsgängen gezielt auf ihre Verwendung hin bearbeitet wurden.
Homo erectus lebte als Sammler und machte **Jagd** auf große Säugetiere. Möglich wurde das durch die leistungsfähigen Steinwerkzeuge und die ersten Fernwaffen wie Speere und Lanzen. Sehr wahrscheinlich führte das dazu, dass er sich in noch stärkerem Maße von Fleisch ernährte als *Homo rudolfensis*. Zumindest einige Unterarten, eventuell sogar alle, nutzten das **Feuer**.

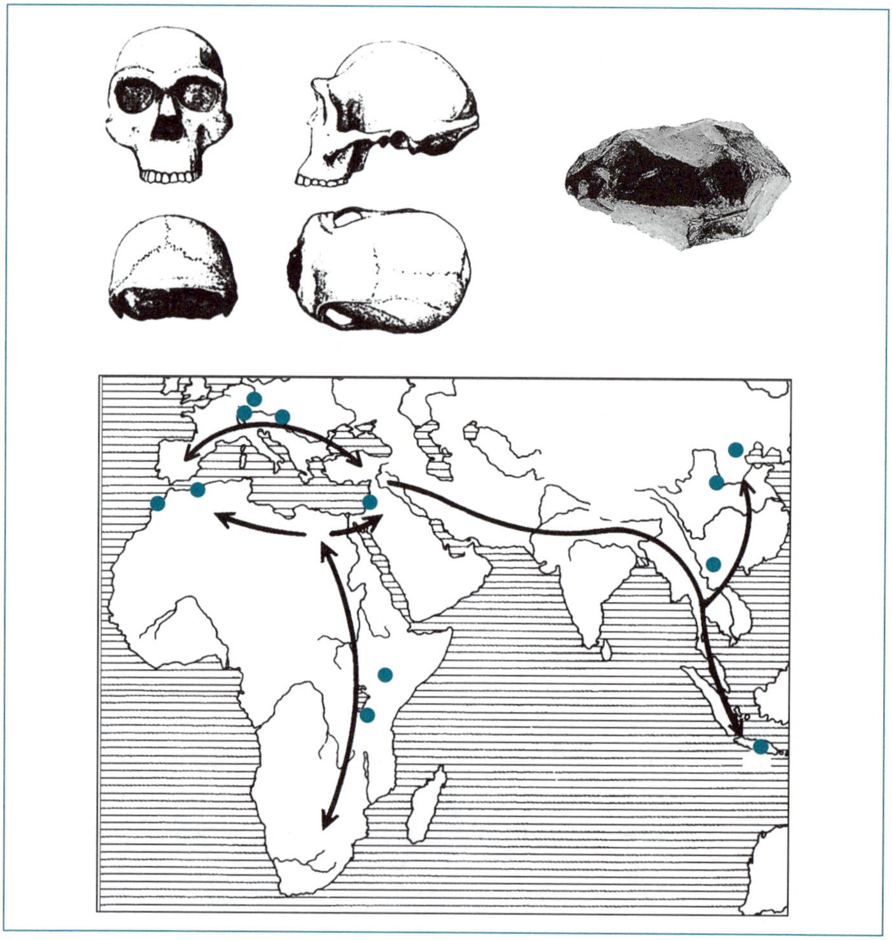

Abb. 58: *Homo erectus:* Schädel, Steinwerkzeug, Verbreitung und Fundorte (türkis)

Homo erectus trat in mehreren lokalen Unterarten auf. Nicht geklärt ist, ob er sich durch Artumwandlung oder Artspaltung aus *Homo rudolfensis* gebildet hat. Gesichert aber ist, dass er in Ostafrika entstand und sich von dort aus nach Asien und Europa ausbreitete (erste Auswanderung der Gattung *Homo* aus Afrika). Wie sich der *Homo sapiens* aus *Homo erectus* entwickelt hat, wird zurzeit kontrovers diskutiert. Einige Fachleute nehmen an, dass sich aus der europäischen Unterart (*Homo erectus heidelbergensis*) der Neandertaler (*H. sapiens neanderthalensis*) bildete.

Homo sapiens-Gruppe

Zur Art *Homo sapiens* gehören unter anderem die Unterarten *Homo sapiens neanderthalensis*, der Neandertaler, und *Homo sapiens sapiens*, der heutige moderne Mensch.

Die Fossilien des **Neandertalers** haben ein Alter zwischen 200 000 und 30 000 Jahren. Die Fundorte liegen in Europa, u. a. im Neandertal bei Düsseldorf, und in Vorderasien. *Homo sapiens neanderthalensis* war ein kompakt und gedrungen gebauter Mensch mit dickwandigen Knochen und sehr starker Muskulatur. Sein Körpergewicht lag deutlich höher als bei gleich großen heutigen Menschen, es betrug etwa 80 kg bei einer Größe von ca. 1,60 m. Er lebte in Mitteleuropa in den Kältesteppen der Eiszeit als Jäger und Sammler. An das Leben im kalten Eiszeitklima war er gut angepasst. Einen Selektionsvorteil brachte v. a. die geringe Oberfläche des kleinen, aber massigen Körpers, da sie die Wärmeabgabe reduzierte. Vielfältige, fein bearbeitete Geräte lassen auf eine hohe Werkzeugkultur schließen. Die Steinwerkzeuge sind häufig von denen des *Homo sapiens sapiens* nicht zu unterscheiden. An einigen Fundorten konnte man die Bestattung von Toten nachweisen. Man darf daher vermuten, dass die Neandertaler an ein Leben nach dem Tode glaubten, dass sie also bereits religiöse Vorstellungen hatten.

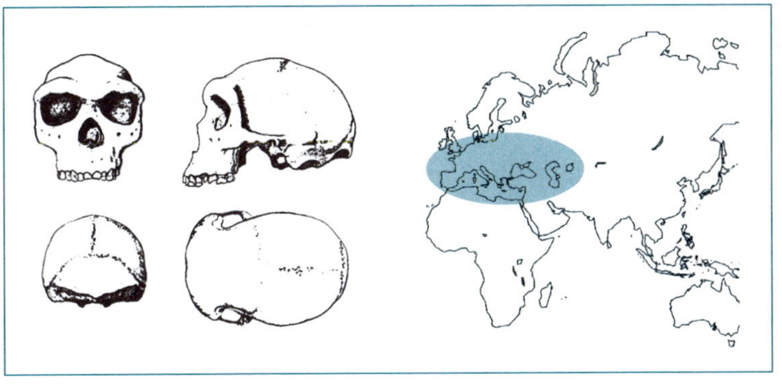

Abb. 59: *Homo sapiens neanderthalensis:* Schädel und bisher nachgewiesenes Verbreitungsgebiet

Vorfahren des Neandertalers waren vermutlich Vertreter einer Gruppe von ursprünglichen *Homo sapiens*-Typen, zu der auch der in Baden-Württemberg (Steinheim an der Murr) gefundene *Homo sapiens steinheimensis* gehört. Sie hatten einen ähnlich geformten, jedoch kleineren Schädel als die Neandertaler. Diskutiert wird aber auch die Artumwandlung aus *Homo erectus*.
Als **Vorfahre des heutigen Menschen** kommt der Neandertaler nicht in Betracht, da beide Unterarten des *Homo sapiens* für wenigstens einige Tausend Jahre nebeneinander im gleichen Verbreitungsgebiet gelebt haben. Was zum Aussterben des Neandertalers geführt hat, ist unklar. *Homo sapiens sapiens* könnte ihn aus seiner ökologischen Nische verdrängt haben. Beide Unterarten könnten sich aber auch vermischt haben, sodass der Neandertaler in eine gemeinsame Population mit *Homo sapiens sapiens* aufging. Die ältesten, ca. 150 000 Jahre alten Funde des *Homo sapiens sapiens* stammen aus Afrika. Dort lebte er als Jäger und Sammler in offenen und halb offenen Landschaften, ähnlich den heutigen Savannen. Von Afrika verbreitete er sich über die ganze Erde (zweite Auswanderung der Gattung *Homo* aus Afrika). Nach Auffassung einiger Fachleute war er wendiger, geistig beweglicher und kreativer und konnte daher den Neandertaler aus seiner ökologischen Nische verdrängen, obwohl dieser mit seinen massigen Muskelpaketen dem grazilen *Homo sapiens sapiens* an Körperkraft vermutlich überlegen war. Mit ca. 40 000 Jahren ist der *Cro Magnon* die älteste Form des *Homo sapiens sapiens* in Europa. Von seiner hohen Kultur zeugen die ältesten bekannten Kunstwerke des Menschen, die Höhlenmalereien in Südfrankreich und Nordspanien und Kleinplastiken aus Elfenbein in Süddeutschland, z. B. in der Nähe von Ulm (siehe kulturelle Evolution, S. 98 f.).

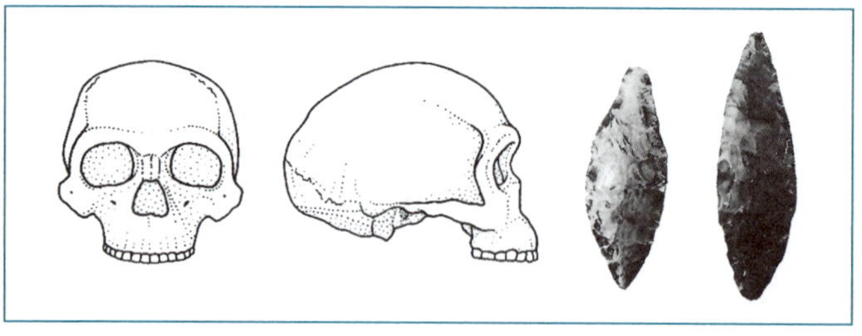

Abb. 60: *Homo sapiens sapiens:* Schädel und Steinwerkzeuge früher Vertreter *(Cro Magnon)*

Alle heute lebenden Menschen gehören zur Unterart *Homo sapiens sapiens*. Er hat als einziger Vertreter des menschlichen Stammbaums bis in die Gegenwart überlebt. Erstaunlich ist die kurze Zeit von etwa 150 000 Jahren, nach anderen Schätzungen auch 200 000 oder sogar nur 100 000, in der er aus einer Unterart des *Homo erectus* in Afrika entstand (siehe multiregionales Modell und „Out of Africa“-Hypothese, S. 96).

Die folgende Tabelle gibt einen Überblick über die Veränderung ausgewählter Merkmale in der Stammesgeschichte des Menschen:

	Australopithecus-Gruppe	*Homo rudolfensis*-Gruppe	*Homo erectus*-Gruppe	*Homo sapiens neanderthalensis*	*Homo sapiens sapiens*
Alter [Jahre]	4 bis 1 Mio.	2 bis 1,5 Mio.	1,8 Mio. bis 300 000	200 000 bis 30 000	150 000
Größe [m]	bis 1,50	ca. 1,50	ca. 1,65	ca. 1,60	> 1,60
Form des Hirnschädels	**klein (ähnlich Menschenaffen)**	Schädeldach höher als bei *Australopithecus*	**lang gestreckt,** Schädeldach **niedrig**	**groß, lang gestreckt** („Brotlaibform") Schädeldach **höher** als bei *H. erectus*	**hoch, rundlich** (weniger lang als beim Neandertaler)
Volumen des Hirnschädels [cm^3]	ca. 400 bis 500 (ähnlich Menschenaffen)	ca. 600 bis 800 (*Homo habilis*: 500 bis 650)	ca. 800 bis 1 200 (durchschnittlich 1 000)	ca. 1 500 (höher als der Durchschnitt bei heutigen Menschen)	ca. 1 400
Stirn	sehr flach (fliehend)	flach (fliehend)	flach (fliehend)	fliehend	**steil, hoch**
Überaugenwülste	stark ausgebildet	deutlich ausgebildet, aber weniger massiv als bei *Australopithecus*	stark ausgebildet	stark ausgebildet	**sehr schwach ausgebildet**
Gesichtsschädel	deutlich vorspringend **(Schnauze)**	deutlich vorspringend, aber weniger als bei *Australopithecus*	vorspringend, aber nicht schnauzenartig	leicht vorspringend	flach, nicht vorspringend
Lage des Hinterhauptslochs	näher am Zentrum der Schädelunterseite als bei Menschenaffen, aber weiter hinten als beim heutigen Menschen	vermutlich ähnlich wie bei *Australopithecus*	weiter der Mitte des Schädels genähert als bei *Australopithecus* und vermutlich auch *H. rudolfensis*	im Zentrum der Schädelunterseite	im Zentrum der Schädelunterseite
Kinn	fliehend	vmtl. fliehend	fliehend	fliehend	**vorspringend**

Tab. 5: Veränderung ausgewählter Merkmale in der Stammesgeschichte des Menschen (Erkennungsmerkmale des Schädels sind farbig hervorgehoben)

Zusammenwirken verschiedener Faktoren bei der Hominidenentwicklung

Die stammesgeschichtliche Entwicklung, deren Produkt der heutige Mensch ist, verlief nicht geradlinig, sondern in einer Art „Zickzackkurs“ mit zahlreichen Verzweigungen und blind endenden Sackgassen, von denen nur einige wenige im Stammbaumschema (siehe Abb. 55, S. 87) eingetragen sind. Eine gezielt auf den heutigen Menschen hin ausgerichtete Entwicklung ist aus dem Stammbaum nicht ablesbar.

Zumindest in einigen Abschnitten hatte die Evolution des Menschen eine ungewöhnlich hohe Geschwindigkeit. Erklärbar wird dies, wenn man annimmt, dass die Populationen oder Teilpopulationen für gewisse Zeiten sehr klein waren, sodass die Gendrift Bedeutung erhielt. Eventuell traten auch Flaschenhalseffekte auf (siehe S. 46). Angenommen wird das z. B. für die Auswanderung von *Homo sapiens sapiens* aus Afrika (siehe S. 96 f.).

Innerhalb der Entwicklungslinie, an deren Ende der *Homo sapiens* steht, lassen sich mehrere **Evolutionstendenzen** beobachten: So wird das Gehirn größer, der Geschichtsschädel flacher, die Überaugenwülste schwächer, das Hinterhauptsloch verlagert sich in Richtung zur Mitte der Schädelbasis und die geistigen Fähigkeiten und die handwerkliche Geschicklichkeit nehmen zu.

Über sehr lange Zeit lebten *Australopithecus*-Arten und *Homo*-Arten nebeneinander im gleichen Verbreitungsgebiet (Ostafrika). Frühe *Homo*-Arten, wie *Homo rudolfensis* und *Homo habilis,* besetzten möglicherweise eine andere ökologische Nische als die gleichzeitig im selben Gebiet lebenden *Australopithecinen.* Durch die Fähigkeit zur Herstellung von Steingeräten konnten sie größere Tiere zerlegen. Daher war vermutlich der Fleischanteil ihrer Nahrung höher als bei *Australopithecinen*, die vorwiegend pflanzliche Kost und Kleintiere zu sich nahmen.

Die Gattung *Homo* entstand während des Wechsels vom Tertiär zum Quartär (Pleistozän). Als Kriterium für die **Definition des Menschen** verwenden viele Fachleute die Fähigkeit zur Herstellung von Werkzeugen, verbunden mit einem ständig aufrechten Gang. Der Übergang vom Tier zum Menschen geschah nicht plötzlich, sondern während eines langen Zeitraums (**Tier-Mensch-Übergangsfeld** = TMÜ).

Das Schlüsselereignis, das die Änderung von vielen Merkmalen und den Erwerb einiger Fähigkeiten erklären kann, ist der **Wechsel des Lebensraums** von tropischen Wäldern zu Savannen, also offenen Landschaften. Vermutlich hatten frühe Vorfahren und Verwandte des Menschen, die in der Lage waren, auch in der Savanne zu leben, einen Selektionsvorteil, als die Wälder infolge einer Klimaveränderung schrumpften und offene Landschaften entstanden. Die ersten Formen, die die Savanne besiedelten, brachten Anpassungen an den

Lebensraum „Baum“ mit. Sie hatten z. B. sehr **leistungsfähige Augen**, eine hervorragende Fähigkeit, **räumlich zu sehen**, und **Greifhände**. Diese Anpassungen, die sich im Wald gebildet hatten, erwiesen sich als **Präadaptationen** an das Leben in der Savanne. So konnten die leistungsfähigen Augen Feinde oder auch Beutetiere in der offenen Landschaft erkennen. Die Greifhände, die unter der Kontrolle der räumlich sehenden Augen geschickt arbeiteten, konnten Steinwerkzeuge herstellen, die zur Zerlegung großer Säuger erforderlich waren *(Homo rudolfensis)*. Nach neueren Erkenntnissen waren schon die ersten Besiedler der Savanne in der Lage, ständig oder vorwiegend **aufrecht auf zwei Beinen** zu laufen. Das brachte in der offenen Landschaft einige Vorteile:

- Die Landschaft konnte ständig **weit überblickt** werden (Orientierung und Feindvermeidung auch im hohen Gras).
- Der Körper ließ sich leichter **vor Überhitzung schützen**, da er eine geringere Fläche besitzt, die der Sonneneinstrahlung ausgesetzt ist.
- Die **Hände** waren zur Fortbewegung nicht erforderlich und konnten **andere Aufgaben** übernehmen, z. B. die gesammelte Nahrung über weite Strecken tragen, mit Werkzeugen oder Waffen auch während des Laufs hantieren und kleine Kinder auf den Wanderungen mitnehmen.

Im Laufe der Stammesgeschichte veränderten sich viele Merkmale derart, dass sich der aufrechte Gang immer weiter verbesserte.

> Der **Mensch** entstand in den Savannen Afrikas. Schlüsselmerkmale, die zur Entwicklung typisch menschlicher Merkmale und Fähigkeiten führten, waren der **aufrechte Gang**, der die Hände für andere Aufgaben frei machte, und die **Fähigkeit, räumlich zu sehen**, die das geschickte Hantieren unter Kontrolle der Augen ermöglichte.

Die **Fähigkeit zu sprechen** ist ein wesentliches Kennzeichen des Menschen. Über die Ursachen der Entstehung der Sprache kann nur spekuliert werden. Möglicherweise erhielten diejenigen unserer Vorfahren einen Selektionsvorteil, die in der Lage waren, sich untereinander **differenzierter** zu verständigen, z. B. anderen mitzuteilen, wo ergiebige Plätze zum Sammeln von Nahrung liegen, oder sich bei der Jagd abzusprechen, evtl. sogar Strategien zu entwickeln und bei vielen anderen Tätigkeiten fein abgestimmt zu kooperieren. Nach Ansicht vieler Fachleute lag der Selektionsvorteil auch darin, mithilfe einer differenzierten Sprache das **Zusammenleben in der Gruppe** zu regeln, Bindungen zu festigen und Konflikte zu vermeiden (siehe kulturelle Evolution, S. 98 f.).

Über die Ursache der **Vergrößerung des Gehirns** besteht in der Fachwelt keine Einigkeit. Diskutiert werden v. a. zwei Hypothesen:

1 Die Zunahme der Gehirngröße geschah im Zusammenhang mit der Fähigkeit, **verbesserte Werkzeuge** herzustellen, was einen Selektionsvorteil bedeutet. Bessere Werkzeuge sind dann besonders vorteilhaft, wenn sie nach einem durchdachten Plan eingesetzt werden. Voraussetzung für die Fähigkeit, planend zu handeln, ist ein leistungsfähiges Gehirn, und auch zur Verbesserung der Koordination der Finger, Hände und Arme ist die Vergrößerung des Gehirns erforderlich. Je leistungsfähiger das Gehirn, desto besser die Werkzeuge. Herstellung und Gebrauch von Werkzeugen und die Gehirngröße bedingen und verstärken sich daher gegenseitig.

2 Die Zunahme der Gehirngröße brachte einen Selektionsvorteil durch die damit verbundene Fähigkeit zur **differenzierten Sprache**, die eine bessere Organisation, Planung und Absprache in der Gruppe ermöglichte, z. B. vor und bei der Jagd, der Sammeltätigkeit usw.

Da der Proteingehalt von Nervenzellen hoch ist, soll nach Ansicht einiger Fachleute die Zunahme der Gehirngröße erst möglich gewesen sein, als die Nahrung **eiweißreicher** wurde. So ließe sich erklären, warum sich in der Entwicklungslinie zum *Homo rudolfensis* das Hirnvolumen in kurzer Zeit von ca. 500 auf ca. 800 cm^3 vergrößerte. Steinwerkzeuge ermöglichten es dem Menschen erstmalig, das Fleisch großer Säugetiere als Eiweißquelle zu nutzen.

Hypothesen zur Entstehung des heutigen Menschen

Zur Entstehung des heutigen Menschen werden **zwei Hypothesen** diskutiert:

1 **„Out of Africa"-Hypothese** (= „Eva"- oder „Arche-Noah"-Hypothese). Der Jetztmensch, *Homo sapiens sapiens*, entstand in Afrika und wanderte von dort aus nach Asien und Europa ein (zweite Auswanderung aus Afrika, siehe *Homo erectus*, Abb. 58, S. 90). Vermutlich geschah das in einer oder mehreren kleinen, evtl. nur sehr wenige Individuen umfassenden Gruppen. Dort verdrängte er die *Homo erectus*-Unterarten durch Konkurrenz um die gleiche ökologische Nische. Sein größeres Gehirn brachte ihm wahrscheinlich einen Selektionsvorteil. Dies geschah vermutlich vor etwa 100 000 Jahren. Der heutige Mensch hat sich seit dieser Zeit entwickelt. Von Asien aus besiedelte er Australien und über die damals trockene Beringstraße Nordamerika, später Mittel- und Südamerika. Nach dieser Hypothese sind also die heutigen Menschentypen innerhalb einer sehr kurzen Zeit von ca. 100 000 Jahren entstanden.

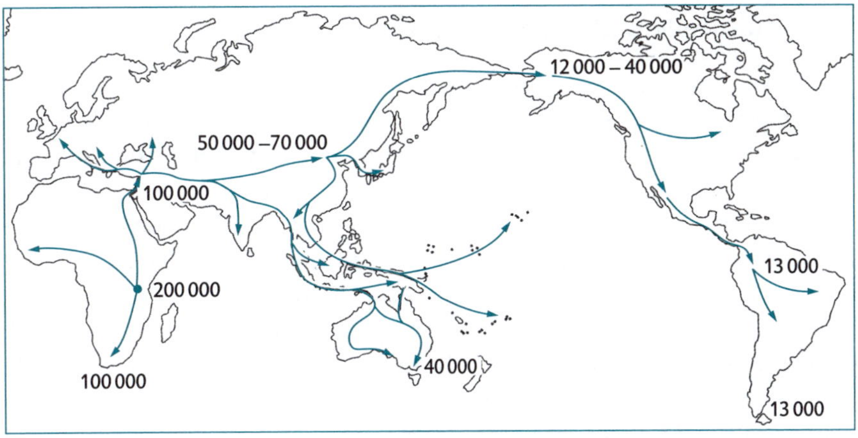

Abb. 61: Ausbreitung des *Homo sapiens sapiens* nach der „Out of Africa"-Hypothese vor … Jahren.

2 **Multiregionaler Ursprung.** Die verschiedenen Formen des heute lebenden Menschen entstanden jeweils getrennt aus den verschiedenen Unterarten des *Homo erectus*. Sie verbreiteten sich weiter nach Amerika (ostasiatische Unterart) und Australien (südasiatische Unterart). Nach dieser Hypothese haben sich die heutigen Menschentypen in weitgehend getrennten Populationen über lange Zeit hinweg unabhängig voneinander entwickelt.

Die erste Hypothese lässt sich weit besser belegen als die zweite. Durch den Vergleich der DNA vieler verschiedener Menschengruppen konnte man feststellen, dass die genetischen Unterschiede zwischen den heutigen Typen von Menschen nur sehr gering sind. Das ist leichter zu erklären, wenn man **einen gemeinsamen Vorfahren** aller heute auf der Erde lebenden Menschen annimmt, aus dem sich erst vor Kurzem die heutigen Menschentypen entwickelt haben. Nach dem jetzigen Erkenntnisstand gibt es keinen Grund dafür, die heutigen Menschen in Unterarten (Rassen) einzuteilen. Verschiedene Menschenrassen waren z. B. der Neandertaler *(Homo sapiens neanderthalensis)* oder der Steinheimer *(Homo sapiens steinheimensis)*. Die zweite Hypothese wird von einigen Leuten **missbraucht**, denen daran gelegen ist, möglichst große Unterschiede zwischen den heutigen Menschentypen nachzuweisen, z. B. um **rassistischen Ideologien** eine pseudonaturwissenschaftliche Grundlage zu verschaffen.

Alle heute auf der Erde lebenden Menschen gehören zur **Unterart** *Homo sapiens sapiens*. Die Einteilung der heutigen Menschen in **Rassen** ist aus biologischer Sicht unsinnig.

4.5 Kulturelle und soziale Evolution

Die starke Zunahme des Hirnvolumens und die daraus resultierende hohe Intelligenz ermöglichte dem Menschen als einzigem Lebewesen eine **kulturelle Evolution**. Grundlagen dafür sind der besondere **Bau der Hand**, die zu sehr feinen Manipulationen fähig ist und deren Bewegungen durch sehr leistungsfähige Gehirnfelder gesteuert werden, sowie die artikulierende **Wortsprache**, die die detaillierte Weitergabe erworbener Kenntnissen möglich macht.
Biologische und kulturelle Evolution laufen nach ähnlichen Prinzipien ab. In beiden Fällen geht es um Änderung, Weitergabe und Speicherung von Information. Neuen kulturellen Ideen z. B. entsprechen **Mutationen** und die Prüfung auf Brauchbarkeit eines neuen Gedankens durch die Individuen einer Gruppe ist mit der **Selektion** vergleichbar.

Merkmale kultureller Evolution

Die kulturelle Evolution läuft sehr viel schneller ab als die biologische. Der Grund liegt in der Fähigkeit, **erworbene Eigenschaften** (Ideen, Kenntnisse, Fähigkeiten) mithilfe der Sprache weiterzugeben. Häufig verbreiten sich sprachliche Informationen schnell und weit, da sie alle Gruppenmitglieder erreichen können. Die Information lässt sich nicht nur von den Eltern auf die Kinder übertragen, wie in der biologischen Evolution. Bewährte, vorteilhafte Ideen, Kenntnisse, Fertigkeiten u. ä. werden bevorzugt weitergegeben (tradiert), bleiben dadurch erhalten, sammeln sich über Generationen hin an und werden dadurch zum **Kulturgut** einer Gruppe, was bei der biologischen Evolution dem Genpool entspricht. Nicht bewährte Informationen werden nicht tradiert und gehen daher verloren, ein Vorgang, der der Selektion entspricht. Durch diese gründliche und gezielte Auswahl und Ansammlung günstiger Informationen stieg v. a. im Bereich der **materiellen Kultur** die Geschwindigkeit des Fortschritts ständig an. Die Phasen der technischen Erneuerung wurden immer kürzer.
Für die Ansammlung der tradierten Informationen war ursprünglich nur das menschliche Gehirn verantwortlich. Durch seine hohe Leistungsfähigkeit ließ sich eine Fülle von Gedanken, Ideen, Kenntnissen, Fertigkeiten u. Ä. speichern und auch neu kombinieren, ähnlich wie durch die Rekombination in der biologischen Evolution. Die Möglichkeit zur Speicherung von Informationen erreichte mit der Erfindung der **Schrift** eine neue Dimension. In geschriebener Form lässt sich kulturelle Information auch außerhalb des Gehirns speichern (externer Speicher), und das in viel größerer Menge als im Gehirn, wenn man z. B. Bibliotheken einrichtet. Außerdem bleibt schriftlich gespeicherte Infor-

mation über sehr lange Zeit verfügbar und lässt sich über große räumliche Entfernung transportieren. Ein weiterer, noch leistungsfähigerer externer Informationsspeicher entstand mit der Erfindung des **Computers**.

> Die **Sprache** erlaubt die Weitergabe erworbener Eigenschaften. Sie ermöglicht die Ansammlung bewährter Ideen, Kenntnisse und Fähigkeiten zum Kulturgut und ist für die **hohe Geschwindigkeit** kultureller Evolution verantwortlich.

Bedeutung der langen Jugend- und Altersphasen des Menschen

Als günstig für die kulturelle Evolution haben sich die außergewöhnlich **lange Kindheit** und Jugend des Menschen erwiesen. Sie ermöglichen eine ausgedehnte Phase des Lernens, in der der junge Mensch einen großen Teil der bisher in der Gruppe gesammelten Erfahrung übernehmen kann.
Vermutlich haben wir der kulturellen Evolution auch unser hohes, weit über die Fortpflanzungszeit hinaus reichendes **Lebensalter** zu verdanken. Möglicherweise erhielten in der Vergangenheit solche Gruppen einen Selektionsvorteil, in denen sich die Generationen weit überlappten, sodass ältere Menschen ihre in einem langen Leben gesammelten Erfahrungen für die Gemeinschaft zur Verfügung stellen konnten. Das könnte die hohe Achtung erklären, die alten Menschen in ursprünglichen Gesellschaften entgegengebracht wird.

Ergebnisse der kulturellen Evolution

Die kulturelle Evolution hat eine große Vielfalt von Ergebnissen erbracht. Eine Auswahl an materiellen und nichtmateriellen Kulturgütern, die den Fortschritt und dessen zunehmende Geschwindigkeit verdeutlichen, ist im Folgenden zusammengestellt.

Materielle Kulturgüter sind:

- Steinwerkzeuge („pebble tools"; *Homo rudolfensis, Homo habilis*)
- Gebrauch von Feuer *(Homo erectus)*
- Höhlenmalerei, Plastik aus Elfenbein (ca. 30 000 Jahre; *Homo sapiens sapiens*)
- Züchtung von Nutzpflanzen und Haustieren (ca. 10 000 Jahre; neolithische Revolution)
- Metallgewinnung und -bearbeitung (ca. 7 000 Jahre)
- Schrift (Kleinasien; ca. 5 000 Jahre)
- Buchdruck (15. Jahrhundert)
- Computer (Mitte des 20. Jahrhunderts)
- Internet (ab ca. 1990)

Nichtmaterielle Kulturgüter wie Weltanschauungen, Regeln oder Religionen sind:

- kooperative Jagd *(Homo erectus)*
- Bestattung (Vorstellung vom Jenseits; Neandertaler)
- Sesshaftigkeit (Gesellschaft von Ackerbauern und Viehhaltern; neolithische Revolution; ca. 10 000 Jahre, *Homo sapiens sapiens*)
- städtische Kulturen (ca. 8 000 Jahre)
- antike Demokratien (Athen, Rom)
- Umsetzung der Ideen der Aufklärung (Demokratisierung der Gesellschaft; Anerkennung der Rechte des Individuums)
- Abschaffung der Sklaverei (in den USA ab Mitte des 19. Jahrhunderts); verstärkte Tendenzen zur weltweiten Ächtung der Todesstrafe; verstärkte Tendenzen zur Gleichstellung von Mann und Frau

Zusammenfassung

- Viele der gemeinsamen Merkmale der **Primaten, zu denen der Mensch zählt**, sind mit der **Anpassung an das Leben auf Bäumen** zu erklären.
- Anatomisch, zytologisch und molekularbiologisch sind Menschenaffen und heutige Menschen sehr ähnlich.
- Die **anatomischen Unterschiede** zwischen Menschen und Menschenaffen sind die Folgen des **ständig aufrechten, zweibeinigen Gangs** des Menschen sowie seiner daraus resultierenden **hohen Fähigkeit zur Herstellung und Nutzung von Werkzeugen**.
- In der **Entwicklung zum modernen Menschen** lassen sich mehrere **Evolutionstendenzen** erkennen: Vergrößerung des Hirnvolumens, Abflachung des Gesichtsschädels, Abschwächung der Überaugenwülste, Verlagerung des Hinterhauptslochs zur Mitte der Schädelbasis hin und Zunahme der geistigen und handwerklichen Fähigkeiten.
- Die Vorfahren des Menschen, die bereits dauerhaft zweibeinig laufen und Geräte anfertigen konnten, ordnet man heute der **Gattung *Homo*** zu.
- Grundlage der **kulturellen Evolution** ist der **aufrechte Gang**, der die Entstehung einer zu einer sehr feinen Bewegung begabten Hand und des sehr leistungsfähigen Gehirns ermöglicht hat.
- Durch die Fähigkeit zur **sprachlichen und schriftlichen Weitergabe erworbener Fertigkeiten und Kenntnisse** erhält die kulturelle Evolution eine sehr hohe Geschwindigkeit.

Aufgaben

69 **a** Nennen Sie die drei nächsten Verwandten des Menschen innerhalb der Gruppe der heutigen Primaten.

b Geben Sie an, mit welchem dieser drei heute lebenden Tiere der Mensch am nächsten verwandt ist. Legen Sie begründet dar, welche der unterschiedlichen Einschätzungen Ihrer Meinung nach wahrscheinlicher ist.

70 Nennen Sie drei Ergebnisse molekularbiologischer und zytologischer Untersuchungen, die für eine nahe Verwandtschaft von Mensch und Menschenaffen sprechen.

71 Die Primaten entwickelten zu Beginn ihrer Stammesgeschichte Merkmale, die sich später für die Entstehung des *Homo sapiens* als wichtig erwiesen.

a Erklären Sie, wodurch die Bildung dieser Merkmale zu Beginn der Stammesgeschichte der Primaten ausgelöst wurde.

b Nennen Sie vier solcher Merkmale oder Evolutionstendenzen und erläutern Sie in Stichworten ihren Anpassungswert in der frühen Stammesgeschichte der Primaten.

c Nennen Sie Merkmale und Fähigkeiten des heutigen Menschen, die sich auf die genannten Anpassungen zurückführen lassen.

72 Welche der folgenden Paare von Merkmalen und Veränderungen stehen in einem direkten, ursächlichen Zusammenhang:

a Zunahme der Gehirngröße – ständig aufrechter, zweibeiniger Gang

b Verlagerung des Ober- und Unterkiefers weit unter den Hirnschädel – parabelförmige Backenzahnreihen

c Reduktion der Chromsomenzahl von 48 auf 46 – aufrechter Gang

d Lage des Hinterhauptsloches im Zentrum der Schädelunterseite – Reduktion der Nackenmuskulatur

e Zunahme der Gehirngröße – steile und hohe Stirn

f Reduktion der Überaugenwülste – Beckenschaufel weit

73 An prähistorischen Fundstätten werden meist nur Teile des Schädels, insbesondere Unterkiefer gefunden. Deshalb ist es wichtig, Angehörige der menschlichen Entwicklungslinie anhand des Schädels von solchen der Menschenaffen unterscheiden zu können.

a Erstellen Sie eine Tabelle mit Schädelmerkmalen, die eine sichere Zuordnung erlauben.

b Ordnen Sie die abgebildeten Unterkiefer folgenden Primaten zu: (Beachten Sie, dass die Unterkiefer nicht im gleichen Maßstab abgebildet sind.)

- Schimpanse
- *Homo erectus*
- *Homo sapiens sapiens*

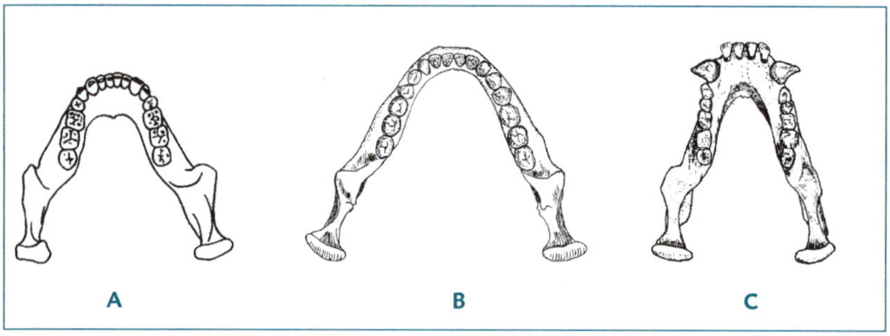

74 In den folgenden Abbildungen sind verschiedene Primatenschädel von hinten gezeigt. Die Ansatzflächen der Nackenmuskulatur sind dunkler gezeichnet.

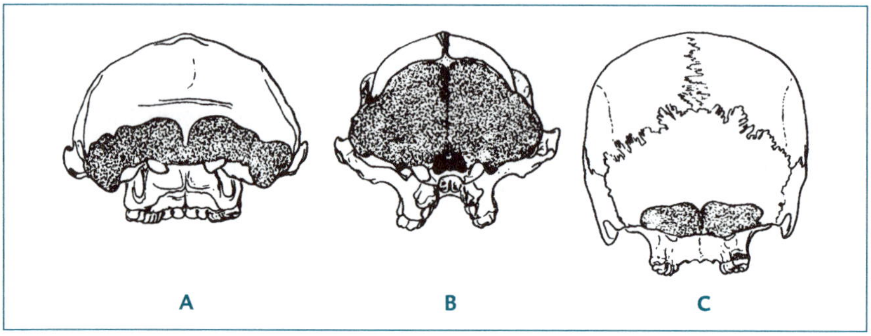

a Ordnen Sie die Schädel den folgenden Primaten zu:

- *Homo sapiens sapiens*
- *Homo erectus*
- Gorilla

b Begründen Sie die Zuordnung über die Größe der dargestellten Muskelansatzfläche.

75 An einer Fundstelle fand man verschiedene Knochenreste eines Primaten. Die Fundstücke des Extremitätenskeletts lassen eindeutig auf einen zweibeinigen, ständig aufrechten Gang schließen. Vom Schädelskelett sind nur Reste der stark ausgebildeten Überaugenwülste und des Oberkiefers erhalten, der auf eine starke Vorwölbung des Gesichtsschädels hinweist.
Entscheiden Sie, welche der folgenden, fossil nicht überlieferten Merkmale bei diesem Primaten zu erwarten sind. Begründen Sie Ihre Antwort und stellen Sie Vermutungen darüber an, welcher systematischen Gruppe der Fossilfund zugeordnet werden könnte.

Das Hinterhauptsloch lag im Zentrum der Schädelunterseite	**oder**	Das Hinterhauptsloch lag weiter hinten am Schädel
Das Schädelvolumen betrug etwa 500 $m\ell$	**oder**	Das Schädelvolumen lag bei ca. 1 000 $m\ell$
Die Eckzähne waren groß und dolchartig	**oder**	Die Eckzähne waren kaum höher als die Schneidezähne
Die Stirn war flach und fliehend	**oder**	Die Stirn war steil und hoch

76 Nehmen Sie Stellung zur Aussage: „Der Mensch stammt vom Affen ab.“

77 **a** Nennen Sie die grundsätzlichen Merkmale und Fähigkeiten des Menschen, die v. a. dafür verantwortlich sind, dass es zu einer kulturellen Evolution kommen konnte.

b Erläutern Sie, warum die Erfindung der Schrift, des Buchdrucks und der elektronischen Datenverarbeitung so große Bedeutung für die kulturelle Evolution hatte.

78 LINNÉ unterteilte die heute auf der Erde lebenden Menschen in sechs Rassen: Amerikaner, Europäer, Asiaten, Afrikaner, Wilde und Scheusale.
Erläutern Sie die heutige Auffassung zu den Rassen des Menschen.

Der Mensch als Umweltfaktor – Populationsdynamik und Biodiversität

Durch zahlreiche Errungenschaften der kulturellen Entwicklung greift der Mensch schon seit mehreren zehntausend Jahren aktiv in die Evolution ein. Mit seinem massenhaften Auftreten und der Besiedelung aller Kontinente sowie nahezu aller Lebensräume hebelt der Mensch die Gesetze der Evolution aus und zwingt der Natur seinen Willen auf. Neben der Züchtung von Nutztieren und Kulturpflanzen sind es vor allem die beabsichtigte oder ungewollte Ausrottung verschiedener Pflanzen- und Tierarten sowie die nachhaltige Veränderung ganzer Lebensräume, die das Bild der Erde drastisch gewandelt haben. Da der Mensch gewissermaßen zu einem dominierenden „Selektionsfaktor" im Ökosystem Erde geworden ist, müssen wir uns alle der Verantwortung für die Gestaltung und Erhaltung der Erde bewusst sein. Nicht zuletzt, da wir selbst ein Teil dieses Ökosystems sind und alle Beeinflussungen auch immer Konsequenzen für uns und zukünftige Generationen mit sich bringen.

5 Populationsdynamik

Die Anzahl der Organismen einer Art, die in einem Gebiet vorkommen, ist nicht starr festgelegt, sondern bestimmten Schwankungen unterworfen, die von den jeweils herrschenden Umweltfaktoren abhängen. Die zeitliche Veränderung der Individuenzahl zeigt meist eine charakteristische **Populationsdynamik**.

Eine **Population** umfasst alle in einem relativ abgeschlossenen Gebiet vorkommenden Individuen einer Tier- oder Pflanzenart, die sich uneingeschränkt untereinander fortpflanzen können und daher einen gemeinsamen Genpool besitzen.

5.1 Wachstum von Populationen

Das Wachstum einer Population kann (bei ungeschlechtlicher oder vegetativer Vermehrung) von einem einzelnen Individuum oder (bei geschlechtlicher bzw. sexueller Fortpflanzung) von einem Gründerpaar ausgehen.

Beispiel

Wachstum einer Bakterienkultur

Werden Bakterien (z. B. *E. coli*) in frisches, flüssiges Nährmedium übertragen, setzt nach einer Anlaufphase **(lag-Phase)** von etwa einer Stunde, in der sich die Bakterien auf die neuen Lebensbedingungen einstellen, exponentielles Wachstum (logarithmische Phase, **log-Phase**) ein. *E. coli*-Zellen teilen sich alle zwanzig Minuten. Nach einigen Stunden verlangsamt sich die Vermehrung infolge von Nahrungsmangel und einer Anhäufung von Stoffwechselabfallprodukten und kommt schließlich zum Stillstand **(stationäre Phase)**. Nach einigen Tagen sterben immer mehr Bakterien ab **(Absterbephase)**.

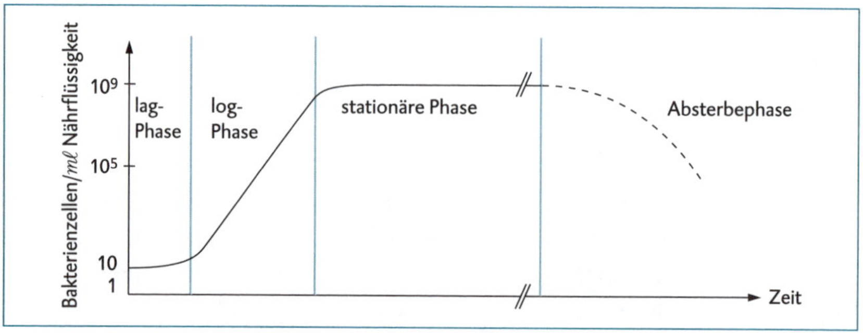

Abb. 62: Phasen des Bakterienwachstums

Exponentielles Wachstum

Die Geburtenrate b und die Sterberate d entscheiden darüber, ob eine Population wächst oder abnimmt. Die Wachstumsrate ergibt sich aus der Differenz zwischen Geburten- und Sterberate. Ein positives Populationswachstum liegt vor, wenn pro Zeiteinheit durchschnittlich mehr Individuen geboren werden als absterben.

> Die **Geburtenrate** (b) ist die Zahl durch Geburt hinzugekommener Individuen in einer Zeiteinheit. Die **Sterberate** (d) ist die Zahl an Individuen, die in einer bestimmten Zeit durch Tod ausscheiden. Die **Wachstumsrate** (r) ist die Differenz aus der Geburtenrate und der Sterberate: r = b – d.

Beispiele

Wenn auf 1 000 Tiere 500 Nachkommen und 100 Todesfälle kommen, beträgt die Wachstumsrate r = (500 – 100) : 1 000 = 0,4 ≙ 40 %.
Wenn aus 1 000 Bakterien durch Teilung 1 000 neue Bakterien entstehen, beträgt die Wachstumsrate r = 1 000 : 1 000 = 1 = 100 %.

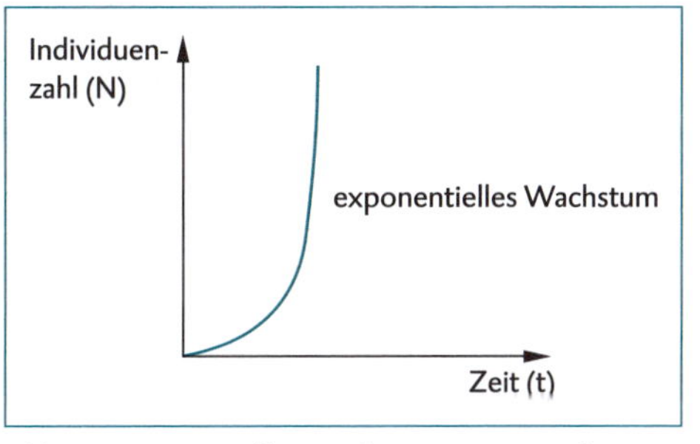

Abb. 63: Exponentielles Wachstum einer Population

Unter optimalen Wachstumsbedingungen, wie sie für Bakterien in Kultur geschaffen werden oder wie sie Populationen bei der Besiedelung neuer Lebensräume vorfinden können, wächst eine Population für eine bestimmte Zeit **exponentiell**. Unbegrenztes Wachstum stößt sehr schnell an die Kapazitätsgrenze seiner Umwelt. Würde sich z. B. ein Bakterium, dass sich unter Optimalbedingungen alle 20 Minuten teilt, ca. zwei Tage lang ungehemmt exponentiell vermehren, hätte die daraus entstehende Bakterienpopulation die Erde an Volumen bereits mehrfach übertroffen.

Logistisches Wachstum

Bei den meisten Arten folgt das Wachstum einer Population unter natürlichen Bedingungen einer **logistischen Wachstumskurve**. Nur in der Anfangsphase des Populationswachstums tritt dann exponentielles Wachstum auf (siehe Abb. 64), da es bei einer Population mit wenigen Individuen noch genügend Nahrung für alle gibt und das Biotop meist groß genug ist, um weitere Artgenossen aufzunehmen. Schon bald verlangsamt sich jedoch das Wachstum, da ein Umweltfaktor begrenzend auf die weitere Vermehrung – in den meisten Fällen ist dies das Nahrungsangebot – wirkt. Die Kurve flacht ab (logistische Phase, b) und nähert sich asymptotisch an die Kapazität der Umwelt an (c). Anschließend geht sie in eine stationäre Phase über, in der die Individuenzahl der **Umweltkapazität (Biotopkapazität) K** entspricht. Untersuchungen im Freiland haben ergeben, dass K mit natürlichen Populationsschwankungen erreicht und eingehalten wird **(fluktuierendes Wachstum)**.

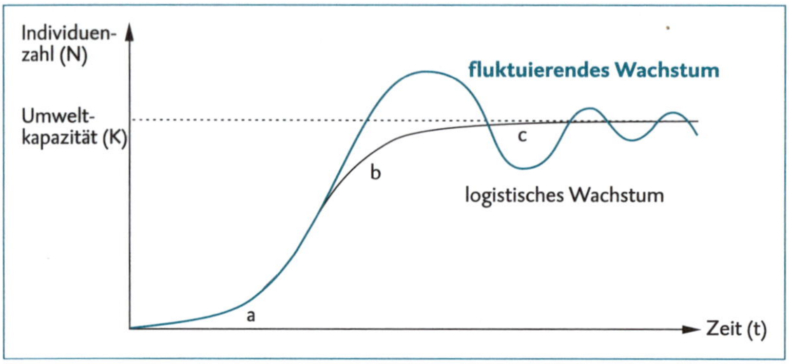

Abb. 64: Logistische Wachstumskurve und fluktuierendes Wachstum

5.2 Bedeutung verschiedener Fortpflanzungsstrategien

Die Wachstumsrate einer Population beruht auf genetisch festgelegten Eigenschaften, die wie andere Merkmale auch der Selektion unterliegen. Durch Selektionsvorgänge haben sich zwei gegensätzliche Strategien zur Populationsentwicklung herausgebildet.

r-Strategen (Vermehrungsstrategie)

Populationen solcher Arten sind an Lebensräume angepasst, in denen die Umweltfaktoren stark schwanken, z. B. Regenwasserpfützen, Tümpel, Brachflächen. Unter kurzzeitig sehr günstigen Lebensbedingungen vermehren sich die Populationen explosionsartig und überschreiten dabei die Umweltkapazität deutlich. Sind die Ressourcen verbraucht oder ändern sich die Umweltbedingungen, kommt es zu einem Populationszusammenbruch. Solche Arten mit stark schwankender Populationsdichte sind meist klein, haben eine kurze Lebensdauer und eine hohe Wachstumsrate. Dadurch gelingt es ihnen, große Bereiche eines Lebensraums ausgehend von nur wenigen Individuen schnell zu besiedeln und drastische Verschlechterungen der Umweltbedingungen zu überleben. Beispiele dafür sind: Planktonalgen, einjährige Gräser und Kräuter, Blattlaus, Wasserfloh, Heuschrecke, Grasfrosch und kleine Nagetiere.

K-Strategen (Anpassungsstrategie)

In stabilen Lebensräumen mit konstanten Umweltbedingungen leben Arten, deren Individuenzahl an die Umweltkapazität heranreicht, d. h., die langfristig konstante Populationsdichte ist das Ergebnis einer Dichteregulation. Individuen der Arten, die zu den K-Strategen gehören, sind meist groß, langlebig und haben wenige Nachkommen. Die Jungen werden in der relativ langen Jugendphase intensiv betreut, was die geringe Nachkommenzahl ausgleicht. Die hohen Populationsdichten führen zwar zu innerartlicher und zwischenartlicher Konkurrenz, durch Selektion entstanden jedoch spezielle Anpassungen zur Konkurrenzvermeidung (z. B. ökologische Einnischung, siehe S. 50) und zur Regulation der Populationsdichte (z. B. sozialer Stress, Territorialverhalten, siehe S. 193 f.). Beispiele für K-Strategen sind: Bäume, viele Vogelarten, große Säugetiere.

r- Strategen	K-Strategen
hohe Wachstumsrate	geringe Wachstumsrate
kurze Lebensdauer	lange Lebensdauer
hohe Sterblichkeit	geringe Sterblichkeit
hohe Nachkommenzahl	geringe Nachkommenzahl
einmalige Fortpflanzung	Fortpflanzung mehrmals
keine Fürsorge der Eltern (bei Tieren)	intensive elterliche Fürsorge (bei Tieren)
meist kleine Organismen	meist große Organismen
schnelle Nutzung der kurzzeitig vorhandenen Ressourcen	viele Anpassungen zur effektiven Nutzung der Ressourcen
großes Verbreitungspotenzial	geringes Verbreitungspotenzial
Populationsgröße unterhalb von K	Populationsgröße dicht an K
Umweltbedingungen wechselnd	Umweltbedingungen konstant

Tab. 6: Gegenüberstellung von Merkmalen der r- und K-Strategen

Zwischen diesen beiden Strategietypen gibt es zahlreiche Übergänge und Mischformen. So verhalten sich Blattläuse im Frühjahr wie r-Strategen. Sie produzieren ohne Befruchtung (Jungfernzeugung, Parthenogenese) sehr schnell große Mengen weiblicher Nachkommen. Im Herbst entstehen auch männliche Blattläuse. Durch geschlechtliche Fortpflanzung entstehen wenige Eier, die den Winter überdauern (K-Strategie).

5.3 Einfluss von Umweltfaktoren auf die Populationsdichte

Bei den Faktoren, die das Wachstum einer Population begrenzen, unterscheidet man solche, die von der Individuenzahl der Population abhängen (dichteabhängige Faktoren) und solche, die unabhängig von der Dichte der Population auf deren Bestand einwirken.

Dichteunabhängige Faktoren sind vor allem Klima- und Bodenfaktoren (abiotische Faktoren). Sie können das Populationswachstum entweder hemmen bzw. die Population dezimieren oder das Populationswachstum fördern.

Dichteunabhängige Faktoren, die das Populationswachstum hemmen	fördern
Klimafaktoren: • Überschwemmungen oder Dürrekatastrophen • Kälteeinbrüche oder Hitze	Klimafaktoren: • genügend Niederschläge • mildes Winterklima
Bodenfaktoren: • starke Verdichtung • Mangel an Mineralsalzen oder Versalzung	Bodenfaktoren: • aufgelockerter Boden • mineralstoffreicher Boden

Tab. 7: Beispiele für dichteunabhängige Faktoren

Die meisten **dichteabhängigen Faktoren** sind biotische Faktoren, z. B. die eigenen Artgenossen, aber auch Nahrungsangebot und Fressfeinde, die in einer Rückkopplungsreaktion durch die Größe der Population beeinflusst werden. Bis zu einer bestimmten Populationsdichte fördert eine hohe Nachkommenzahl das Wachstum einer Population. Dieser Zusammenhang lässt sich durch einen **Regelkreis** (Kausalkreis) mit **positiver Rückkopplung** darstellen. Regelkreise mit positiver Rückkopplung führen zu einem Aufschaukelungsprozess und zum exponentiellen Anstieg der Individuenzahl einer Population.

Je größer die Anzahl der geschlechtsreifen Individuen, desto größer die Anzahl der Nachkommen. Je größer die Anzahl der Nachkommen, desto größer wird die Anzahl der geschlechtsreifen Individuen.

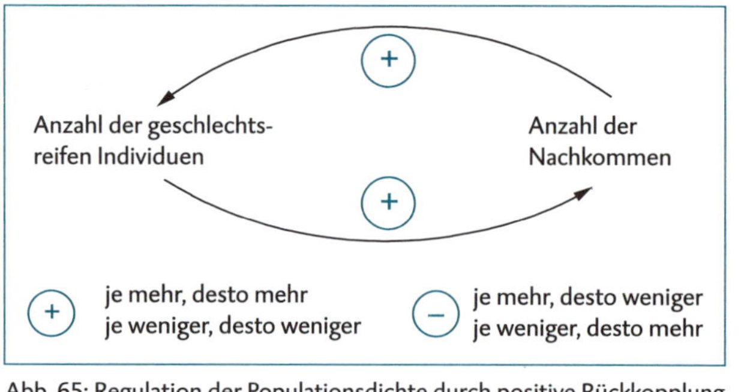

Abb. 65: Regulation der Populationsdichte durch positive Rückkopplung

Auch dichteabhängige Faktoren wie eine frühe Geschlechtsreife und die damit verbundene kürzere Generationenfolge sowie eine lange Phase der Fruchtbarkeit führen zu einer schnelleren Zunahme der Individuenzahl einer Population. Gerade in der Anfangsphase der Populationsentwicklung fördern auch ein großes Nahrungsangebot und das Fehlen von Fressfeinden das Ansteigen der Populationsdichte.
Die meisten dichteabhängigen Faktoren begrenzen jedoch das Wachstum einer Population, z. B. Nahrungsmangel, eine große Anzahl Fressfeinde, Krankheitserreger (die sich bei einer hohen Populationsdichte schneller ausbreiten können) oder Stressfaktoren (die durch Übervölkerung der Population auftreten). Diese Faktoren wirken sich auf große Populationen stärker aus als auf kleine. Der Zusammenhang kann durch einen **Regelkreis** mit **negativer Rückkopplung** dargestellt werden.

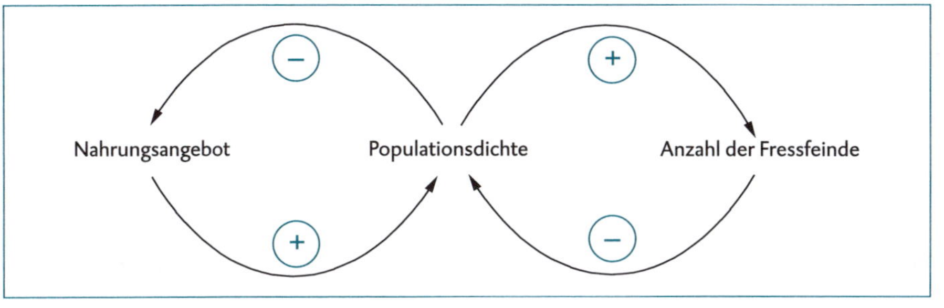

Abb. 66: Regulation der Individuenzahl einer Population durch negative Rückkopplung

Räuber-Beute-Beziehung

Der wichtigste dichteabhängige Faktor für die Regulierung einer Population ist die Anzahl der natürlichen Fressfeinde. Der Regelkreis der in Abb. 66 dargestellten Räuber-Beute-Beziehung (Abhängigkeit der Populationsdichte von der Anzahl der Fressfeinde) lässt sich vereinfacht folgendermaßen ausdrücken: „Je mehr Beute, desto mehr Räuber – je mehr Räuber, desto weniger Beute – je weniger Beute, desto weniger Räuber – je weniger Räuber, desto mehr Beute", und der Zyklus beginnt von vorne. Diese Beziehung gilt aber nur, wenn sich der Räuber ausschließlich von einer Beuteart ernährt und wenn Räuber und Beute bezüglich ihrer Körpergröße und Vermehrungsrate in etwa übereinstimmen. Ist der Räuber sehr viel größer als die Beute, benötigt er zum Überleben mehr Beutetiere und seine Fortpflanzungsrate ist normalerweise geringer als die der Beutetiere.

Diese Erkenntnisse wurden von dem italienischen Forscher Vito VOLTERRA in Form von mathematischen Beziehungen zusammengefasst, die als **VOLTERRA'sche Regeln** bezeichnet werden:

1. VOLTERRA'sche Regel: Die Populationskurven der Räuber und der Beute schwanken jeweils mit konstanten Zykluslängen und -amplituden um einen Mittelwert, sind aber gegeneinander **phasenverschoben**. In beiden Populationen treten **periodische Bevölkerungszyklen** auf.

2. VOLTERRA'sche Regel: Die Individuenzahlen der Räuber- und der Beutepopulation schwanken jeweils um einen **Mittelwert** und bleiben relativ konstant.

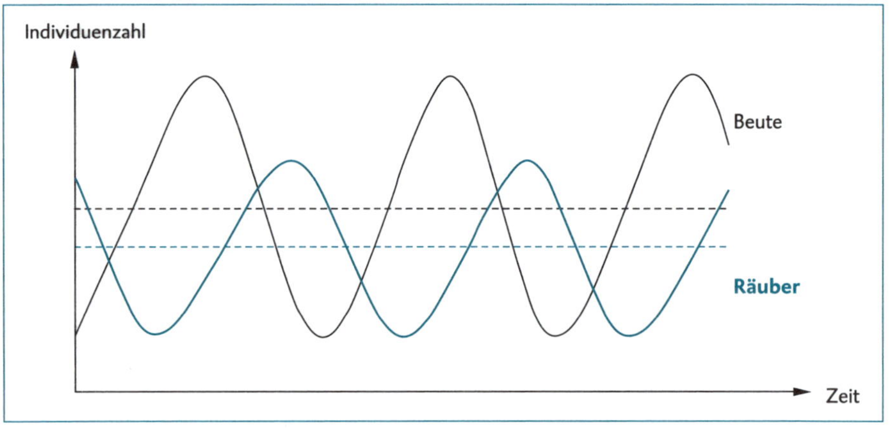

Abb. 67: Phasenverschobene Populationsschwankungen bei Räuber und Beute

3. VOLTERRA'sche Regel: Wird durch einen Außenfaktor die Sterblichkeit der Beute und des Räubers gleichermaßen erhöht, pflanzt sich die Beute danach schneller fort als der Räuber; oder anders ausgedrückt: Nach einer gleich starken Verminderung sowohl der Beutetiere als auch der Räuber nimmt die Individuenzahl der Beutetiere schneller zu als die der Räuber.

Beispiele

Da solche isolierten Räuber-Beute-Beziehungen in der Natur sehr selten vorkommen, sind die mathematischen Modelle an Laborpopulationen überprüft worden (siehe Abb. 68).

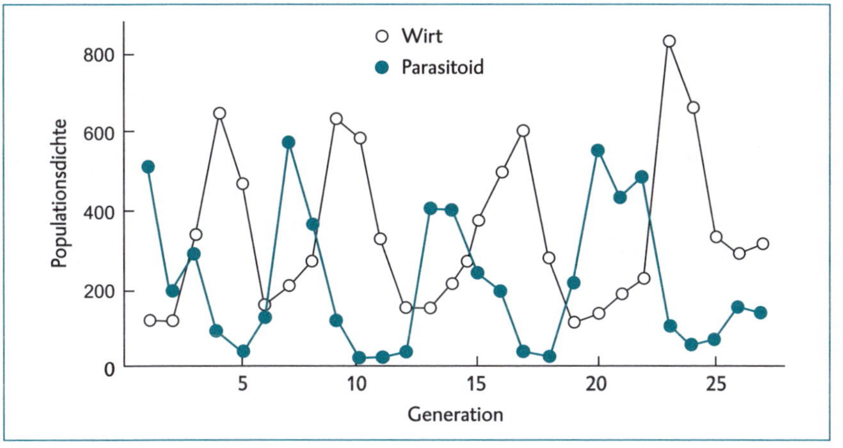

Abb. 68: Räuber-Beute- (bzw. Parasit-Wirt)-System unter Laborbedingungen am Beispiel des Bohnenkäfers *(Callosobruchus chinensis)* und eines Parasitoiden *(Heterospilus prosopidis)*

Die Auswirkungen der 3. VOLTERRA'schen Regel werden z. B. bei der **chemischen Schädlingsbekämpfung** deutlich. Häufig kommt es vor, dass die Schädlingsbekämpfungsmittel sowohl Beute (Schädling) als auch Räuber (Nützling, natürlicher Feind) treffen. Da chemische Schädlingsbekämpfungsmittel meist nicht spezifisch auf einen bestimmten Schädling wirken, werden gleichermaßen Schädlinge und deren natürliche Feinde vernichtet, die Feinde oft noch zusätzlich, wenn sie vergiftete Beute fressen. Stellt man die chemische Schädlingsbekämpfung wieder ein, kommt es plötzlich zur **Massenvermehrung** der Schädlinge.

Da der Schädling dem natürlichen Feind meist zahlenmäßig um ein Vielfaches überlegen ist, kann er mit relativ hoher Wahrscheinlichkeit eine Giftresistenz erlangen. Somit wird das Gleichgewicht noch weiter zugunsten des Schädlings verschoben. Diesem Sachverhalt muss dann mit einem weiteren, oft stärkeren Gifteinsatz begegnet werden. So gelangt man schnell in einen Teufelskreis, aus dem der Schädling nicht nur unbeschadet hervorgeht, sondern sich sogar besser vermehren kann als vor dem Gifteinsatz.

5.4 Populationsentwicklung des Menschen

Betrachtet man die Wachstumskurve der Erdbevölkerung über die letzten 10 000 Jahre, stellt man fest, dass es sich dabei bis zum heutigen Zeitpunkt um exponentielles Wachstum handelt. Vor 10 000 Jahren lebten auf der Erde etwa 5 Millionen und zur Zeit um Christi Geburt bereits 250 Millionen Menschen. Diese Zahl verdoppelte sich innerhalb der nächsten 1 650 Jahren. 200 Jahre später (um 1850) zählte man auf der Erde 1 Milliarde Menschen, 1930 war die 2-Milliarden- und 1975 die 4-Milliarden-Grenze erreicht. Ende 2008 bevölkerten ca. 6,7 Milliarden Menschen die Erde.

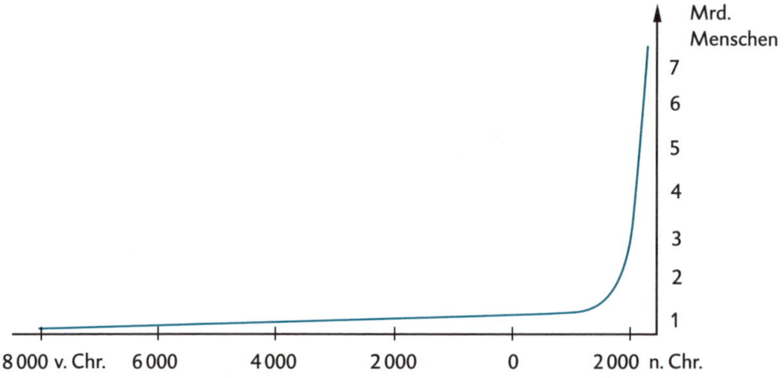

Abb. 69: Wachstumskurve der Menschheit über die letzten 10 000 Jahre

Bei normalem exponentiellem Wachstum verdoppelt sich die Anzahl der Individuen jeweils nach einem konstanten, festen Zeitraum. Im Fall der Erdbevölkerung jedoch verkürzte sich der Zeitraum, in dem eine Verdopplung stattfand, stetig. Während sich die Zahl der Menschen auf der Erde von 1650 bis 1850 von einer halben auf 1 Milliarde erhöhte, verdoppelte sie sich von 3 Milliarden (1960) auf 6,5 Milliarden in nur 44 Jahren. Daher handelt es sich bei der Erdbevölkerung in den letzten 100 Jahren nicht nur um exponentielles, sondern um **superexponentielles Wachstum**.

Folgende Gründe können dafür verantwortlich sein:

- Gewinnung neuer Anbauflächen für die Landwirtschaft;
- enorme Steigerung der Agrarproduktion durch Verbesserung der Technik sowie Einsatz von Schädlingsbekämpfungsmitteln und Kunstdünger;
- Senkung der Sterberate durch bessere hygienische und medizinische Versorgung.

Trotz des enormen technischen, medizinischen und landwirtschaftlichen Fortschritts reicht die Kapazität der Erde für ein derartiges exponentielles Wachstum der menschlichen Bevölkerung nicht aus. Vorsichtige Schätzungen gehen davon aus, dass die Kapazität der Erde etwa 10 Milliarden Menschen beträgt. Die nur noch wenig ausweitbaren landwirtschaftlichen Flächen, die begrenzten Energie- und Rohstoffvorräte sowie die zunehmende Umweltverschmutzung durch Übervölkerung stellen die wichtigsten dichtebegrenzenden Faktoren für die menschliche Population dar.

Unterschiede im Bevölkerungswachstum

Das Bevölkerungswachstum zeigt in den verschiedenen Regionen der Erde große Unterschiede. Etwa 90 % des jährlichen Bevölkerungszuwachses entfallen auf die Entwicklungsländer in Afrika und Asien. Industrienationen weisen dagegen bereits Geburtenrückgänge auf. Ihre Wachstumsraten sind sehr niedrig oder, wie z. B. in Deutschland, sogar negativ.

Demografischer Übergang

Die Bevölkerungsentwicklung verläuft in den verschiedenen Ländern unterschiedlich schnell. Die Phase mit einer hohen Geburten- und leicht abnehmenden Sterberate, in der sich Staaten in Zentralafrika befinden, haben Industrieländer längst durchlaufen.

Das Modell des demografischen Übergangs geht von fünf Phasen aus:

Phase 1: Hohe Geburten- und Sterberate und dadurch geringes Wachstum
Beispiele: historische, vorindustrielle Staaten

Phase 2: Hohe Geburtenrate und abnehmende Sterberate führt zu starkem Bevölkerungswachstum
⇒ Medizinischer Fortschritt
Beispiele: Staaten südlich der Sahara (Agrarstaaten)

Phase 3: Sinkende Geburten- und Sterberate führt zu einem Rückgang des Bevölkerungswachstums
⇒ Verbesserung der Lebensqualität
Beispiele: Nord- und Ostafrika, Indien, Ostasien, Südamerika (Schwellenländer)

Phase 4: Weiter sinkende Geburtenrate und niedrige Sterberate und dadurch weiter abnehmendes Bevölkerungswachstum
⇒ Hoher Lebensstandard, Familienplanung, Streben nach materiellem Besitz
Beispiele: Ost-, Nordeuropa, USA, Australien (Industrieländer)

Phase 5: Geburten- und Sterberate auf niedrigem Niveau führt zu Nullwachstum; negatives Bevölkerungswachstum, wenn die Sterberate über der Geburtenrate liegt
⇒ Hoher Lebensstandard, soziales Netz, lang dauernde Ausbildung, gehobene Ansprüche an Besitz und Eigentum, Problem der Versorgung vieler alter Menschen durch immer weniger Menschen im Arbeitsprozess
Beispiele: West-, Südeuropa, Japan, Italien, Deutschland (hochindustrialisierte Staaten)

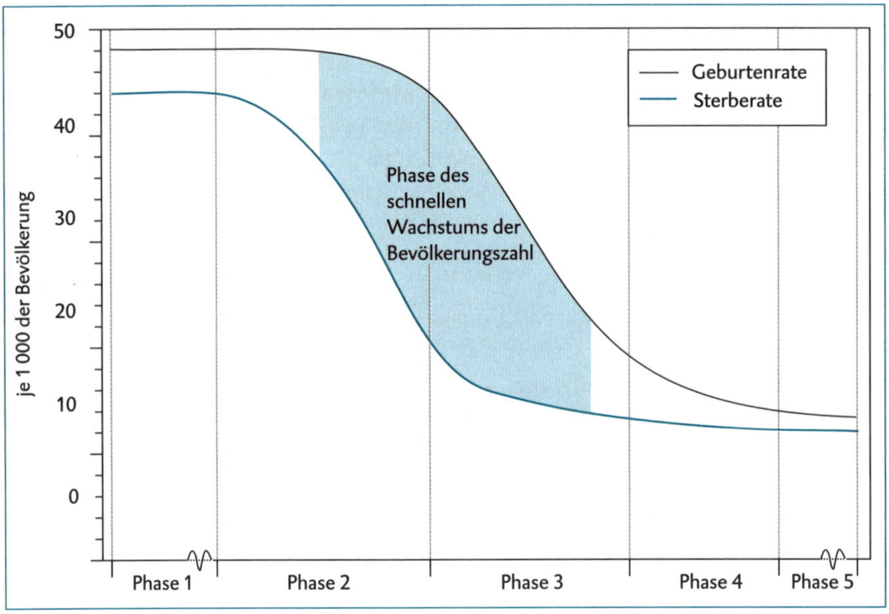

Abb. 70: Phasen des demografischen Übergangs

Zusammenfassung

- Zu einer **Population** gehören alle Individuen einer Art, die in einem relativ abgeschlossenen Gebiet leben. Die Mitglieder einer Population bilden eine **Fortpflanzungsgemeinschaft**.
- Eine Bakterienpopulation wächst in der Vermehrungsphase (log-Phase) zunächst exponentiell, in der stationären Phase dann langsamer und schließlich gar nicht mehr **= logistisches Wachstum**.
- Die Populationsgröße, bei der sich eine Population im Gleichgewicht befindet, wird als **Umweltkapazität (K)** bezeichnet.
- In Anpassung an den Lebensraum wurden verschiedene Fortpflanzungsstrategien selektioniert.
- Arten, die der **K-Strategie** zugeordnet werden, leben in Biotopen mit geringen Veränderungen. Typisch sind eine konstante, hohe Populationsdichte, eine niedrige Nachkommenzahl und intensive elterliche Fürsorge.
- **r-Strategen** können durch ihre hohe Wachstumsrate die Individuenzahl schnell erhöhen, wenn sich in ihrem Lebensraum die Umweltbedingungen verbessern. Typisch sind eine schwankende Populationsdichte unter der Umweltkapazität K und eine hohe Nachkommenzahl.
- Die Entwicklung (Dynamik) von Populationen wird von **dichteabhängigen** (z. B. Konkurrenz, Feinde) und **dichteunabhängigen** (z. B. Klima, Boden) **Faktoren** gesteuert.
- Populationen von Räubern (Feinden) und ihrer Beute unterliegen besonderen Regeln (nach **VOLTERRA**).
- Durch **superexponentielles Wachstum** nahm die **Weltbevölkerung** in den letzten 100 Jahren von ca. 1,7 auf 6,7 Milliarden Menschen zu.
- Die verschiedenen Teilpopulationen der Menschheit befinden sich in verschiedenen Phasen des demografischen Übergangs.
- Der **demografische Übergang** ist durch ein phasenverschobenes Absinken von Sterberate und Geburtenrate gekennzeichnet.

Aufgaben

79 **a** In einem Aquarium wird eine Kultur von Pantoffeltierchen herangezogen. Nach einiger Zeit wird der Räuber *Didinium* (Einzeller) zugesetzt. Erläutern Sie das Zustandekommen der Populationskurven.

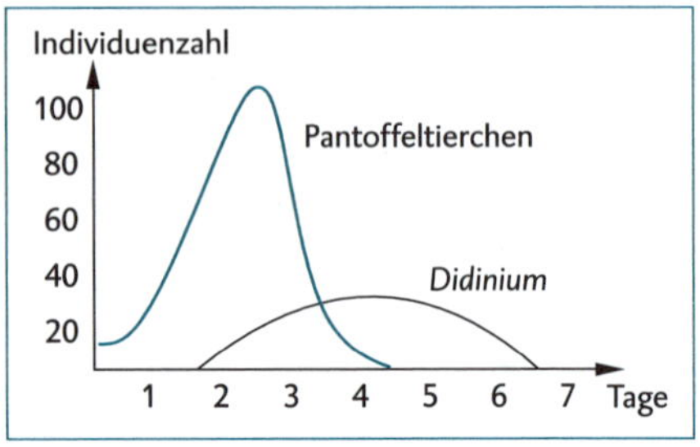

b Beschreiben Sie, wie sich die Populationen entwickeln, wenn gleichzeitig mit dem Einsetzen des Räubers *Didinium* viele Versteckmöglichkeiten für die Pantoffeltierchen geschaffen werden.

c Angenommen, es gerät eine geringe Menge Spülmittel ins Aquarium, die zum Absterben eines großen Teils beider Populationen führt. Erklären Sie, wie sich beide Populationen nach der Dezimierung weiter entwickeln werden.

80 Vergleichen Sie anhand eines Regelkreisschemas die unterschiedliche Wirkung von

a Raubfischen und

b Infektionskrankheiten

auf eine Weißfischpopulation.

81 Drei Einzeller-Arten A, B und C werden in Kulturgefäßen getrennt gehalten. Sie zeigen unter den herrschenden Bedingungen optimale Vermehrungsraten. Bringt man die Arten A und B zusammen, ergeben sich die in der linken Abb. dargestellten Wachstumskurven. Die rechte Abb. zeigt das Populationswachstum bei gemeinsamer Haltung der Arten A und C.
Begründen Sie die unterschiedlichen Populationsentwicklungen und interpretieren Sie die Beziehungen der Arten untereinander.

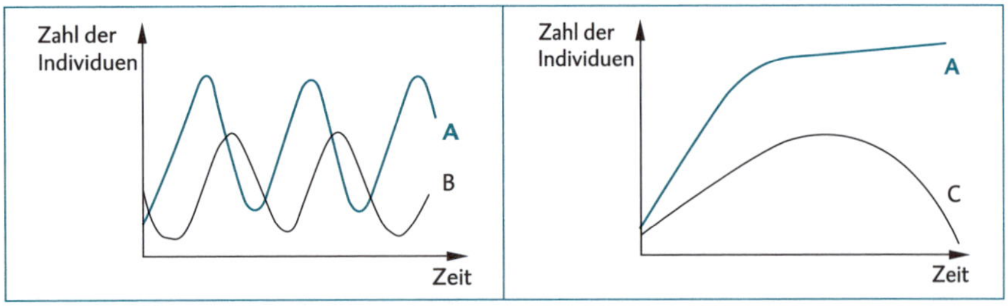

82 Die aus tropischen Gewässern ins Mittelmeer eingeschleppte Alge *Caulerpa taxifolia* verbreitet sich vor allem an den Küsten des westlichen Mittelmeers rasant, bildet riesige, dichte, grüne Teppiche und erstickt andere Algen und Meerespflanzen. *Caulerpa* wird im Mittelmeer größer und wächst auch schneller als in tropischen Gewässern. Die Alge vermehrt sich fast ausschließlich ungeschlechtlich, weshalb schon das Verdriften kleiner abgerissener Teile, z. B. durch die Meeresströmung, für die Gründung einer neuen Population ausreicht. Die folgende Tabelle dokumentiert die Ausbreitung der Alge im Mittelmeer bis zum Jahr 2000:

a Erstellen Sie mit den Werten der Tabelle ein Diagramm (Auftragen der bewachsenen Meeresfläche gegen die Zeit).
b Erklären Sie den Kurvenverlauf aus populationsökologischer Sicht unter Mitverwendung der Informationen im Text.

Jahr	von *Caulerpa taxifolia* bewachsene Meeresfläche in km^2
1984	0,000 001
1990	0,03
1991	0,3
1994	15,0
1995	20,0
1996	30,0
2000	60,0

83 Generationswechsel bei Wasserflöhen (Ruderfußkrebse): Im Frühjahr vermehren sich Wasserflöhe in Kleingewässern sehr schnell durch Parthenogenese. Bei dieser asexuellen Fortpflanzung entwickeln sich im Körper eines Weibchens weibliche Nachkommen aus unbefruchteten Eiern (meist 6–8 Embryonen gleichzeitig). Bei einer zu hohen Populationsdichte oder Verschlechterung der Lebensbedingungen (Nahrungsmangel, abnehmende Wassertemperatur im Spätsommer) bilden die Weibchen Eier (meist nur 2–3 Eier gleichzeitig), aus denen Männchen und Weibchen hervorgehen. Diese Sommergeneration unterscheidet sich von der Frühjahrsform durch einen „Panzerhelm“ am Kopf und einen Dornfortsatz am Körperende. Nach der Paarung bilden die Weibchen sog. Dauereier, die sie frei ablegen. Unter günstigen Umweltbedingungen oder nach der Überwinterung schlüpfen aus diesen Eiern nur Weibchen, die sich wiederum nur parthenogenetisch fortpflanzen.

a Stellen Sie den Entwicklungszyklus der Wasserflöhe in einem Pfeildiagramm dar.
b Erläutern Sie die Begriffe „r-Strategen“ und „K-Strategen“ und wenden Sie sie auf das Beispiel an.

84 Nennen Sie die Faktoren, auf die das exponentielle Wachstum der Menschheit in den letzten Jahrhunderten zurückgeführt werden kann.

6 Biodiversität

Mit dem Begriff **Biodiversität** wird der Formenreichtum der Tier- und Pflanzenwelt bezeichnet. Der Begriff ist auch ein Ausdruck für die Zahl von Arten in einem Ökosystem. Ein Ökosystem gilt als umso stabiler, je mehr Arten in ihm leben. Das Aussterben von Arten ist ein natürlicher Vorgang. Immer dann, wenn die Individuen einer Population oder Art nicht mehr ausreichend an die Umweltbedingungen angepasst sind, kann deren Aussterben die Folge sein. Finden Umweltveränderungen jedoch langsam statt, können Arten meist durch Mutation und Selektion neue Angepasstheiten entwickeln (siehe S. 32 ff.).

In den letzten Jahren ist ein drastischer Rückgang der Biodiversität zu beobachten, Ursache dafür sind meist anthropogene Einflüsse. Der Mensch verändert Ökosysteme direkt und indirekt so schnell, dass eine Anpassung der Arten oft nicht möglich ist. In Deutschland gibt es schon seit längerer Zeit regelmäßige Bestandsaufnahmen gefährdeter Pflanzen und Tiere. Die Arten werden je nach ihrem Gefährdungsgrad in die **Roten Listen** aufgenommen.

Kategorie	Kriterium	Beispiele
0 Ausgestorben oder verschollen	Arten, deren Populationen nachweisbar ausgestorben sind. Verschollene Arten, deren Vorkommen früher belegt ist, die jedoch seit längerer Zeit (10 Jahre) nicht mehr nachgewiesen werden konnten.	**Alpenfledermaus** Bayerische Kurzohrmaus Braunbär Europäischer Nerz Wolf
1 Vom Aussterben bedroht	Arten, die nur in Einzelvorkommen oder wenigen isolierten und kleinen bis sehr kleinen Populationen auftreten, und deren Bestände ernsthaft bedroht sind.	Fischotter **Große Hufeisennase** **Kleine Hufeisennase** Luchs Wildkatze
2 Stark gefährdet	Arten mit kleinen Beständen. Arten, deren Bestände im Verbreitungsgebiet stark zurückgehen oder verschwunden sind.	**Große Bartfledermaus** Hamster **Kleiner Abendsegler** **Mopsfledermaus** **Wimperfledermaus** **Zweifarbfledermaus**
3 Gefährdet	Arten mit regional kleinen Beständen. Arten, deren Bestände regional zurückgehen oder lokal verschwunden sind.	Baummarder Iltis Mauswiesel Gartenschläfer 2 Spitzmausarten **7 Fledermausarten**

G Potenziell gefährdet	Gefährdung anzunehmen, aber Datenmaterial für eine Einstufung in 1–3 nicht ausreichend.	Birkenmaus
R Extrem seltene Arten	Arten mit sehr wenigen, aber stabilen Populationen; Vorkommen geografisch eng begrenzt.	Alpensteinbock Baumschläfer Brandmaus
V Vorwarnliste	Arten mit noch oder wieder befriedigenden Beständen, die aber merklich zurückgehen.	**Großes Mausohr** Hermelin 2 weitere Spitzmausarten Kleinwühlmaus Zwergmaus
D Daten defizitär	Über die Arten ist bezüglich Verbreitung und Gefährdung für eine Einstufung zu wenig bekannt.	Alpenwaldmaus **Mückenfledermaus** **Weißrandfledermaus**

Tab. 8: Gefährdungskategorien der Roten Listen Deutschlands und Beispiele unter den Säugetieren Bayerns (33 von insg. 70 ursprünglich heimischen Arten)

Aus der Tabelle wird deutlich, dass vor allem Fledermausarten auf der Roten Liste der Säugetiere Bayerns stehen. 17 der 23 einheimischen Fledermausarten sind gefährdet oder in ihrem Bestand nicht gesichert und eine Fledermausart ist ausgestorben.

6.1 Anthropogene Einflüsse auf die Artenvielfalt

Vernichtung naturnaher Lebensräume

In der Landwirtschaft wurde in den letzten Jahrzehnten die Ökologie der Ökonomie untergeordnet, d. h., der Ertragspreis pro Hektar landwirtschaftlicher Fläche diktierte Maßnahmen und Entwicklungen im landwirtschaftlichen Bereich. Viele Hecken wurden vernichtet, Bachläufe begradigt und Feuchtwiesen durch Drainagen entwässert. Auf den so entstandenen, großen, maschinengerechten Anbauflächen wird jede Saison die gleiche Feldfrucht (z. B. Mais) kultiviert **(Monokultur)**. Wenn Wälder forstwirtschaftlich zur **Holzgewinnung** genutzt werden, muss auch rechtzeitig dafür gesorgt werden, dass für geschlagene Bäume Ersatzbäumchen gepflanzt werden. Vor allem aus wirtschaftlichen Gründen ging man immer mehr zur Anpflanzung von Monokulturen über, d. h., es wird auf einer großen Fläche immer nur eine Sorte von Bäumen angepflanzt. Am bekanntesten sind die Kiefernmonokulturen in Nord- und die Fichtenmonokulturen in Süddeutschland.

Die folgenden durch Monokulturen entstandenen Veränderungen wirken sich nachteilig auf die Artenvielfalt aus:

- Verödung der Landschaft: Es bieten sich kaum Unterschlupfmöglichkeiten für Tiere (z. B. für natürliche Feinde von Schädlingen).
- Schnellere Ausbreitung von Schädlingen, da für sie ein sehr großes Nahrungsangebot vorhanden ist; dadurch Notwendigkeit des Einsatzes von Schädlingsbekämpfungsmitteln
- Auslaugen des Bodens durch Mineralstoffentzug, da dem Boden von derselben Pflanzenart immer die gleichen Mineralstoffe entzogen werden
- Notwendigkeit des Einsatzes von Kunstdünger; Überdüngung mit Gülle
- Die eingesetzten Chemikalien können über Nahrungsketten in die Nahrung der Konsumenten, also auch die des Menschen, gelangen.
- Verdichtung des Bodens durch Einsatz schwerer landwirtschaftlicher Maschinen
- Schnellere Austrocknung des Bodens nach dem Umpflügen und dadurch erhöhte Gefahr der Winderosion
- Geringe Durchlüftung und Versauerung des Bodens aufgrund der dichten Nadelstreu und geringere Abbautätigkeit von aeroben Destruenten (speziell Nadelwaldmonokultur)

Riesige Flächen in Regenwaldgebieten, die zu den artenreichsten Ökosystemen der Erde gehören, fallen **Rodungen** zum Opfer. Die frei gewordenen Flächen dienen als Weideland und zum Futtermittelanbau für viele Milliarden Fleisch liefernder Nutztiere (z. B. Rinder, Schweine, Schafe). Außerdem werden auf solchen Flächen Plantagen (z. B. Ölpalmen, Kokospalmen, Teakbäume) zur kommerziellen Nutzung angelegt, obwohl die mineralstoffarmen Böden nur eine kurzfristige Bewirtschaftung zulassen. Auch in den nördlichen Nadelwaldgebieten Asiens und Amerikas nimmt die Abholzung der Wälder drastisch zu, um den stark gestiegenen globalen Holzbedarf zu befriedigen.
Ein immer größer werdender Teil der Erdbevölkerung lebt in **Städten**. Starkes Bevölkerungswachstum und wirtschaftliche Not führen vor allem in Entwicklungsländern zur Landflucht. Im Randbereich wachsen Städte häufig so, dass die Siedlungen „krakenartig“ in die Landschaft hineinwachsen (Trabantenstädte). Durch die zunehmende Bebauung und die notwendig werdende Erweiterung der Verkehrssysteme werden die Lebensräume vieler Arten zerstückelt oder auch ganz vernichtet.

Eintrag von Schadstoffen in die Umwelt

Für ein gesundes Wachstum benötigt eine Pflanze neben Wasser und Kohlenstoffdioxid auch Stickstoff, Phosphor, Kalium, Magnesium, Calcium und Schwefel. Je besser der Boden mit diesen Elementen versorgt wird, desto besser ist das Wachstum und folglich auch der Ertrag der Ernte. Unter natürlichen Bedingungen verwest die Pflanze nach dem Absterben und die von ihr dem Boden entzogenen Elemente werden diesem durch Mineralisierung der Pflanze wieder zugeführt. Werden die Pflanzen jedoch geerntet und abtransportiert, gehen diese Elemente der Bodenschicht verloren und müssen ihr wieder zugeführt werden. Dies geschieht durch **Düngung**, die auf zwei Arten erfolgen kann:

- **Natürliche Düngung:** Dem Boden werden natürliche organische Stoffe in Form von Humus, Torf, Mist, Gülle bzw. Jauche oder Produkte wie Hornspäne zugeführt. Ein Nachteil der natürlichen Düngung ist, dass die Zusammensetzung solcher Düngemittel variiert und nicht oder nur schwer ermittelt werden kann. Daher kann leicht eine Überdüngung erfolgen. Auf Torfdüngung sollte man aus ökologischen Gründen ganz verzichten, weil durch die Entnahme von Torf aus der Natur wertvolle Moorbiotope zerstört werden.
- **Einsatz von Kunstdünger oder Mineraldünger:** Auftragen von Mineralsalzen in Form von Ammonium- und Kaliumverbindungen sowie Nitraten und Phosphaten. Der **Vorteil** der Anwendung von Kunstdünger liegt darin, dass die von den Pflanzen benötigten Stoffe bereits in Ionenform vorliegen und sich somit leicht in Wasser lösen. Daher gelangen sie sehr schnell mit dem nächsten Regen an die Pflanzenwurzeln und können von diesen sofort aufgenommen werden. Darüber hinaus kann man die Zusammensetzung eines Kunstdüngergemisches mit den für die jeweilige Bodenart wichtigsten Komponenten genau dosieren und dem Boden nur die Ionen zuführen, die er tatsächlich benötigt.

  Diesen Vorteilen stehen aber auch zahlreiche **Nachteile** der Mineraldüngung gegenüber:
  - Kunstdünger kann aufgrund seiner guten Wasserlöslichkeit mit dem Regen leicht ausgewaschen werden und dadurch in nahe liegende Gewässer oder auch ins Grundwasser gelangen. (Ein hoher Nitratgehalt im Trinkwasser ist gesundheitsschädlich!)
  - Bei lang andauernder Düngung besteht die Gefahr der Rückstandbildung im Boden.
  - Viele Wildpflanzenarten tolerieren keine Überdüngung. Durch ihren Rückgang sind auch viele Tierarten gefährdet (Nahrungsnetze).

Pestizide (Biozide) ist ein Sammelbegriff für chemische Schädlingsbekämpfungsmittel. Je nachdem, gegen welche Schadorganismen sie gerichtet sind, unterscheidet man:

- Herbizide (Unkrautvernichtungsmittel),
- Fungizide (Pilzvernichtungsmittel),
- Insektizide (Insektenvernichtungsmittel).

Pestizide werden eingesetzt, weil weltweit etwa 30 % der Ernten durch Schädlinge vernichtet werden. Ein Pestizid-Einsatz kann jedoch auch selbst enormen Schaden anrichten und manchmal die gegenteilige Wirkung der eigentlichen Absicht haben, wie das folgende Beispiel zeigt.

Beispiel

Insektizide (z. B. Lindan) wirken nicht artspezifisch, d. h. nicht gezielt, und können auch nützliche Insekten vernichten wie Bienen u. Ä., die zur Bestäubung von Blütenpflanzen wichtig sind. Darüber hinaus können Insektizide von den natürlichen Feinden aufgenommen werden, in deren Körpern sich das Gift allmählich ansammelt, bis es die tödliche Dosis erreicht. Nach einem Insektizid-Einsatz können die natürlichen Feinde auch an Nahrungsmangel sterben. Die wenigen überlebenden Insekten besitzen nun keine natürlichen Feinde mehr und es kann zu einer größeren Massenvermehrung kommen, als es vor dem Gifteinsatz der Fall war (siehe auch 3. VOLTERRA'sche Regel, S. 112). Zudem kann ein längerer Einsatz von Insektiziden zur Resistenzbildung unter den Schädlingen führen. In jeder Population treten immer wieder spontane Mutanten auf, die gegen ein Gift resistent sind. Insektizide töten daher nur die nicht resistenten Schädlinge, die resistenten werden selektiert und bilden die Gründerindividuen für neue Populationen, in denen alle Mitglieder gegen das Gift resistent sind.

Gewässerbelastung und Eutrophierung

In einem intakten Gewässer halten sich Stoffaufbau durch Produzenten und Stoffabbau durch Destruenten weitgehend die Waage. Ein solches Gewässer ist bis zu einem gewissen Grad belastbar, wenn kurzfristig Biomasse von außen eingetragen wird, z. B. fallende Blätter im Herbst. Die Destruenten benötigen dann zwar mehr Sauerstoff, weil sie sich bei diesen Bedingungen stärker vermehren, dies wird jedoch ausgeglichen durch das schon bald darauf einsetzende vermehrte Wachstum der Pflanzen. Die Pflanzen produzieren mehr Sauerstoff und die aeroben Destruenten können die von außen eingetragene Biomasse rasch remineralisieren (**Selbstreinigung** des Gewässers).

Gelangt zu viel organisches Material oder Düngemittel wie Phosphate und Nitrate in ein Gewässer, reicht dessen Selbstreinigungskraft nicht mehr aus. Dies ist häufig beim Einleiten von ungeklärten Abwässern oder Düngemitteln der Fall, die der Regen in einer dem See nahen Wiese ausgewaschen und in das Gewässer geleitet hat.

Bis zu einem gewissen Grad können Gewässer von außen eingetragene Biomasse abbauen (remineralisieren). Diese **Selbstreinigung** kann bei zu starker Belastung mit organischem Material erschöpft sein. Das Gewässer wird dann **eutrophiert**.

Aufgrund des starken Nährstoffeintrags setzt eine starke Vermehrung der Wasserpflanzen, vor allem des Phytoplanktons, ein. Es kommt zur vermehrten Sauerstoffbildung, der größte Teil des gebildeten Sauerstoffs steigt in die Luft, da das Wasser nur eine begrenzte Menge an O_2 aufnehmen kann. Infolge der starken Vermehrung des Phytoplanktons sind die Wachstumsbedingungen für das Zooplankton und die übrigen Pflanzenfresser optimal, sie vermehren sich ebenfalls explosionsartig und verbrauchen einen Großteil des Sauerstoffs. Ist wenig Sauerstoff vorhanden, bildet sich aus dem unlöslichen Eisen(III)-phosphat das lösliche Eisen(II)-phosphat. Die freien Phosphationen fördern dann zusätzlich das Pflanzenwachstum.
Nach einiger Zeit stirbt ein Teil des Phytoplanktons wie auch des Zooplanktons und der übrigen heterotrophen Organismen ab. Es kommt zur Anhäufung toter Biomasse, die von aeroben Destruenten abgebaut wird. Die starke Vermehrung dieser Destruenten trägt so lange zum weiteren Sauerstoffschwund des Gewässers bei, bis nur noch **anaerobe Abbauprozesse** möglich sind (Faulschlammbildung). Die giftigen Stoffwechselprodukte dieser anaeroben Organismen, z. B. Schwefelwasserstoff (H_2S) und Ammoniak (NH_3), töten schließlich alle anderen Lebewesen im See, man sagt „der See kippt um“.

Die bedeutendsten gasförmigen Schadstoffe, die einen großen Anteil der anthropogenen **Luftverschmutzung** verursachen, sind:

- **Kohlenstoffdioxid** (CO_2) und **Kohlenstoffmonoxid** (CO) aus der Verbrennung fossiler Brennstoffe.
- **Schwefeldioxid** (SO_2), hauptsächlich aus der Verbrennung von Erdöl und Kohle. Wichtigste Emissionsquelle für **Stickoxide** (NO_x) ist ebenfalls die Verbrennung fossiler Brennstoffe. Außerdem entstehen bei der Verbrennung im heißen Motorraum Stickstoffoxide (NO, NO_2) aus Stickstoff und Sauerstoff der Luft.

Smog ist ein künstliches Wortgebilde aus den englischen Bezeichnungen für *smoke* (Rauch) und *fog* (Nebel). Smog liegt als eine große Dunstglocke meist über Großstädten und Industriegebieten, wenn in der Luft zu viele Staubpartikel schweben. Im Winter entstammen sie meist den Schornsteinen von Haushalten und Industrieanlagen (Wintersmog). Die Staubteilchen wirken als Kondensationskerne für zahlreiche Säuren in der Luft, z. B. Schwefel-, salpetrige und Salpetersäure, und bilden mit den genannten Stoffen einen Dunst oder Nebel. Im Sommer sind es vor allem die Stickstoffoxide, die bei Inversionswetterlagen (umgekehrte Wetterlagen, bei denen Warmluft über einer kühleren Luftschicht liegt und zwischen denen kein oder nur geringer Luftaustausch stattfindet) für die Smogbildung verantwortlich sind. Sie stammen zum größten Teil aus den Auspuffgasen der Kraftfahrzeuge.

Saurer Regen entsteht durch die Reaktion von Wasser (Feuchtigkeit) mit Schwefeldioxid oder Stickstoffdioxid. Zunächst bildet sich aus Wasser und Schwefeldioxid (SO_2) die schweflige Säure (H_2SO_3). Diese wird dann durch Sauerstoff zu Schwefelsäure (H_2SO_4) oxidiert. Stickstoffdioxid reagiert mit Wasser zur Salpetersäure (HNO_3). Bei höheren Stickstoffoxidkonzentrationen zerfällt Stickstoffdioxid unter Lichteinfluss in Stickstoffmonoxid und ein Sauerstoffatom, das mit einem Sauerstoffmolekül zu Ozon reagiert. Bei starker Sonneneinstrahlung bildet sich daher in stickstoffoxidbelasteter Atmosphäre „Ozon-Smog" (Sommersmog).

Mögliche Auswirkungen von Smog und saurem Regen auf Organismen:

- Reizung der Atemwege und der Lungen
- Smogbildung unterstützt die Bildung von Schwefelsäure und Salpetersäure aus Wasser (Luftfeuchtigkeit) und Schwefeldioxid bzw. Stickstoffoxiden (saurer Regen).
- Stickstoffoxide (NO/NO_2) beschleunigen Oxidationsvorgänge in der Luft.
- Saurer Regen schädigt Blätter und Nadeln von Laub- und Nadelbäumen (die Kutikula wird zerstört, Blätter und Nadeln trocknen leichter aus).
- Als Folge des sauren Regens tritt auch eine erhebliche Gewässerbelastung auf. Durch die Erhöhung der Wasserstoffionenkonzentration (Erniedrigung des pH-Werts) werden zahlreiche Bakterien und damit Destruenten geschädigt, was eine unvollständige Zersetzung der toten Biomasse zur Folge hat. Das Zooplankton stirbt ab, ebenso Schnecken und Muscheln, da das Calciumcarbonat in ihren Schalen aufgelöst wird, und bei hohen Wasserstoffionenkonzentrationen kommt es zu Fischsterben.

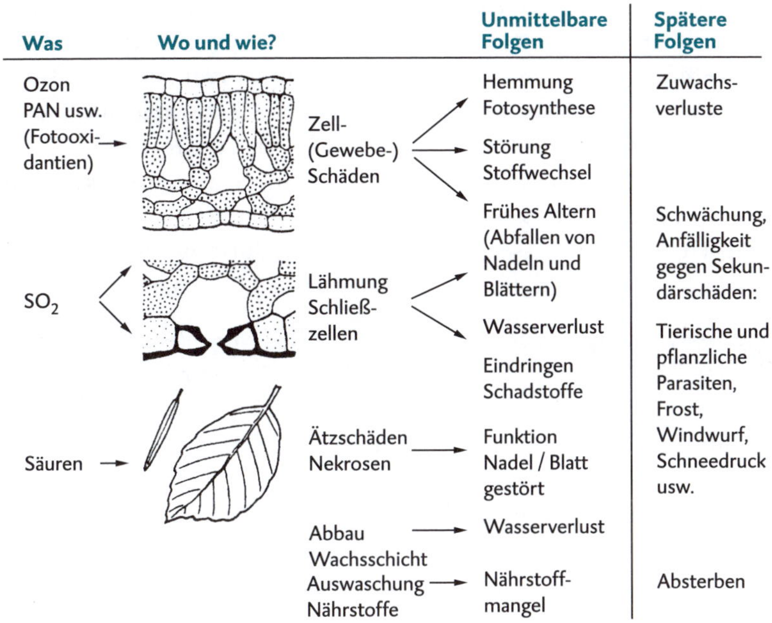

PAN: Abkürzung für **P**eroxy**a**zetyl**n**itrate, eine Gruppe von Luftschadstoffen, die unter Einfluss von Sonnenlicht aus Schadstoffen der Abgase von Kraftfahrzeugen gebildet werden.

Nekrose: lokaler Gewebstod in einem lebenden Organismus. Sie tritt als schwerste Folge einer lokalen Stoffwechselstörung, z. B. infolge von Sauerstoffmangel, chemischer oder physikalischer Ursachen auf.

Abb. 71: Wirkung von Schadstoffen auf Bäume

Abbau der Ozonschicht

Die oberste Schicht der Atmosphäre in 20 bis 40 km Höhe, die Ozonschicht, absorbiert kurzwelliges Licht und schützt so die Lebewesen auf der Erde vor der lebensgefährlichen UV-Strahlung. Sie besteht aus O_3-Molekülen. Diese Ozonmoleküle bilden sich aus der Reaktion eines Sauerstoffmoleküls (O_2) mit einem Sauerstoffatom (O). Die Sauerstoffatome wiederum entstehen durch Einwirkung von UV-Licht auf Sauerstoffmoleküle, die dabei gespalten werden. Durch Messungen wurde festgestellt, dass die Ozonschicht seit etwa 30 Jahren vor allem über den Polkappen der Erde abnimmt **(Ozonloch)**. Verantwortlich dafür sind vor allem Fluor-Chlor-Kohlen-Wasserstoffe (FCKW), die seit den 1990er-Jahren nicht mehr als Treibgas in Spraydosen sowie bei der Herstellung von Kühlschränken als Kühlmittel und zum Aufschäumen von Wärme-

bzw. Kälteisoliermaterial verwendet werden dürfen. Erst nach ca. 20 Jahren erreichen die als Treibgas oder beim Entsorgen von Isoliermaterial frei werdenden FCKW-Moleküle die obere Stratosphäre. Dort werden, unter Einfluss von Licht und UV-Strahlung, **Chlorradikale** von den FCKW-Molekülen abgespalten. Diese sind sehr reaktionsfreudig, entreißen den O_3-Molekülen ein Sauerstoffatom und bilden ClO (Chlormonoxid), es bleiben O_2-Moleküle zurück. Da die Chlorradikale immer wieder aus den gebildeten Chlormonoxidradikalen entstehen und sich dieser Reaktionszyklus häufig wiederholt, kann ein einziges FCKW-Molekül mehr als 1 000 Ozonmoleküle zerstören.

Mögliche Auswirkungen des Ozonlochs, das sich vor allem über den Polen und über den Ländern der südlichen Halbkugel (z. B. Australien) ausdehnt:

- Erhöhtes Krebsrisiko, vor allem für Hautkrebs
- Steigerung der Mutationsrate: UV-Strahlen gehören zu den mutagenen Strahlen.
- Beeinträchtigung der Beweglichkeit und Orientierung von Planktonorganismen; eine höhere Dosis kann zum Absterben des Planktons führen mit katastrophalen Auswirkungen auf die Nahrungsnetze.
- Die Reduzierung des Phytoplanktons trägt zur Steigerung des CO_2-Gehalts der Luft bei, da weniger Kohlenstoffdioxid durch die Fotosynthese gebunden werden kann.
- Schädigung von UV-empfindlichen Cyanobakterien, die Luftstickstoff binden können und dadurch weltweite Reduzierung der Proteinproduktion

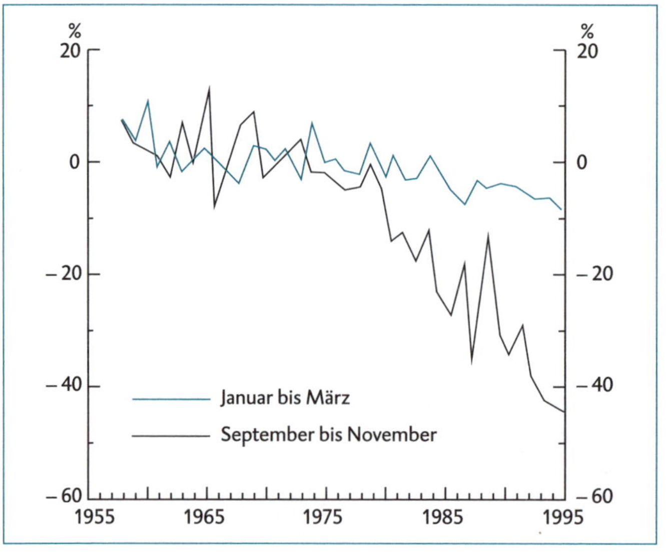

Abb. 72: Jahreszeitliche Abweichungen des Gesamtozons vom Mittel in den Jahren 1957–1995 in der Antarktis.

Treibhauseffekt und Klimawandel

Ein Treibhaus bzw. Gewächshaus besteht aus Glaswänden und einem Glasdach. Für das sichtbare Licht ist normales Glas durchlässig, nicht jedoch für die langwelligere Infrarot- oder Wärmestrahlung. Treffen nun Lichtstrahlen im Inneren des Gewächshauses auf undurchsichtige Materie, wandelt sich ein Teil von ihnen in langwellige Wärmestrahlen um. Diese werden teilweise absorbiert, die restlichen Infrarotstrahlen können aber, im Gegensatz zum sichtbaren Licht, die Glasscheiben nicht nach außen durchdringen, sie werden wieder zurückgeworfen und der Treibhausinnenraum heizt sich auf. (Ein ähnlicher Effekt tritt in einem Auto bei Sonneneinstrahlung auf. Der Innenraum wird dabei manchmal bis zu 60 °C heiß.) Die Gase Kohlenstoffdioxid, Methan, Stickstoffoxide und FCKW zeigen eine ähnliche Wirkung wie Glas. Sie sind ebenfalls für kurzwelliges Licht durchlässig und reflektieren die langwelligen Wärme- bzw. Infrarotstrahlen. Die Folge ist ein allmähliches Aufheizen der Atmosphäre. Der Grund für die kontinuierliche CO_2-Zunahme ist zum einen die steigende **Verbrennung von fossilen Brennstoffen** (Kohle, Heizöl, Benzin) und zum anderen der Rückgang an Grünflächen, vor allem die **Abholzung der tropischen Regenwälder.** Dadurch geht die jährliche Kohlenstoffdioxidfixierung durch die Fotosynthese zurück. Methan stammt aus der Viehhaltung (vor allem Rinder), aus Reisfeldern, aber auch aus Lecks in Erdgasleitungen.

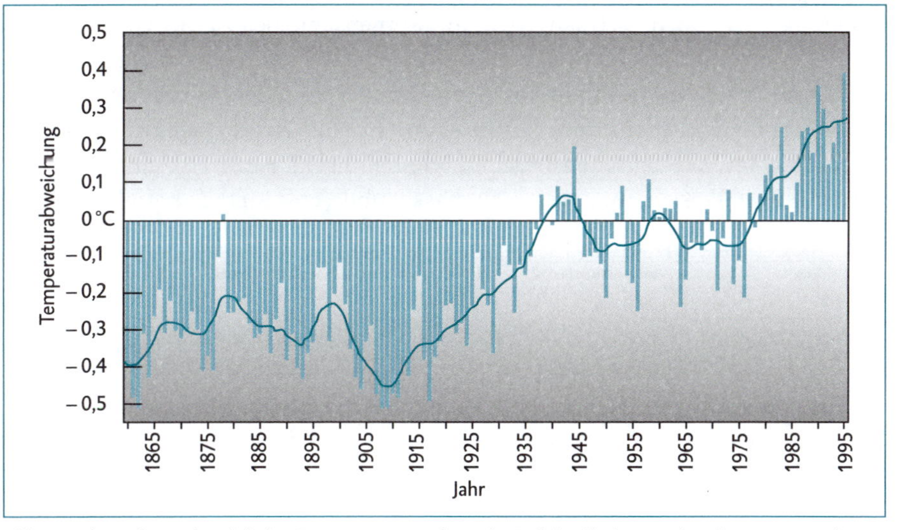

Abb. 73: Abweichung des globalen Temperaturmittels an der Erdoberfläche vom langfristigen Mittel in den Jahren 1951–1980.

Die weltweite Lufttemperatur hat sich in den letzten Jahren um 0,3 bis 0,6 °C erhöht. Wird der Ausstoß treibhauswirksamer Gase fortgeführt, wird eine weltweite Klimaänderung sowie ein Anstieg des Meeresspiegels (durch Abschmelzen des Eises an den Polkappen) eintreten. Erscheinungen und wahrscheinliche Folgen des Klimawandels sind:

- Änderung der globalen Niederschlagsverteilung und -intensität
- Weitreichende Überschwemmungen
- Verschiebung von Klima- und Vegetationszonen
  ⇒ Schätzungsweise 25 % aller Arten könnten aussterben
- Verschlechterung der Ernährungssituation in den tropischen und subtropischen Zonen

Tier- und Pflanzentransfer

Alle Arten, die seit der Entdeckung Amerikas zur heimischen Flora und Fauna dazukamen, werden als **Neophyten bzw. Neozoen** oder zusammenfassend als **Neobiota** bezeichnet. Anfangs brachten Weltreisende vor allem Gewürz-, Nutz- und Arzneipflanzen aus fernen Ländern mit. Auch der Import von exotischen Blütenpflanzen und Bäumen sowie seltenen Tieren für Gehege in Gärten und Parks war sehr beliebt. Zum Teil wurden diese Arten bei uns heimisch und pflanzten sich auch außerhalb der Obhut der Menschen fort. Der weit größere Anteil der Neobiota wurde jedoch unbeabsichtigt eingeschleppt. Etablierte Arten, d. h. sich langfristig ohne menschliches Zutun vermehrende Arten, können sich als nicht invasiv erweisen. Sie dominieren nicht über einheimische Arten, da es ihnen gelungen ist, eine konkurrenzfreie ökologische Nische im neuen Lebensraum zu besetzen. Invasive Arten dagegen beanspruchen dieselben ökologischen Nischen wie heimische Arten. Ist eine neue Art konkurrenzstärker, vermehrt sie sich massiv und verdrängt die heimische Art.

Beispiele:

Art	Einwanderung	Nicht beabsichtigt	Verwendung	Nicht invasiv	Invasiv
Kartoffelrose	1845 aus Ostasien	–	Küstenschutz, Zierpflanze	☑	
Spätblühende Traubenkirsche	1623 aus Nordamerika	–	Ziergehölze (in Frankreich)		☑
Kleinblütiges Springkraut	19. Jh. aus Ostsibirien	–	Zierpflanze in botanischen Gärten	☑	
Beifuß-Ambrosie	1880 aus Nordamerika	In Saatgut, Vogelfutter	–		☑

Waschbär	1927 aus Nordamerika	–	Pelzgewinnung, „Bereicherung der Fauna“	☑	
Amerikanische Schwertmuschel	1970er-Jahre von amerikanischer Atlantikküste	Im Ballastwasser von Schiffen	–		☑
Bachsaibling	1884 aus Nordamerika	–	Fischzucht/ Angelfischerei	☑	
Auwald-Zecke	1973 aus Südpolen, Ungarn	Durch Hunde	–		☑

Tab. 9: Beispiele für Neobiota

Freizeitverhalten des Menschen

Der Tourismus hat sich in den letzten 50 Jahren zu einem der drei größten Wirtschaftszweige weltweit entwickelt. Die Deutschen unternahmen 2007 fast 65 Millionen Urlaubsreisen (Reisen über mindestens 5 Tage). Die Alpen, als eine der größten Ferienregionen Europas, werden jährlich von rund 100 Millionen Touristen besucht. Untersuchungen zeigen, dass großflächige Planierungen von Skipisten Erosionen auslösen. Dabei wird häufig die Vielfalt der Alpenpflanzen zerstört. Besonders gefährdet sind Pflanzen und Tiere in Gebieten, die durch Skibetrieb im Winter sowie durch Beweidung und touristische Nutzung (Bergwanderer, Sportkletterer, Mountainbiker, Drachenflieger usw.) im Sommer mehrfach belastet sind. Durch die Klimaerwärmung sind viele Gletscher stark geschrumpft und die Schneefallgrenze hat sich in größere Höhen verlagert. Dadurch zieht die Skiinfrastruktur in immer höhere Lagen und beeinflusst noch empfindlichere Lebensräume. Außerdem erhöht sich in den Ferienregionen der Wasser- und Energieverbrauch, mehr Abfall und Abwasser sowie mehr Abgase der Verkehrsmittel fallen an. Da eine intakte Natur und Umwelt das Kapital der Tourismusbranche ist, muss die Entwicklung des nachhaltigen Tourismus vorangetrieben werden.

6.2 Bedeutung der Biodiversität

Ökonomische Aspekte

Die Biodiversität ist eine „Schatzkammer“, aus der der Mensch die Wildformen seiner Nahrungspflanzen sowie Baustoffe und Energieträger (Holz!) bezogen hat. Auch die meisten in der Medizin verwendeten Wirkstoffe stammen aus Organismen (z. B. Antibiotika aus Pilzgiften ⇒ Penicillin, Betäubungsmittel aus Curare, fiebersenkende Mittel aus Chinarinde ⇒ Chinin). Unter den vielen noch wenig untersuchten Pflanzenarten lassen sich neue Nutzpflanzen finden oder aus ihnen Heilmittel gewinnen bzw. Wirkstoffe extrahieren. Eigenschaften und Strukturen von Pflanzen können technisch genutzt werden, wie z. B. die wasserabweisende Oberfläche des Lotusblatts. Da bei Nutzpflanzen und -tieren häufig Probleme mit Krankheiten und auch mit einer nicht ausreichenden Angepasstheit an die Folgen des Klimawandels (z. B. Hitze- und Trockenresistenz) auftreten, ist die Tier- und Pflanzenzucht auf die genetischen Reserven möglichst vielfältiger Wildformen angewiesen.

Ökologische Aspekte

Eine hohe Biodiversität ist Voraussetzung für stabile Ökosysteme. Nur in einem artenreichen Wald beispielsweise nehmen Schädlinge nicht überhand und es können Klimaeinwirkungen (Stürme, Fröste, Hitze) ausgehalten werden. Außerdem trägt eine natürliche Bewaldung entscheidend zum Lawinenschutz, zum Schutz vor Bodenerosion und zur Stabilisierung des natürlichen Wasserkreislaufs bei. Eine große Artenvielfalt ermöglicht außerdem die Anpassung an veränderte Umweltbedingungen, z. B. durch den Klimawandel.

Bioindikatoren

Organismen, deren Existenz und Gedeihen Hinweise auf die Umweltbedingungen geben, bezeichnet man als Bioindikatoren. Sie können das langfristige Zusammenwirken von Umweltfaktoren anzeigen oder aber auf kurzfristige Änderungen einzelner Faktoren reagieren.

Beispiele:

- Pflanzen als Bioindikatoren **(Zeigerpflanzen)**: Ihr Auftreten lässt Rückschlüsse auf die Bodenfeuchtigkeit, das Mineralstoffangebot oder die Temperatur- und Lichtverhältnisse zu.

Anzeiger für …	Art
Trockenheit	Wundklee, Zypressenwolfsmilch, Wiesenknopf, Fetthenne, Flügel-Ginster
Feuchtigkeit	Sumpf-Dotterblume, Wollgras, Wasserminze, Schwertlilie, Sumpf-Hahnenfuß
Stickstoffüberschuss	Brennnessel, Weiße Taubnessel, Wiesen-Bärenklau
Stickstoffmangel	Arnika, Preiselbeere, Zittergras
Kalküberschuss	Leberblümchen, Frauenschuh, Wiesen-Küchenschelle
Kalkmangel	Heidekraut, Besenginster, Heidelbeere
Salz (NaCl)	Queller, Strand-Aster, Salzmelde, Strand-Hafer

Tab. 10: Liste einiger Indikatorpflanzen und ihrer Indikation

- Gewässergüteklassen: Mit dem Verschmutzungsgrad eines Gewässers ändert sich das Artenspektrum in charakteristischer Weise. Die bei einem bestimmten Verschmutzungsgrad bevorzugt und gehäuft vorkommenden Organismen werden als **Leitorganismen** in vier Güteklassen zusammengefasst. Chemische Untersuchungen ergänzen die Bestimmung der Wassergüte.

Güteklasse (Saprobienindex)		Merkmale	Leitorganismen (Auswahl)
I	oligosaprob	• Wasser mit wenigen, leicht abbaubaren organischen Stoffen, ist sehr klar • Hoher Sauerstoffgehalt (> 8 mg/ℓ) • Geringer Nährstoffgehalt • Viele Arten, wenige Individuen	Eintagsfliegenlarve Wasserkäfer Steinfliegenlarve Kieselalgen
I–II	oligosaprob bis β-mesosaprob		
II	β-mesosaprob	• Wasser mit wenigen organischen Stoffen, ist klar • Wechselnder Sauerstoffanteil (4–6 mg/ℓ) zwischen Tag und Nacht • Mittlere Nährstoffgehalte • Arten- und individuenreiche Lebensgemeinschaften	Köcherfliegenlarve Rädertierchen Strudelwurm Wasserfloh
II – III	β-mesosaprob bis α-mesosaprob		
III	α-mesosaprob	• Wasser mit hohen Konzentrationen organischer Stoffe, ist trüb • In der Nacht Sauerstoffmangel (2 mg/ℓ) • Hohe Nährstoffgehalte • Artenarme und individuenreiche Lebensgemeinschaften	Wasserassel Schlammegel Wimpertierchen
III–IV	α-mesosaprob bis polysaprob		
IV	polysaprob	• Wasser mit sehr hohen Konzentrationen organischer Stoffe, ist sehr trüb und riecht faulig • Auch am Tag Sauerstoffmangel (< 2 mg/ℓ) • Sehr hohe Nährstoffgehalte • Fast nur individuenreiche Populationen von abbauenden Mikroorganismen	Rattenschwanzlarve Zuckmückenlarve Schlammröhrenwurm

Tab. 11: Güteklassen von Fließgewässern

Zusammenfassung

- **Biodiversität** beinhaltet Artenvielfalt, Vielfalt in Ökosystemen und genetische Vielfalt.
- Monokulturen sind künstliche Ökosysteme, in denen bestimmte Arten durch Pflegemaßnahmen besonders begünstigt werden.
- Beim Anbau von Nutzpflanzen in **Monokulturen** treten **Nachteile** auf, z. B. mehr Schädlinge, Verarmung des Bodens an Mineralstoffen, Förderung der Erosion.
- Als Folge der Verarmung der Böden in einer Monokultur wird der Einsatz von **Düngemitteln** notwendig. Dies belastet das Grundwasser und kann zu Gesundheitsrisiken führen.
- **Pestizide** vernichten auch Nützlinge, reichern sich in den Nahrungsketten an und führen zur Resistenzbildung bei den Schädlingen.
- Phosphate und Nitrate aus der Landwirtschaft sowie organische Stoffe aus ungeklärtem Abwasser steigern die Produktivität im **Ökosystem See**. Es kommt zum Sauerstoffschwund in der Tiefenschicht eines Sees und zum anaerobem Abbau mit Faulgas- und Faulschlammbildung **(Eutrophierung, Umkippen des Sees)**.
- Schwefeldioxid und Stickoxide aus Verbrennungen sind die Hauptursachen von Luftverschmutzungserscheinungen wie **Smog** und **saurem Regen**.
- Der **Klimawandel** ist anthropogen. Die wesentliche Ursache der Erwärmung ist die Erhöhung der **Kohlenstoffdioxidkonzentration in der Atmosphäre**.
- Konkurrenzstarke **Neobiota** können einheimische Arten verdrängen.
- Freizeitaktivitäten und Tourismus beeinträchtigen die Artenvielfalt.
- **Ökonomisch** betrachtet sichert die Biodiversiät die Nahrungsversorgung des Menschen, liefert Wirkstoffe und stellt genetische Reserven für die Tier- und Pflanzenzucht bereit.
- Die **ökologische** Bedeutung der Biodiversität liegt vor allem in der Stabilisierung der Ökosysteme und der Anpassungsfähigkeit an Umweltveränderungen.
- **Bioindikatoren** sind lebende Mess-Einrichtungen für den Zustand der Umwelt.

Aufgaben

85 Erläutern Sie, warum sich vor allem im Sommer häufig Smog über Großstädten bildet.

86 Begründen Sie, inwiefern die Vergrößerung des Ozonlochs auch zur Steigerung des Treibhauseffekts beiträgt.

87 Legen Sie dar, worauf die starke Erwärmung eines Treibhauses beruht. Erläutern Sie, welche Rolle das Kohlenstoffdioxid bei der Entstehung des globalen Treibhauseffekts spielt.

88 Erklären Sie, warum große Waldbrände zur Steigerung des Treibhauseffekts beitragen. Nennen Sie ein weiteres Gas, das für den Treibhauseffekt verantwortlich ist.

89 Die Humanökologie untersucht unter anderem Strukturen und Prozesse der vom Menschen in zunehmendem Maße veränderten Natur. Die Untersuchungsergebnisse zeigen, dass Eingriffe des Menschen z. B. zu Veränderungen der Artenhäufigkeit führen können:

„Die Stadt ist alles andere als eine lebensfeindliche Steinwüste […]. Sie (die Großstädte) bieten eine erstaunliche Vielfalt an Biotopen, Organismen und Lebensgemeinschaften. Schon in mittleren Städten mit mehr als 50 000 Einwohnern übertrifft der Artenreichtum den der ländlichen Umgebung mit ihren Monokulturen. Und je mehr Menschen in einer Stadt leben, desto mehr Pflanzen und Tiere sind dort gewöhnlich zu Hause […].“

Die Großstadt ist keine Steinwüste.
In: F.A.Z. vom 27. 03. 1996, S. N3/Nr.74

a Nennen Sie drei unterschiedliche Gründe für die Artenvielfalt in städtischen Räumen.

b Wie im Text angesprochen, prägen heute häufig Monokulturen den ländlichen Raum. Erklären Sie den Begriff Monokultur.
Legen Sie anhand von fünf Beispielen dar, wie sich diese Bewirtschaftungsform nachteilig auf die Artenvielfalt auswirkt.

90 In einem Bach, dessen Wasser klar ist, werden Köcherfliegenlarven und Wasserflöhe in größerer Zahl und vereinzelt Eintagsfliegenlarven nachgewiesen.
Interpretieren Sie diesen Befund hinsichtlich des Zustands des Gewässers. Erläutern Sie auch die hier angewendete Messmethode.

Verhaltensbiologie

Anfang September beginnt in Mitteleuropa die Brunftzeit des Rothirschs *(Cervus elaphus)*. Bei den beeindruckenden Brunftkämpfen der männlichen Tiere um das Paarungsrecht handelt es sich um Kommentkämpfe, die einer stark ritualisierten Verhaltenssequenz folgen: Zunächst kommt es zwischen zwei Rivalen zu einem Rufduell (Röhren). Dann schreiten die Tiere aufeinander zu, wobei ihre Körperhaltung angespannt ist und sich ihre Bewegungen verlangsamen, sobald sie sich in Sichtweite zueinander befinden. Es folgt das sogenannte Parallellaufen, bei dem sich die Hirsche die Breitseite zeigen. Erst wenn sich nach diesen Imponier- und Drohphasen keiner der Konkurrenten unterlegen fühlt, kommt es zum Geweihkampf. Die Tiere verhaken dabei ihre Geweihe ineinander und messen ihre Kräfte, indem sie sich in den Boden stemmen und den Gegner wegzuschieben versuchen. Der Kampf endet damit, dass sich der Unterlegene – im Foto oben wahrscheinlich das jüngere Tier mit dem kleineren Geweih (links) – abwendet und flieht. Der Sieger wirft seinen Kopf ruckartig in die Höhe und stößt den sogenannten Sprengruf aus.

7 Genetisch bedingte Verhaltensweisen

7.1 Methoden und Fragestellungen der Verhaltensforschung

Eines der sechs Kennzeichen des Lebens ist neben Wachstum, Bewegung, Stoffwechsel, Fortpflanzung und dem zellulären Aufbau die **Reizbarkeit**, d. h. die Fähigkeit der Organismen auf Reize zu reagieren.

Beispiele

- Eine Schnecke zieht den Fühler ein, wenn man ihn kurz berührt.
- Ein Regenwurm versucht wieder in die Erde zu kriechen, wenn er von Lichtstrahlen getroffen wird.
- Jeder Mensch zuckt „automatisch" zurück, wenn er mit der Hand eine heiße Herdplatte berührt.
- Auch Pflanzen zeigen Reaktionen auf Reize, z. B. das Schließen der Blüten bei Nacht oder die Klappbewegungen der Blätter einer gereizten Mimose.

Das letzte Beispiel zeigt, dass auch Pflanzen eigentlich in den Bereich der Verhaltensforschung einbezogen werden müssten. Vor allem im Bereich der Einzeller ist eine Grenzziehung zwischen Tier und Pflanze problematisch, weil es nicht nur Tiere mit Geißeln gibt, sondern auch einzellige Algen, die sich mithilfe von Geißeln auf das Licht (als Reiz) zubewegen können. Im Bereich der höher entwickelten Pflanzen ist eine Abgrenzung leichter möglich, da Pflanzen und Tiere einen grundsätzlich verschiedenen Bauplan aufweisen. So besitzen Pflanzen kein Nervensystem. Bei ihnen findet daher auch keine Erregungsleitung, sondern nur eine Reizleitung statt, und die Bewegungen kommen nicht durch Muskelkontraktionen zustande, sondern aufgrund von Turgordruckunterschieden in speziellen Zellen.
Vor allem wegen dieser prinzipiellen Unterschiede von Pflanzen und Tieren in den anatomischen Strukturen und den physiologischen Vorgängen wird der Begriff „Verhalten" auf Tiere und den Menschen bezogen. Zum Verhalten tierischer Organismen zählen neben den eingangs beschriebenen Bewegungen auch Gebärden, Lautäußerungen, Duftabsonderungen infolge äußerer Reize sowie Aktionen aufgrund eines inneren Antriebs.

Unter **Verhalten** versteht man alle äußerlich wahrnehmbaren Aktionen und Reaktionen eines tierischen Lebewesens.

Um das Verhalten eines Tieres oder des Menschen zu verstehen, muss es zuerst genau beobachtet und beschrieben werden.

> Ein Katalog aller beobachtbaren Verhaltensweisen einer Tierart wird als **Ethogramm** bezeichnet.

Zur Untersuchung einzelner Verhaltensaspekte und zur Überprüfung von Hypothesen führen die Verhaltensforscher häufig Freiland- und Laborversuche mit Tieren durch (Attrappenversuche, Lernexperimente), setzen moderne technische Hilfsmittel ein (tragbare Funksender, Radar) oder wenden molekularbiologische Untersuchungen an (genetischer Fingerabdruck, biochemische Analysen von Pheromonen oder Hormonen). Erst dann lässt sich die Frage nach dem Warum einer Verhaltensweise beantworten.

Beispiel

Warum quakt ein Frosch?

Diese – wie es scheint – einfache Frage kann auf ganz unterschiedliche Weise beantwortet werden:

- Ein Frosch quakt, weil im Frühjahr die Konzentration bestimmter Hormone im Körper eines männlichen Frosches ansteigt. Darauf reagieren Nervenzellen, die die Schallblasen steuern.
- Ein Frosch quakt, weil es ihm angeboren ist. Seine Gene steuern die Entwicklung der körperlichen Strukturen, die Voraussetzung für die Lauterzeugung und das Instinktverhalten sind.

Diese Antworten beziehen sich auf die **Mechanismen des Verhaltens** hinsichtlich der Steuerung und Entwicklung. Diese Mechanismen werden auch als **proximate Wirkursachen** bezeichnet.
Andere Antworten auf dieselbe Frage können auf die **Funktion des Verhaltens**, also auf die **ultimaten Zweckursachen**, eingehen:

Beispiel

Warum quakt ein Frosch?

- Ein Frosch quakt, um ein fortpflanzungsbereites Weibchen anzulocken und andere Männchen von sich fernzuhalten.
- Ein Frosch quakt, um bei der Fortpflanzung erfolgreicher zu sein.
- Ein Frosch quakt, weil es sich im Laufe der Evolution als Selektionsvorteil erwiesen hat.

7.2 Unbedingte Reflexe

Reflexe sind die einfachsten Formen von Verhalten infolge eines bestimmten Reizes. Ein Reflex läuft auf den gleichen auslösenden Reiz hin unter gleichen Bedingungen immer in derselben Form ab, auch wenn er wiederholt nacheinander ausgelöst wird. Die Reaktion erfolgt schnell und „automatisch", z. B. wenn beim versehentlichen Berühren einer heißen Herdplatte die Hand blitzschnell zurückgezogen wird. Das Bewusstsein und der Wille sind nicht beteiligt. Reflexartiges Verhalten ist immer dann sinnvoll, wenn es in einer Gefahrensituation eher nachteilig wäre, lange zu überlegen und abzuwägen.

Bei einem **Reflex** erfolgt auf einen bestimmten auslösenden Reiz hin unter gleichen Bedingungen immer dieselbe Reaktion. Die **Reaktion** ist schnell, unbewusst, unwillkürlich und beliebig oft wiederholbar.

Die Bedeutung von Reflexen liegt vor allem in ihrer **Schutzfunktion** für das Lebewesen.

Beispiele

Die bereits dem Säugling angeborenen Reflexe dienen zum Überleben in den ersten Lebenswochen und -monaten. Neugeborene können saugen und schlucken, ohne dies lernen zu müssen, da diese Reflexe für ihre Ernährung lebenswichtig sind. Da ihre Hirnrinde noch nicht so weit ausgebildet ist, um Lernvorgänge zu bewältigen, übernehmen Stammhirn und Rückenmark die Steuerung von Reflexen.

Pupillenreflex beim Menschen ⇒ Schützt das Auge vor zu starkem Lichteinfall.

Lidschlussreflex beim Menschen, bei Annäherung eines Gegenstandes an das Auge wird das Lid geschlossen. ⇒ Schützt vor Verletzungen des Auges.

Kniesehnenreflex beim Menschen, beim Schlag auf die Sehne unterhalb der Kniescheibe schnellt der Unterschenkel unwillkürlich nach vorne. ⇒ Schützt beim Stolpern vor dem Hinfallen, da der Unterschenkel vorschnellt und somit das Gleichgewicht besser gehalten werden kann.

Husten- und Niesreflex beim Menschen ⇒ Befördert eingedrungene Fremdkörper aus der Luftröhre und Nase.

Totstellreflex von Insekten ⇒ Schützt vor weiteren Angriffen.

Jeder Reflex verläuft nach einem starren Reiz-Reaktions-Schema, dem sog. **Reflexbogen**, der als Blockschaltbild dargestellt werden kann.

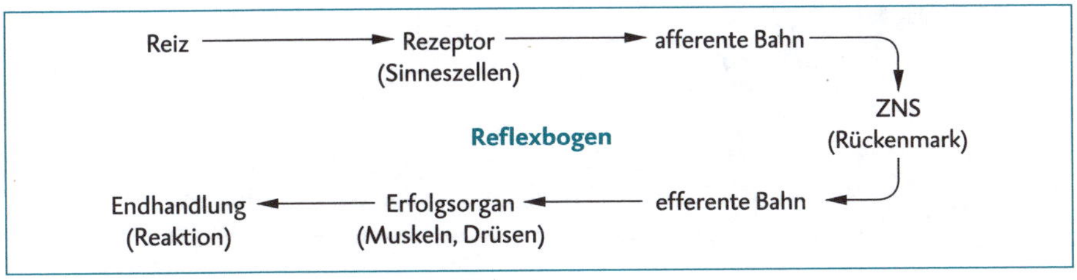

Abb. 74: Schematische Darstellung eines Reflexbogens

Der Reiz wird von den Sinneszellen der Sinnesorgane aufgenommen und in Erregung, d. h. in schwache elektrische Ströme, umgewandelt. Die Erregung wird über **afferente Bahnen**, die zum Zentralnervensystem (ZNS) *hinführen,* weitergeleitet. Bei einem Reflex erfolgt diese Leitung nur bis zum Rückenmark (bei einer normalen Reiz-Reaktions-Kette erfolgt sie bis zum Gehirn). Dort wird von der afferenten Bahn auf die **efferente Bahn**, die vom Rückenmark *wegführt,* umgeschaltet.

Afferente sensorische Nervenfasern führen zum Rückenmark bzw. zum Gehirn hin.
Efferente motorische Nervenfasern führen vom Rückenmark oder vom Gehirn weg.

Erfolgt die Umschaltung von der afferenten auf die efferente Bahn nur über eine einzige Synapse, wird der betreffende Reflexbogen als **monosynaptisch** bezeichnet. Die Reflexzeit ist sehr kurz. Die efferente Erregung erreicht schließlich das Erfolgsorgan (meistens Muskeln), das die vom Rückenmark kommenden Befehle ausführt (Endhandlung).

Beispiel

Kniesehnenreflex (Patellarsehnenreflex)

Beim Schlag auf die Patellarsehne (Kniesehne) werden die Muskelspindeln des Streckmuskels gedehnt. In den Muskelspindeln befinden sich Rezeptoren, die die Dehnung registrieren. Dort wird der Reiz in Erregung umgewandelt und anschließend über eine afferente sensorische Nervenfaser bis in die graue Substanz des Rückenmarks geleitet. Die Umschaltung erfolgt in der Synapse mit einem Motoneuron (motorische Nervenzelle). Über die efferente motorische Nervenfaser läuft die Erregung dann zum Streckmuskel zurück, der sich daraufhin kontrahiert und den Unterschenkel vorschnellen lässt.

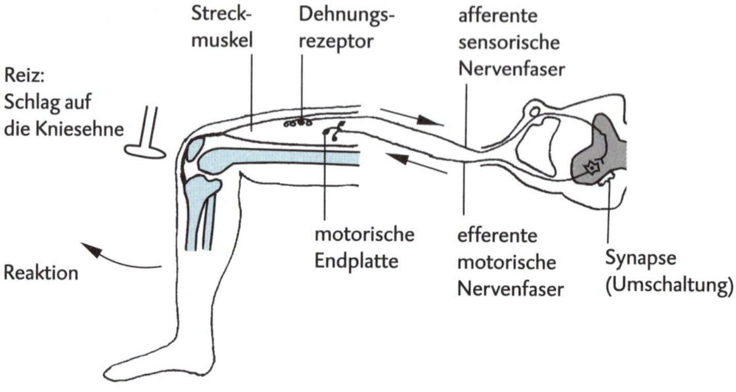

Abb. 75: Schematische Darstellung des Patellarsehnenreflexes

Bei den Reflexen unterscheidet man bezüglich der Lage von Rezeptor und Effektor zwei verschiedene Arten. Beim **Eigenreflex** liegen Rezeptor und Erfolgsorgan in demselben Organ, wie z. B. beim Patellarsehnenreflex. Beim **Fremdreflex** dagegen befinden sie sich in verschiedenen Organen. Bei Fremdreflexen ist im ZNS mindestens ein Interneuron zwischen Afferenz und Efferenz geschaltet. Solche Reflexe sind **polysynaptisch** und besitzen eine etwas längere Reflexzeit.

Beispiel

Beim **Niesreflex** befinden sich die Rezeptoren in der Nasenschleimhaut. Die Erfolgsorgane sind in diesem Fall die Zwischenrippen- und die Zwerchfellmuskeln, die sich kontrahieren und dadurch den starken Luftstrom beim Niesen erzeugen.

7.3 Instinkthandlungen

Außer den Reflexen, also den einfachen Reaktionen, die nach Auftreten eines bestimmten Reizes schnell ablaufen, gibt es bei Mensch und Tier noch weitere „angeborene“ (erbkoordinierte) Verhaltensweisen. Unter bestimmten Bedingungen kann man bei Tieren auf einen Reiz hin stets die gleichen wiederkehrenden komplexeren Verhaltensmuster beobachten.

Verhaltensweisen, die unter gleichen Bedingungen immer wieder in der gleichen starren Form ablaufen, bezeichnet man als **Erbkoordinationen** oder **Instinkthandlungen**.

Beispiele

Entnimmt man einem Gelege von Gänseeiern ein Ei und legt es neben das Nest, so kann man stets die gleiche wiederkehrende Verhaltensweise der brütenden Gans beobachten. Die Gans greift mit ihrem Schnabel von oben um das Ei und rollt es mit der Schnabelunterseite schiebend wieder zurück ins Nest. Selbst wenn man der Gans das Ei während dieses Ablaufs wegnimmt, setzt sie ihre Verhaltensweise unbeirrt fort.

Jungvögel im Nest sperren fast immer beim Anflug der Eltern auf das Nest ihre Schnäbel weit auf und lösen dadurch das Füttern durch die Eltern aus.

Phasen einer Instinkthandlung

Der Ablauf einer Instinkthandlung lässt sich in verschiedene Phasen einteilen, die immer wieder in der gleichen starren Form nacheinander ablaufen: Appetenz, Taxis, Endhandlung. Wird diese Handlungskette einmal durch einen entsprechenden Reiz ausgelöst, lässt sich der Handlungsablauf nicht mehr unterbrechen.

> Die Instinkthandlung ist eine angeborene Verhaltensweise, die sich aus ungerichtetem **Appetenzverhalten, Taxis und Endhandlung** zusammensetzt.

Anhand des Beutefangverhaltens einer Kröte lässt sich der zeitliche Ablauf einer solchen Instinkthandlung gut beschreiben.

Beispiel

- Eine hungrige Kröte verhält sich in einem Terrarium anders als eine gesättigte. Sie ist unruhiger und läuft öfter im Terrarium hin und her. Wegen des Hungers hat sie eine andere Grundstimmung als ihr Artgenosse. Sie ist auf der Suche nach Nahrung, während die satte Kröte ruhig in einer Ecke des Terrariums sitzt. Dieses ungerichtete Suchverhalten der hungrigen Kröte bezeichnet man als **ungerichtete Appetenz**.
- Kommt z. B. ein Mehlwurm in das Blickfeld der Kröte, so wendet sie sich ihm ruckartig zu, sodass sie ihn mit beiden Augen fixieren kann. Diese Orientierung der Kröte auf den auslösenden Reiz hin bezeichnet man als **Taxis** (Orientierungsbewegung, gerichtetes Suchen).
- Schließlich schnellt ihre Zunge blitzartig vor. Die Kröte ergreift damit die Insektenlarve, führt sie in den Mund und verschluckt sie. Danach putzt sie sich mit einem Vorderbein die Schnauze. Dieser starre Handlungsablauf stellt die **Endhandlung** dar.

Abb. 76: Appetenz, Taxis und Endhandlung beim Beutefangverhalten der Kröte

Prinzip der doppelten Quantifizierung

Aus Beobachtungsexperimenten konnte man schließen, dass ein Reiz allein nicht zur Auslösung der Endhandlung ausreicht. Außer einem äußeren Reiz ist auch immer die innere Bereitschaft oder Motivation nötig, um eine Instinkthandlung herbeizuführen.

Zur **Auslösung einer Instinkthandlung** tragen in der Regel zwei Faktoren bei, die von außen kommenden **Reize** und die **innere Bereitschaft** (oder Motivation, Handlungsbereitschaft, Antrieb).

Nur wenn Reiz und innere Bereitschaft zusammenwirken und damit einen bestimmten Schwellenwert an Erregung liefern, kann die Endhandlung ausgelöst werden. Ist der äußere Reiz schwach und die innere Bereitschaft gering, erfolgt keine Reaktion. Selbst ein starker äußerer Reiz kann ohne Motivation ebenfalls keine Endhandlung auslösen. Nur wenn innere Bereitschaft und äußerer Reiz zusammen die Erregungsschwelle überschreiten, läuft die starre Endhandlung ab. Dieses Zusammenwirken der beiden Faktoren Reiz und innere Bereitschaft bezeichnet man als **doppelte Quantifizierung**. Danach haben große Motivation und geringer Reiz dieselbe auslösende Wirkung bezüglich der Endhandlung (Reaktion) wie geringe Motivation und großer Reiz.

Nach dem **Prinzip der doppelten Quantifizierung** beeinflussen zwei Größen die Intensität der Reaktion: Qualität und Quantität des äußeren Reizes und die Stärke der inneren Bereitschaft.

Veränderung der Handlungsbereitschaft

Die **innere Bereitschaft** eines Tieres hängt von verschiedenen Faktoren ab.

Beispiele

Für die Auslösung des Fressverhaltens ist z. B. ein **niedriger Glucosewert** des Blutes und ein geringer **Füllungszustand des Magens** nötig. Wenn eine satte Kröte den Mehlwurm erblickt, rührt sie sich nicht, sondern bleibt ruhig in ihrer Ecke sitzen.

Das Sexual- und Balzverhalten eines Tieres wird in erster Linie von der Konzentration der **Sexualhormone** im Organismus bestimmt. Unter natürlichen Bedingungen steigt der Sexualhormonspiegel im Frühjahr jeweils stark an. Injiziert man den Versuchstieren außerhalb dieser Jahreszeit Sexualhormone, so reagieren sie auch mit typischem Balzverhalten.

Biologische Rhythmen wie z. B. der Tag-Nacht-Rhythmus können ebenfalls die Stärke der Motivation beeinflussen.

Eine motivationssteigernde Wirkung kann auch von einem nicht erreichbaren Rivalen oder Beutetier ausgehen.

Die **erfolgreich ausgeführte Endhandlung** senkt in vielen Fällen die innere Bereitschaft, sodass der äußere Reiz bei der nächsten Auslösung stärker sein muss. Wird die Endhandlung mehrmals ausgeführt, reicht die Motivation nicht mehr aus, um weitere Instinkthandlungen auszulösen.

Beispiel

Nach der Paarung sinkt die Bereitschaft zum Balzen oder die Fressbereitschaft nach der Nahrungsaufnahme.

Reaktionsauslösende Reize – Schlüsselreize

Der Reiz, der zur Auslösung einer Endhandlung führen kann, muss bestimmte Voraussetzungen erfüllen. Ähnlich wie bei einem Schloss, das sich nur mit einem bestimmten Schlüssel aufsperren lässt, kann eine bestimmte Instinkthandlung nur durch einen passenden **Schlüsselreiz** ausgelöst werden. Nur wenn Schlüssel und Schloss zusammenpassen, lässt sich der Schließmechanismus des Schlosses in Bewegung setzen.

Reize, die die Voraussetzungen erfüllen, ein bestimmtes Instinktverhalten auszulösen, bezeichnet man als **Schlüsselreize**.

Beispiel

Eine hungrige Kröte wendet sich zwar einem dargebotenen Mehlwurm zu, nicht aber einem Steinchen, das man in das Terrarium legt.

Ein Schlüsselreiz setzt den Antrieb für eine bestimmte Verhaltensweise in Gang und ermöglicht so die erbkoordinierte Endhandlung. Schlüsselreize, die als Signale im Dienst der Verständigung zwischen Tieren (Kommunikation) wirken, bezeichnet man als **Auslöser**. In der Natur sind dies meist auffällige Körpermerkmale, Farben oder Bewegungen eines Tiers, die bei einem Artgenossen eine Instinkthandlung auslösen.

Beispiel

Der rote Fleck am Schnabel von Silbermöwen löst eine Pickreaktion der Jungtiere aus, die auf diese Weise um Futter bei den Eltern betteln.

Neben Schlüsselreizen aus dem optischen Bereich spielen auch noch akustische und chemische Schlüsselreize eine wichtige Rolle.

Beispiele

Das Brutpflegeverhalten einer Glucke wird nur durch akustische Schlüsselreize beeinflusst, wie das folgende Experiment beweist: Stülpt man über ein Küken eine schalldichte Glasglocke, so pickt die Glucke ruhig weiter, obwohl sie die verzweifelten Versuche des Kükens, sich aus der Glocke zu befreien, optisch deutlich wahrnehmen kann. Nimmt sie jedoch den Angstruf des Kükens wahr, ohne dass sie dieses sieht, versucht sie sofort, dem Küken zu helfen.

Seidenspinnermännchen reagieren auf geringste Mengen des von den Weibchen abgegebenen „Sexuallockstoffs“ Bombykol. Auf diese Weise finden sie über mehrere Kilometer Entfernung sicher den Weg zum Weibchen, um dieses zu begatten.

Schlüsselreize sind meist keine einfachen, sondern kompliziert zusammengesetzte Reizmuster. Um herauszufinden, welche Teilreize besonders wirksam sind, bedient sich die Verhaltensforschung sog. **Attrappenversuche**. Dabei werden dem Tier nicht natürliche Reize, sondern künstliche, nachgemachte Reizbilder geboten, die den natürlichen Reizen mehr oder weniger stark ähneln. Durch Abwandlung der jeweiligen Reizmuster und genaue quantitative Auswertung der daraufhin erfolgenden Verhaltensweisen kann die Stärke der jeweiligen Teilreize ermittelt werden. Viele der klassischen Attrappenversuche wurden von dem Verhaltensforscher N. TINBERGEN durchgeführt.

Attrappen sind mehr oder weniger genaue Nachbildungen der auslösenden Reizsituation, deren Einzelmerkmale variiert werden können.

Beispiele

Die Bedeutung einzelner Teilreize, die das Aggressionsverhalten von Stichlingsmännchen beeinflussen, fand TINBERGEN durch einen Zufall. In mehreren Aquarien, die am Fenster standen, hielt er balzbereite Stichlingsmännchen. Immer wenn das rote niederländische Postauto am Fenster vorbeifuhr, schwammen alle Stichlingsmännchen sofort kampfbereit zur Fensterseite des Aquariums. Durch weitere Experimente mit Attrappen konnte er den Schlüsselreiz für das Auslösen des Kampfverhaltens der Stichlingsmännchen bestimmen: die rote Unterseite einer fischähnlichen Attrappe, die sich bewegen muss.

Eine hungrige Kröte reagiert nicht nur auf einen dargebotenen Wurm mit gerichtetem Suchen (Taxis), sondern auch auf kleine Attrappen aus Papier, die sich bewegen. Dabei spielen Größe, Gestalt und Position des Papiers im Raum für die Auslösung der zielgerichteten Wendebewegung der Kröte eine entscheidende Rolle.

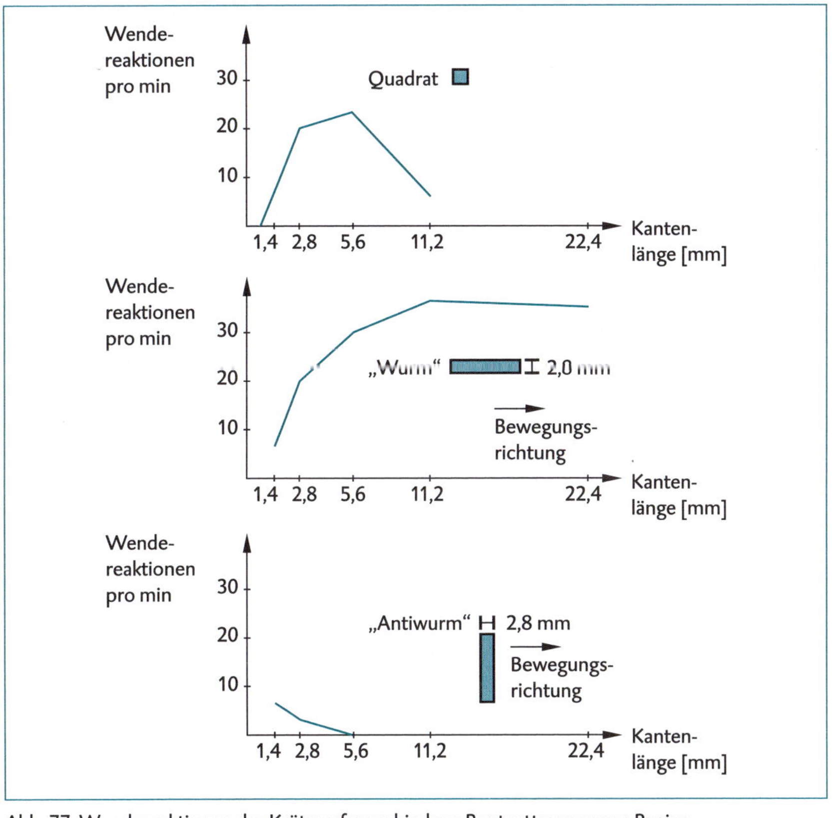

Abb. 77: Wendereaktionen der Kröte auf verschiedene Beuteattrappen aus Papier

Kleine, sich bewegende Quadrate, Rechtecke oder Kreise aus Papier lösen eine Instinkthandlung etwa in gleichem Maße aus. Ab einer bestimmten Größe (Kantenlänge ca. 2 cm) verlieren die Quadrate aber ihre Wirkung, während schmale Rechtecke gleicher Länge (Kantenlängenverhältnis ca. 4 : 1) die Wendereaktionen hervorrufen („Wurm"). Eine senkrecht stehende rechteckige Attrappe gleicher Form und Größe löst dagegen Abwendung aus („Antiwurm"). Die Kröte ist also in der Lage, die räumliche Anordnung der Attrappenmerkmale zu erfassen (Gestaltwahrnehmung). Wichtig ist auch die Art der Bewegung der Attrappe. Steigert man die Geschwindigkeit, reagiert das Tier immer weniger und schließlich überhaupt nicht mehr. Bei hoher Geschwindigkeit der Attrappe ergreift die Kröte sogar die Flucht. Gleiches gilt, wenn man den Papierstreifen nicht seitlich, sondern auf das Tier selbst zubewegt.

Reizsummenregel und übernormale Reize

Ein und dasselbe Verhalten eines Tieres kann oft durch verschiedene Schlüsselreize ausgelöst werden. Kombiniert man solche Schlüsselreize, so ist ihre Wirkung zusammen größer als die eines Einzelreizes. Da man in Einzelfällen die Reaktionsstärke der einzelnen Reize einfach zusammenrechnen kann, wird diese Erscheinung **Reizsummation** genannt.

Beispiel

Kleinkindern im Alter von 2 bis 3 Monaten zeigte man die Gesichtsattrappe A sowie die Teilattrappen B, C und D. Dabei wurden die Wendereaktionen mit dem Kopf auf die vorbeibewegte Attrappe gezählt. Die Gesichtsattrappe A rief genauso viele Wendereaktionen hervor wie die Attrappen B, C und D zusammen.

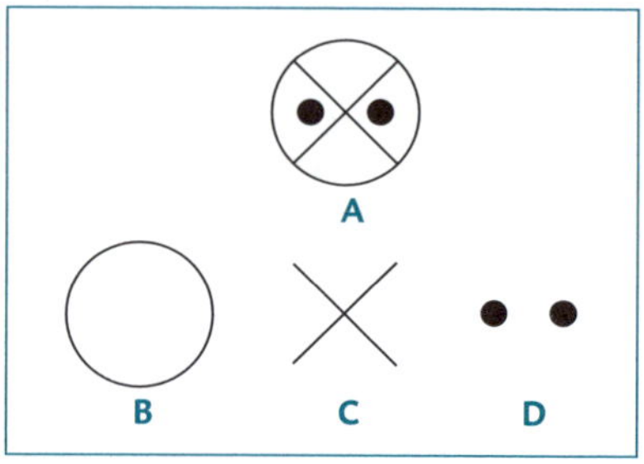

Abb. 78: Gesichts- und Teilattrappen

Bei den meisten Versuchen zeigt sich jedoch, dass Schlüsselreize, die für sich allein eine Reaktion auslösen können, in Kombination die Reaktionsstärke zwar deutlich, aber nicht additiv erhöhen.

Reizsummenregel: Gleichzeitig auftretende Schlüsselreize können sich wechselseitig beeinflussen und führen meist zu einer Erhöhung der Reaktionsstärke verglichen mit einem einzelnen auslösenden Reiz.

Mit der Reizsummenregel kann auch das Auftreten von übernormalen oder **überoptimalen Schlüsselreizen** erklärt werden. Solche Reize lösen eine bestimmte Verhaltensweise wirksamer aus als der „eigentliche" Schlüsselreiz.

Beispiel

Ein junger Kuckuck wird von seinen Pflegeeltern immer vor dem eigenen Nachwuchs gefüttert. Sein Schnabel ist kräftiger und der Rachen auffälliger gefärbt. Er löst das Fütterungsverhalten der Altvögel stärker und häufiger aus als die kleineren und weniger auffällig gefärbten Schnäbel der anderen Jungen.

Filtermechanismen

Jedes Lebewesen ist täglich unzähligen Reizen ausgesetzt, die von den Sinnesorganen wahrgenommen werden. Aber nur wenige dieser Reize, die Schlüsselreize, führen zum Auslösen einer bestimmten Verhaltensweise. Es muss daher eine Struktur im Organismus geben, die aus der Fülle der angebotenen Reize nur diese ausfiltert und durchlässt, die die jeweilige Verhaltensweise auslösen. Eine solche Struktur kann nur im Zentralnervensystem (ZNS) vorliegen. In der Modellvorstellung des Ablaufs einer durch Schlüsselreize ausgelösten Endhandlung muss es daher eine Art von **neurosensorischem Filter** geben, der diese Aufgabe erfüllt. Man nennt ihn auch angeborenen Auslösemechanismus (AAM). Neben dem AAM gibt es bei einigen Verhaltensweisen auch Auslösemechanismen, die das Tier sich nur durch Lernen erworben hat. In diesem Fall spricht man vom EAM, dem erworbenen (erlernten) Auslösemechanismus.

Beispiel

Der EAM eines Fisches „erkennt" die Merkmale des Schlüsselreizes „rotes Hütchen" für Futter, da der Fisch gelernt hat, dass sich in dem roten Hütchen Futter befindet.

Wird der AAM durch Erfahrung erweitert, bezeichnet man ihn als EAAM (durch Erfahrung erweiterter angeborener Auslösemechanismus).

Beispiel

Eine hungrige Kröte schnappt zunächst nach allen kleinen, sich bewegenden Gegenständen und lernt später genießbare von ungenießbaren Beutetieren zu unterscheiden.

Da der Auslösemechanismus nicht nur den Schlüsselreiz herausfiltern, sondern auch verschiedene Teilreize verknüpfen und miteinander vergleichen muss, kommt als zugrunde liegende anatomische Struktur nur das Zentralnervensystem infrage. Wahrscheinlich handelt es sich bei dem AAM um bestimmte angeborene Nervenverschaltungen und -verknüpfungen im Gehirn.

7.4 Nachweis erbbedingten Verhaltens

Ob eine Verhaltensweise angeboren ist oder nicht, lässt sich in der Verhaltensforschung auf verschiedene Weise überprüfen.

Beobachtungen von Tieren unter natürlichen Bedingungen

Jede Verhaltensweise, die ein Tier schon kurz nach seiner Geburt ausführt, muss angeboren sein, da ihm die Möglichkeit des Lernens und der Erfahrung fehlt. So sind alle Reflexe, die ein Tier kurz nach der Geburt zeigt, erbkoordiniert. Auch viele Verhaltensweisen, die erst viel später nach der Geburt auftreten, sind erbkoordiniert. Zeigen alle Individuen einer Art dasselbe Verhalten, so ist dies ein Hinweis auf Erbkoordination. Tritt die Verhaltensweise immer in derselben starren Form auf und kann sie von Anfang an perfekt durchgeführt werden, so sind dies ebenfalls Hinweise auf angeborenes Verhalten.

Beispiele

- Vogeljunge sperren den Schnabel auf, wenn sich die Eltern dem Nest nähern.
- Hühnerküken geben Laute von sich, noch bevor sie aus dem Ei schlüpfen.
- Kreuzspinnen besitzen schon kurz nach dem Schlüpfen die Fähigkeit, ein Netz zu bauen, das genauso kunstvoll ist wie die späteren.
- Bei allen Stechmücken läuft der Stech- und Saugvorgang gleich ab.

Kreuzungsexperimente

In seltenen Fällen gelingt es auch, durch Kreuzungsexperimente die Erbkoordination eines bestimmten Verhaltens zu beweisen: Normalerweise sind Tiere zweier verschiedener Arten nicht miteinander kreuzbar. Aber in Ausnahmefällen ist dies doch möglich.

Beispiel

Der Fasan biegt beim Krähen seinen Kopf weit nach oben, während das Haushuhn ihn leicht nach unten neigt. Kreuzt man nun Fasan und Haushuhn, so zeigen die sterilen Nachkommen beim Krähen eine Kopfstellung, die in etwa in der Mitte zwischen der des Fasans und der des Haushuhns liegt.

Isolationsversuche

Näheren Aufschluss über den Anteil der Vererbung an einem Verhalten erhält man nur durch Isolationsversuche, bei denen Jungtieren gezielt die Möglichkeit des Lernens von den Eltern vorenthalten wird. Derartige Experimente, bei denen Tiere isoliert, d. h. unter Erfahrungsentzug aufwachsen, bezeichnet man als **Kaspar-Hauser-Versuche**. Sie stellen in der Ethologie eine wichtige Untersuchungsmethode dar, um angeborenes von erworbenem (erlerntem) Verhalten zu unterscheiden. Der Name „Kaspar-Hauser-Versuch" geht auf ein Findelkind im 19. Jahrhundert zurück, das angeblich in einem dunklen Verließ und fast ohne Kontakt zu Menschen aufwuchs.

Im **Kaspar-Hauser-Versuch** werden Versuchstiere unter spezifischem Erfahrungsentzug in einer veränderten Umwelt ohne Kontakt mit Artgenossen aufgezogen. Wenn trotz möglicher Beeinträchtigungen eine Verhaltensweise bei Erfahrungsentzug auftritt, ist dies ein sicherer Beweis dafür, dass das Verhalten **angeboren** sein muss.

Beispiele

Ob das Flugvermögen eines Vogels angeboren ist oder nicht, lässt sich mithilfe eines relativ einfachen Experiments nachweisen: Gleich nach dem Schlüpfen aus dem Ei werden zwei Taubenjunge aus dem Nest entfernt und getrennt voneinander in einem Käfig gehalten. Um zu verhindern, dass diese Tauben ihre Flügel bewegen können, werden diese an den Körper fixiert. Alle Taubenjungen erhalten dasselbe Futter und werden auch sonst unter den gleichen Bedingungen aufgezogen. Kurz nachdem die gemeinsam aufgezogenen Tauben flügge sind, entlässt man auch die eingesperrten Tauben aus dem Käfig. Es zeigt sich, dass die isoliert gehaltenen Tauben genauso gut fliegen können wie ihre Geschwister.

I. EIBL-EIBESFELDT untersuchte auf ähnliche Weise, ob die Fähigkeit eines Eichhörnchens, Nüsse zu vergraben, angeboren oder erlernt ist. Im Herbst sucht sich ein Eichhörnchen eine bestimmte auffällige Stelle und beginnt mit den Pfoten ein Loch zu scharren. Die Nuss wird in die Bodenvertiefung hineingelegt, mit der Schnauze festgedrückt und anschließend wird das Loch mit den Vorderpfoten wieder zugescharrt. Der Verhaltensforscher isolierte Eichhörnchen gleich nach der Geburt und ließ sie in einem Käfig mit festem Boden aufwachsen. Als Futter bekamen sie nur Brei. Im Herbst ließ er diese Eichhörnchen frei und bot ihnen als Nahrung Nüsse an. Obwohl diese Eichhörnchen, im Gegensatz zu ihren frei lebenden Artgenossen, keinerlei Erfahrung mit dem Verscharren von Nüssen machen konnten, verhielten sie sich genauso wie ihre Artgenossen, die im Freiland aufwuchsen. Damit war der Beweis erbracht, dass das Nüssevergraben eine angeborene Verhaltensweise ist.

Kritiker wenden gegen derartige Experimente ein, dass der Erfahrungsentzug an sich schon das Verhalten eines Tieres verändert, sodass keine allgemeingültigen Aussagen aus solchen Versuchen gewonnen werden können. Tatsächlich zeigen Tiere, die z. B. in völliger Dunkelheit aufwachsen, allgemeine Verhaltensstörungen. Daher muss man bei diesen Experimenten dafür Sorge tragen, solche Störungen des Allgemeinverhaltens zu vermeiden. Dies geschieht, indem man dem Tier nur die Reize vorenthält, die zur untersuchten Reaktion voraussichtlich nötig sind.
Bleibt bei isoliert aufgewachsenen Tieren eine Verhaltensweise aus, so darf nicht der voreilige Schluss gezogen werden, dass diese Verhaltensweise nicht angeboren ist. Es könnte sein, dass das erwartete Verhalten aufgrund der Gefangenschaft nicht auftritt. Gerade bei Tieren, die in der Natur in sozialen Verbänden leben, kann eine totale Isolierung zu Störungen in der Entwicklung führen. Vor allem Affen zeigen völlig andere, meist apathische Verhaltensweisen, wenn sie isoliert aufwachsen (siehe S. 164). Die Isolierung in einer frühen Lebensphase kann sich so weit auswirken, dass diese Tiere auch im späteren Leben deutliche Verhaltensstörungen zeigen.

Hinweise auf erbbedingte Verhaltensanteile beim Menschen

Auch im Bereich des menschlichen Verhaltens findet man eine Reihe von erbkoordinierten Reaktionen. Anders als bei Tieren sind aber Kaspar-Hauser-Versuche beim Menschen aus ethischen Gründen nicht durchführbar.

Beispiel Der Überlieferung nach hat Kaiser Friedrich II. im 13. Jahrhundert versucht herauszufinden, welche Sprache dem Menschen angeboren ist. Den Pflegerinnen war bei diesem Versuch verboten, mit den Säuglingen zu sprechen und eine soziale Bindung aufzubauen. Sie durften ihnen nur Nahrung geben und für die notwendige Körperpflege sorgen. Die meisten der Säuglinge sollen gestorben sein, noch bevor sie überhaupt anfingen zu sprechen. Heute wissen wir, dass totaler Erfahrungsentzug bei Babys zu schweren psychischen Störungen und sogar zum Tod führen kann.

Es liegt auf der Hand, dass die Methoden der Tierethologie nicht einfach auf den Menschen übertragbar sind. Daher muss man in der Humanethologie andere Verfahren anwenden, um erbbedingtes Verhalten beim Menschen zu erforschen.

Beobachtung an Neugeborenen: Schon ein Neugeborenes muss einige lebensnotwendige Verhaltensweisen beherrschen.

Beispiele

Wird einem Neugeborenen die Mutterbrust angeboten, sucht es durch Hin- und Herpendeln des Kopfes nach der Brustwarze. Sobald es die Brustwarze zwischen den Lippen fühlt, beginnt es mit (erb)koordinierten Saugbewegungen. Zunächst handelt es sich um ein Pumpsaugen, nach einigen Wochen geht dieses dann in ein Lecksaugen über. Das Heraussaugen der Milch geschieht zunächst durch Absenken des Unterkiefers, sodass ein Unterdruck entsteht. Nach 3–4 Monaten wird die Milch durch „melkende Bewegungen" der Zunge, die die Brustwarze gegen den Gaumen presst, herausgedrückt.

Ein Neugeborenes kann sofort nach der Geburt schreien und weinen, um in „Notsituationen" die Mutter herbeirufen zu können.

Neben den bereits beschriebenen Reflexen (siehe S. 140 ff.) ist beim Menschen speziell der **Greifreflex** zu erwähnen. Säuglinge zeigen gleich nach der Geburt dasselbe Verhalten wie Affenbabys. Berührt man ihre Handfläche oder Fußsohle, so krümmen sich die Finger bzw. Zehen. Dieser sog. Greifreflex ist für Traglinge typisch. Affenbabys krallen sich schon kurz nach der Geburt im Fell der Mutter fest. Auch ein Menschenbaby klammert sich z. B. an einen dargebotenen Strick und ist in der Lage, sein Körpergewicht für einige Sekunden zu tragen.

Beobachtung von blind und taubblind geborenen Kindern: Blind geborene Kinder zeigen die charakteristische menschliche Mimik. Sie reagieren auf Lob wie Sehende mit Lächeln, Kopfsenken, Erröten usw. Taubblind Geborene leben in einer Welt ohne optische und akustische Reize. Der einzige Kontakt zu ihrer Umwelt läuft über den Tast- und den Geruchssinn. Sie sind von Natur aus „isoliert", können daher nicht durch Nachahmung lernen und sind deshalb für Untersuchungen über angeborenes oder erlerntes Verhalten beim Menschen gut geeignet. Taubblind Geborene zeigen die gleichen Reflexe wie alle anderen Neugeborenen (s. o.). Sie können schreien und haben dieselbe Mimik beim Weinen. Wenn sie sich freuen, lächeln oder lachen sie. Sie zeigen Wut und Zorn (Aufstampfen des Fußes, Zornfalten auf der Stirn) und verärgertes Verhalten (Stirnrunzeln, Schürzen der Lippen). Bei sehr großem Ärger werfen sie, wie ihre nicht taubblinden Altersgenossen, den Kopf zurück und beißen die Zähne zusammen.

Beispiel

Als Reaktion auf die Frage „Hast du eine Freundin?“ verhüllte ein blind geborener, ca. 11 Jahre alter Junge sein Gesicht und sagte: „Nicht filmen!“. Obwohl der Junge blind geboren ist und nie die Mimik und Gestik anderer Menschen beobachten konnte, zeigt er die typischen Verhaltensweisen eines verlegenen Jungen.

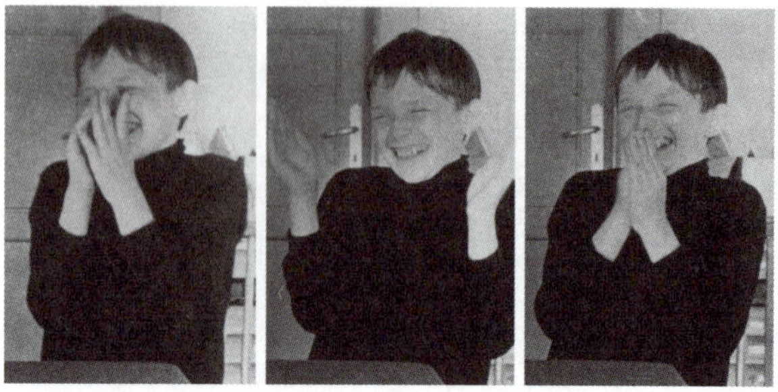

Abb. 79: Mimik und Gestik eines blind geborenen Jungen

Homologe Verhaltensweisen in verschiedenen Kulturen: Wenn zwei Verhaltensweisen auf dieselbe Erbinformation in der DNA zurückzuführen sind, spricht man von **homologem Verhalten**. Der schon erwähnte Greifreflex von Affen- und Menschenbabys stellt eine solche homologe Verhaltensweise dar, ebenso das Schmollgesicht von Schimpanse und Mensch. Weitere homologe Verhaltensweisen zwischen Mensch und Menschenaffen sind: Entblößen der Eckzähne als Drohgebärde; gleiche Mimik bei Lachen, Weinen und Angst.

Auch unter den verschiedenen Menschengruppen und Kulturen gibt es in bestimmten Verhaltensweisen eine auffällige Übereinstimmung. Nach EIBL-EIBESFELDT sind menschliche Verhaltensweisen angeboren, wenn sie sich bis ins Detail in verschiedenen Kulturen gleichen.

Beispiel

Bestimmte Gesichtsausdrücke werden kulturübergreifend verstanden. Oben die Mimik einer Amerikanerin, unten die entsprechende Mimik eines Ureinwohners Neuguineas.

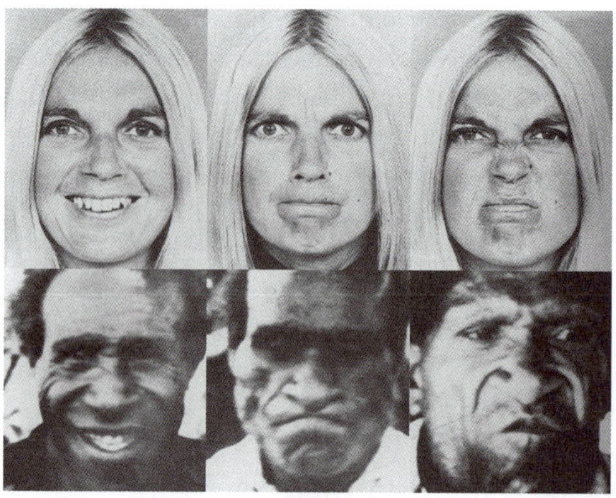

Abb. 80: Sich entsprechende Gesichtsausdrücke von links nach rechts: Freude, Verärgerung, Ekel

Weitere Beispiele für solche Verhaltensweisen sind:

- Der fast überall vorkommende „Augengruß" des Menschen, bei dem die Augenbrauen hochgezogen werden.
- Das Flirtverhalten: Es ist auf der ganzen Welt weitgehend ähnlich und zeigt sehr viele Übereinstimmungen in einzelnen Details, wie z. B. Blickkontakt aufnehmen, lachen oder lächeln, Kopf und Lider senken.
- Unterwürfiges Verhalten wie z. B. die Begrüßung ranghöherer Personen. In allen Kulturen macht sich der Untergebene kleiner, sei es durch Kopfnicken, durch Bücken oder durch Hinknien.
- Menschen, die Triumph ausdrücken, reißen in fast allen Kulturen die Arme hoch.
- Bei zornigem Verhalten stampfen Menschen aus den verschiedensten Kulturkreisen mit den Füßen auf den Boden.

Zusammenfassung

- Unter dem Begriff **„Verhalten"** werden alle beobachtbaren Lebensäußerungen agierender und reagierender Art von Tieren und Menschen zusammengefasst.
- **Reflexe** sind schnelle und gleichförmig ablaufende, angeborene Reaktionen, die nicht dem Willen unterworfen sind. Sie können jederzeit und mehrfach nacheinander ausgelöst werden.
- Die meisten Reflexe sind **Schutzreaktionen**.
- Einem Reflex liegt eine einfache neuronale Verschaltung zugrunde, der **Reflexbogen**.
- **Instinkthandlungen** sind gleichförmig ablaufende Verhaltensweisen, die jedoch nur dann von einem Reiz ausgelöst werden können, wenn eine innere Handlungsbereitschaft dafür vorliegt.
- Der eine Instinkthandlung auslösende Reiz wird **Schlüsselreiz** genannt oder **Auslöser**, wenn er von einem anderen Lebewesen ausgeht und der Kommunikation dient.
- Zur Analyse der auslösenden Reizkombination (Reizmuster) werden **Attrappen** eingesetzt.
- Der neurosensorische Mechanismus, der ein bestimmtes Reizmuster identifizieren kann und die Reaktion auslöst, wird als **angeborener Auslösemechanismus (AAM)** bezeichnet.
- Eine typische Instinkthandlung setzt sich aus **Appetenzverhalten, Taxis und Endhandlung** zusammen.
- Die Intensität einer Instinkthandlung wird von zwei Größen bestimmt: von der Stärke des Reizes und der Handlungsbereitschaft **(Prinzip der doppelten Quantifizierung)**.

- **Angeborenes Verhalten** kann durch Beobachtung unter natürlichen Bedingungen, Kreuzungsexperimente, Isolationsversuche, Kulturenvergleich oder Attrappenversuche nachgewiesen werden.
- Verhaltensweisen, die trotz spezifischem Erfahrungsentzug **(Kaspar-Hauser-Versuche)** auftreten, sind angeboren.

Aufgaben

91 Geben Sie an, welche Aussagen richtig sind. Reflexe
   a sind Handlungen, die durch blitzschnelles bewusstes Abwägen einer Situation im Großhirn entstehen.
   b erkennt man daran, dass sie ohne Anlass spontan auftreten.
   c sind Verhaltensweisen, die nur auf einen äußeren Reiz hin als Reaktion erfolgen.
   d laufen immer genau gleich, ohne jede Variation ab.
   e werden durch einen entsprechenden Reiz nicht immer ausgelöst, sondern nur dann, wenn eine innere Handlungsbereitschaft vorhanden ist.
   f werden über einfache Neuronenverschaltungen, die Reflexbögen, gesteuert.

92 Skizzieren Sie den schematischen Ablauf eines monosynaptischen Reflexbogens.

93 Geben Sie an, welche Bedeutung den Reflexen im Verhalten des Menschen zukommt. Nennen Sie zwei konkrete Beispiele dafür.

94 In der Ethologie unterscheidet man zwei Arten von Reflexen. Nennen und charakterisieren Sie beide und geben Sie jeweils ein Beispiel an.

95 Stellen Sie die wesentlichen Unterschiede zwischen einem Reflex und einer Instinkthandlung zusammen.

96 Sie haben in einer Gaststätte gegessen, fühlen sich satt und lassen sogar etwas von Ihrem Essen zurückgehen. An den Nachbartischen in der Gaststätte werden weiterhin gut aussehende Speisen aufgetischt. Nach kurzer Zeit haben Sie auch wieder „Hunger“. Das hätten Sie nicht, wenn Sie nicht in der Gaststätte sitzen geblieben wären.
Erklären Sie die Tatsache, dass Sie nach kurzer Zeit wieder etwas essen können, mithilfe von ethologischen Fachausdrücken.

97 Amseljunge reagieren auf das Erscheinen der Elterntiere am Nest mit dem Sperren, dem weiten Öffnen des innen auffällig gefärbten Schnabels. Attrappenversuche zeigten, dass das Sperren sowohl durch eine leichte Erschütterung des Nests, wie sie beim Landen der Altvögel auftritt, als auch durch das Erscheinen einer einfachen Vogelattrappe ausgelöst werden kann. Frisch geschlüpfte, noch blinde Junge sperren senkrecht nach oben. Ältere Jungen, die ihre Augen gerade geöffnet haben, reagieren zwar auf den optischen Reiz der Attrappe, die Sperrreaktion weist aber weiterhin nach oben. Erst einige Tage später sperren sie die Attrappe direkt an.

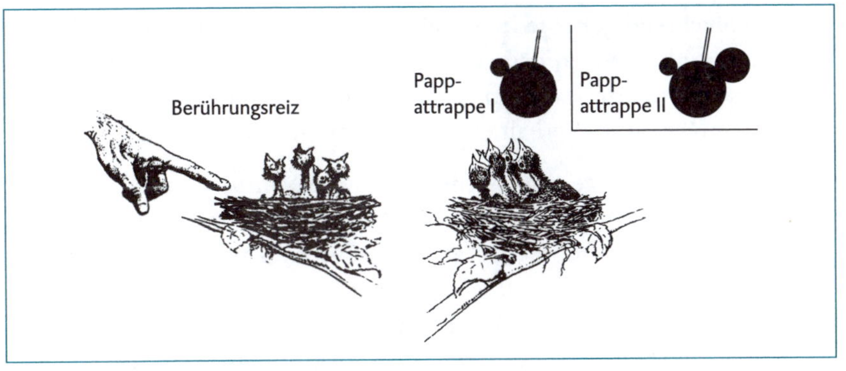

- a Erklären Sie, welche Schlüsselreize bei der Auslösung des Sperrens wirksam sein können.
- b Bei Verwendung von Attrappe II richtet sich das Sperren der Jungvögel wie bei Attrappe I nach links oben. (Die Größenverhältnisse und die Anordnung der zwei bzw. drei Scheiben der Attrappe I bzw. II sind korrekt wiedergegeben.) Begründen Sie, welche weitere Komponente des Reizmusters hier nachgewiesen wird.

98 Der heimische Rückenschwimmer lebt hauptsächlich von Kleininsekten, die auf die Wasseroberfläche fallen. Erzeugt man mit einem für den Rückenschwimmer unsichtbaren Vibrator Wasserwellen, so schwimmt er bis auf wenige Zentimeter an die erregte Wasserstelle heran. Bietet man dort zusätzlich ein Korkstückchen an, so ergreift er dieses, hält es aber nicht fest. Verwendet man statt des Korkens einen kleinen Wattebausch, so wird dieser ergriffen und festgehalten, aber nicht mit dem Stechrüssel angestochen. Tränkt man den Wattebausch mit Fleischextrakt, so sticht der Rückenschwimmer hinein.
Stellen Sie tabellarisch zusammen, welche Attrappenreize jeweils zur Auslösung der beschriebenen Instinkthandlungen führen.

99 Definieren Sie den ethologischen Begriff „Schlüsselreiz", geben Sie ein selbst gewähltes Beispiel dafür an und erklären Sie, wie man einen bestimmten Schlüsselreiz experimentell ermitteln kann.

100 Erläutern Sie, wann der Verhaltensforscher von einem Auslöser spricht und wie dieser von einem Lebewesen erkannt wird.

101 Erklären Sie kurz folgende Verhaltensweise aus der Sicht des Ethologen: Eine von Büchsenfutter bereits gesättigte Katze jagt noch Mäuse und tötet diese, sie frisst sie jedoch nicht mehr.

102 Die leuchtend gefärbte Innenseite der Schnäbel von Singvogeljungen löst bei den Elterntieren das Fütterverhalten aus. Werden die Jungen jedoch künstlich gefüttert, werfen sie die Alten bald aus dem Nest.
Deuten Sie dieses Verhalten aus ethologischer Sicht.

103 Nahmen Säuglinge eine bestimmte Menge Nahrung innerhalb von 20 Minuten auf, schliefen sie danach befriedigt ein. Hatten die Sauger jedoch eine zu große Öffnung, waren die Babys zwar nach 5 Minuten satt, blieben aber dennoch unruhig. Sie führten auch ohne Fläschchen weitere Saugbewegungen aus und begannen zu schreien. Gab man ihnen die leere Flasche, so sogen sie weitere 10 bis 15 Minuten daran und zeigten sich erst dann befriedigt.
Interpretieren Sie diese Verhaltensbeobachtungen.

104 Einem isoliert aufgezogenen Stichlingsmännchen setzt man einen Spiegel ins Aquarium. Nach einiger Zeit beginnt es, sein Spiegelbild zu bekämpfen.

- a Geben Sie an, um welche Art von Versuch es sich hierbei handelt.
- b Erläutern Sie, welche Schlussfolgerungen ein Ethologe aus diesem Verhalten ziehen kann.

105 Erläutern Sie, welche Bedeutung taubblind geborene Kinder für die Erforschung der menschlichen Verhaltensbiologie haben. Nennen Sie einige Verhaltensweisen, die an taubblinden Kindern untersucht wurden.

106 Beschreiben Sie zwei Fakten, die gegen eine Lernhypothese der Gestik und Mimik beim Menschen sprechen.

107 Erläutern Sie einen experimentellen Befund aus der Genetik, der für die Existenz von angeborenen Verhaltensweisen spricht.

108 Einem jungen, isoliert und nur mit Flaschennahrung aufgezogenen Hund wird zum ersten Mal ein Fleischknochen vorgesetzt. Nach kurzer Zeit beginnt er zu fressen, nach einiger Zeit stellt der junge Hund das Fressen ein. Werten Sie dieses Verhalten nach ethologischen Gesichtspunkten aus.

109 Nennen Sie die Möglichkeiten, die die Ethologie nutzt, um angeborenes Können und Erkennen beim Menschen nachzuweisen.
Geben Sie jeweils in Stichpunkten ein konkretes Beispiel an.

8 Erweiterung einfacher Verhaltensweisen durch Lerneinflüsse

Lernen bedeutet generell die Erweiterung von Verhaltensweisen durch neue Verhaltenselemente, d. h., das Verhaltensrepertoire wird durch Erfahrung ergänzt und damit die Chance vergrößert, sich an neue Situationen anzupassen. Durch Lernen wird also die Überlebenschance von Tieren und Menschen erhöht.

Anatomische Voraussetzung für jede Art von Lernen ist der Besitz eines **Gedächtnisses**, in dem Erfahrungen gespeichert und bei Bedarf wieder abgerufen werden können. Man nimmt an, dass bei jedem Lernvorgang neue Nervenverknüpfungen stattfinden und der Lernprozess auf diese Weise im Gedächtnis gespeichert wird.

Bei den Lernprozessen unterscheidet man das obligatorische und das fakultative Lernen. **Obligatorisches Lernen** ist lebensnotwendig, also unverzichtbar für das Überleben und die Fortpflanzung eines Lebewesens.

Beispiel

Der Gesang von Singvögeln besteht aus einer erblichen Komponente, die bei allen Individuen einer Art gleich ist, und aus zusätzlich erworbenen Anteilen. Dies lässt sich mithilfe von Klangspektrogrammen (grafische Aufzeichnung des Gesangs) dokumentieren. Die nicht erbkoordinierten Gesangsabschnitte werden durch Nachahmung der Eltern oder anderer Artgenossen erlernt und an die eigenen Nachkommen weitergegeben (Traditionsbildung, siehe S. 161). Diese Abschnitte stellen sozusagen den „Dialekt“ einer Vogelpopulation in einem bestimmten Gebiet dar. Im Experiment konnte man einer Mönchsgrasmücke aus Hessen mithilfe von Tonaufzeichnungen den „Dialekt“ einer Mönchsgrasmücke aus Teneriffa beibringen. Sie war dann jedoch nicht mehr in der Lage, mit ihren heimischen Artgenossen zu kommunizieren und Geschlechtspartner anzulocken.

Dieser Versuch zeigt, dass das Erlernen des lokalen artspezifischen Gesangs für die Fortpflanzung der Mönchsgrasmücke unabdingbar und damit obligatorisch ist.

Das **fakultative Lernen** ist „freiwillig“ (optional), d. h., es führt zu einem nicht unbedingt nötigen Erwerb von Erfahrungen. Allerdings erleichtern diese Erfahrungen das Leben eines Tieres und machen es angenehmer.

Beispiel

Forscher fütterten bestimmte Makaken, die in der Nähe des Meeres leben, regelmäßig mit Süßkartoffeln (Bataten), die sie ihnen in den Sand warfen. Ein Makakenweibchen machte durch Zufall die Erfahrung, dass Bataten, die sie im Meerwasser gewaschen hatte, sowohl vom Sand gesäubert waren als auch wegen des Salzes besser schmeckten. Das Weibchen trug die Bataten nun regelmäßig zum Strand und warf sie vor der Mahlzeit ins Wasser. Andere Mitglieder der Makakenpopulation ahmten dieses Verhalten nach. Heute wäscht ein Großteil der Makaken die Bataten im Meer (Weitergabe durch **Traditionsbildung**). Der beschriebene Lernvorgang ist für die Makaken nicht lebensnotwendig, er erleichtert ihnen aber das Leben und ist daher fakultativ (freiwillig).

Obligatorische Lernvorgänge sind für das Überleben eines Individuums notwendig. **Fakultative Lernvorgänge** sind nicht lebensnotwendig, aber vorteilhaft und nützlich.

8.1 Prägung

Unter Prägung versteht man einen speziellen obligatorischen Lernprozess, der nur in einer sehr kurzen Zeitspanne in der Jugendzeit **(sensible Phase)** möglich ist. Die durch Prägung erworbenen Lerninhalte werden, im Gegensatz zu anderen Lernformen, dauerhaft gespeichert. Prägung ist daher **irreversibel**, das Gelernte kann nicht mehr verändert oder rückgängig gemacht werden. Bei jeder Form von Prägung erfolgt in der sensiblen Phase eine **Objektfixierung**. Die Prägungsinhalte werden mit einem angeborenen Verhalten verknüpft und bilden somit zeitlebens einen Schlüsselreiz, der ein bestimmtes Verhalten auslöst.

Bei der **Prägung** werden dauerhaft die Merkmale eines Objekts gelernt, auf das ein bestimmtes angeborenes Verhalten gerichtet wird. Der Lernvorgang der Prägung erfolgt sehr schnell und findet nur in einer engen, zeitlich begrenzten, der sog. **sensiblen Phase** statt. Eine erfolgte Prägung ist irreversibel, d. h. nicht mehr rückgängig zu machen.

Die beiden wichtigsten Formen der Prägung sind die **Nachfolgeprägung** und die **sexuelle Prägung**. Daneben spielen in der Entwicklung der Tiere auch noch die Nahrungsprägung und die Ortsprägung eine – wenn auch weniger wichtige – Rolle.

Beispiele

Nahrungsprägung: Beutegreifer werden auf bestimmte Beutetiere geprägt, z. B. lernen Iltisse noch vor dem Verlassen des Nestes den Geruch ihrer späteren Beutetiere kennen.

Ortsprägung: Zugvögel und bestimmte Fische (z. B. Lachs, Aal), die große Wanderungen zurücklegen, sind auf den Ort ihrer Kindheit geprägt, sodass sie wieder dorthin zurückfinden.

Nachfolgeprägung

Konrad LORENZ entdeckte die Nachfolgeprägung schon in den 1930er-Jahren. Er beobachtete, dass junge Graugänse, die in seiner Gegenwart geschlüpft waren, ihm überall hin folgten. Dabei waren die Gänse nicht auf den Forscher als Menschen fixiert, sondern auf seine Stiefel. Trug ein anderer Mensch diese Stiefel, so folgten die Gänse auch ihm.

Gänse- und Entenküken folgen jedem Objekt, das sich in einem eng begrenzten Zeitraum (wenige Stunden) nach dem Schlüpfen in ihrer Nähe befindet, rhythmische Laute von sich gibt und sich bewegt **(Nachfolgeprägung)**.

Die Nachfolgeprägung beruht auf einem AAM, der auf rhythmische, einsilbige Laute anspricht und eine Kontaktaufnahme des Kükens mit der Mutter auslöst. Die wahrgenommene Bewegung löst beim Küken das Nachlaufen aus. Während der sensiblen Phase (bei Entenjungen 13.–16. Stunde) lernt das Küken die individuellen Merkmale der Mutter. Der AAM wird durch Erfahrung zum EAAM (durch **E**rfahrung erweiterter AAM). Dieser obligatorische Lernvorgang dient unter natürlichen Bedingungen dazu, das Neugeborene auf ein **bestimmtes Mutterbild** zu fixieren. Von der Mutter kommen Schutz und Betreuung, eine unabdingbare Voraussetzung für die gesunde Entwicklung jedes Jungtiers. Dies ist besonders für Nestflüchter von Bedeutung, die schon kurz nach der Geburt bzw. dem Schlüpfen laufen können und in ihrem eigenen Interesse stets einen engen Kontakt zur Mutter halten müssen. Die Nachfolgeprägung erlischt mit Beginn der Geschlechtsreife.

Experimentell kann ein Gänse- oder Entenküken praktisch auf alle Gegenstände geprägt werden. Dass die Nachfolgereaktion auch von anderen Objekten ausgelöst werden kann, die Laute von sich geben, größer als das Junge sind und sich bewegen, zeigt, dass der Reizfilter des AAM sehr grob ist.

Beispiel

In einer speziellen Vorrichtung, dem sog. Prägungskarussell, konnten Graugans- und Entenküken sogar auf einen Fußball geprägt werden, der sich im Kreis bewegte und durch einen eingebauten Lautsprecher Töne von sich gab.

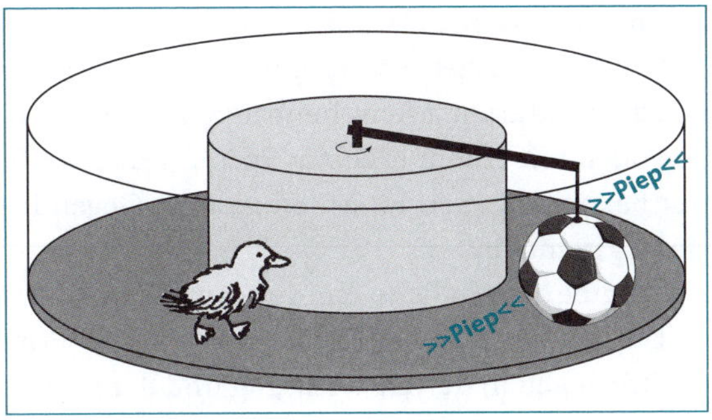

Abb. 81: Prägekarussell

Sexuelle Prägung

Bei der sexuellen Prägung werden die Jungtiere auf ihre späteren **Sexualpartner** als Objekte fixiert. Die Jungtiere werden auf **arttypische** Merkmale des künftigen Sexualpartners geprägt, und zwar meistens nur die männlichen Jungen. Unter natürlichen Bedingungen pflanzen sich nah verwandte Individuen nicht miteinander fort und eine Paarung findet ausschließlich mit Artgenossen statt, da die Tiere in der sensiblen Phase nur mit ihren Artgenossen Kontakt haben. Im Experiment kann man den späteren Sexualpartner aber während der sensiblen Phase „umprägen".

Beispiel

Zieht man junge Hähne nur in Gesellschaft von Enten auf, so versuchen sie später, sich nur mit Enten zu paaren. Gleichzeitig anwesende Artgenossinnen üben keinen sexuellen Reiz auf sie aus.

Für die sexuelle Prägung ist, im Gegensatz zur Nachfolgeprägung, kennzeichnend, dass sie zu einem Zeitpunkt erfolgt, zu dem die Jungtiere noch gar nicht zu sexuellen Handlungen bereit sind (**zeitliche Diskrepanz** zwischen Prägung und entsprechender Handlung).

Mutter-Kind-Bindung als prägungsähnliche Fixierung

Eine Prägung im Sinn der Nachfolgeprägung bei Tieren mit einer kurzen sensiblen Phase gibt es beim Menschen nicht. Der Mensch durchläuft vor allem im Säuglingsalter Phasen der Entwicklung, die denen der Primaten sehr ähnlich sind. Beide brauchen in der ersten Phase nach der Geburt Zuwendung und Schutz, sodass ein Gefühl der Geborgenheit aufkommt, und ein Angebot an Entwicklungsreizen sowie eine Bindung an eine bestimmte **Bezugsperson**, meist die Mutter. Menschenbabys reagieren ab dem zweiten Monat auf alle Personen mit einem Lächeln. Später (mit etwa 6 Monaten) wird dieses Lächeln nur bei den eigenen Eltern eingesetzt. Gegenüber anderen Personen beginnen sie zu „fremdeln".

Kann eine persönliche Bindung in Form der Mutter-Kind-Beziehung nicht aufgebaut werden, so kommt es sowohl bei Primaten als auch beim Menschen zu Störungen in der Entwicklung und der Reifung.

Beispiele

Jane van LAWICK-GOODALL berichtet in ihrem Buch „Wilde Schimpansen" von einem Schimpansenbaby, dessen Mutter getötet wurde und das daraufhin vor Kummer starb.

Das Forscherehepaar HARLOW experimentierte mit Rhesusaffen, die nur mit Ersatzmüttern aus Drahtgestellen aufwuchsen, die mit einer Milchflasche versehen bzw. mit einem weichen Stoff überzogen waren. Die Rhesusäffchen hielten die meiste Zeit Körperkontakt mit der „Stoffmutter" und flüchteten sofort zu ihr, wenn sie erschreckt wurden. Nur zur Nahrungsaufnahme suchten sie die „Drahtmutter" auf. Bei den untersuchten Tieren traten gesundheitliche Probleme und schwerwiegende Verhaltensstörungen auf: Sie spielten wenig, hatten kaum Kontakt zu Artgenossen und waren später sexuell gehemmt.

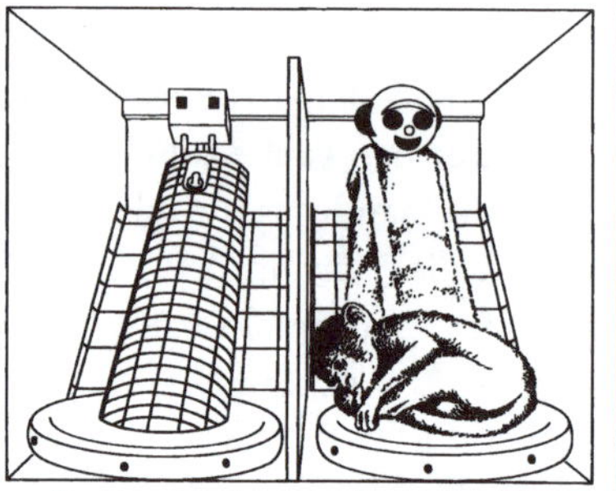

Abb. 82: Versuchsansatz mit Rhesusaffen

Der Psychologe René SPITZ führte zu Beginn der 1950er-Jahre zahlreiche Untersuchungen an im Waisenhaus aufgewachsenen Kindern durch. Sie zeigten apathisches Verhalten oder oft eintönige, immer wiederkehrende Bewegungen. Sie hatten außerdem häufig Schlafstörungen, waren geistig und in ihrer gesamten körperlichen Entwicklung zurückgeblieben. Ursache hierfür war die fehlende Mutter-Kind-Beziehung, die zu den häufig wechselnden Betreuungspersonen nicht aufgebaut werden konnte. Derartige aufgrund der fehlenden Mutter-Kind-Bindung auftretende Verhaltensstörungen bezeichnet man als **Hospitalismus**.

8.2 Modifikation einer Erbkoordination durch Erfahrung

Viele Tiere besitzen ein angeborenes Grundrepertoire an Verhaltensweisen, das durch Lernvorgänge erweitert wird.

Beispiel

Eichhörnchen erkennen Nüsse und beginnen sofort sie zu benagen, wenn sie welche finden. Das Nagen selbst ist angeboren, nicht aber die Fähigkeit, die Nuss auf einfache und schnelle Weise zu öffnen. Das Eichhörnchen probiert aber so lange herum, bis ihm dies gelingt. Von Mal zu Mal lernt es das richtige Verfahren besser, bis es schließlich die Nuss schnell und mit möglichst geringem Energieaufwand öffnen kann.

Da erbbedingte Verhaltensweisen mit erlernten Verhaltensanteilen zusammenwirken, spricht man von **Instinkt-Dressur-Verschränkung**.

8.3 Reizbedingte Konditionierung

Unter reizbedingter bzw. **klassischer Konditionierung** versteht man einen Lernvorgang, bei dem ursprünglich neutrale bzw. indifferente Reize durch entsprechende Versuchsanordnungen zu bedingten Reizen und damit zu neuen Verhaltensauslösern werden.

Die historischen Versuche der klassischen Konditionierung wurden von dem Russen PAWLOW mit Hunden durchgeführt. Er stellte fest, dass Hunde beim Anblick einer Wurst Speichel absondern. Kurz bevor er dem Hund die Wurst darbot, ließ er eine Glocke ertönen. Nach einiger Zeit reagierte der Hund auch auf den Glockenton allein mit Speichelfluss. Aus historischen Gründen wird dieser Versuch der klassischen Konditionierung auch heute noch manchmal unter der Bezeichnung „bedingter Reflex" geführt, obwohl es sich dabei streng genommen um eine bedingte Appetenz handelt.

Bei der **reizbedingten (klassischen) Konditionierung** wird ein ursprünglich neutraler Reiz, der gleichzeitig mit dem unbedingten Reiz auftritt, zu einem bedingten, ebenfalls die betreffende Reaktion auslösenden Reiz. Man unterscheidet

- den **bedingten Reflex:** Der bedingte Reiz löst einen Reflex aus.
- die **bedingte Appetenz:** Der bedingte Reiz löst ein bedingtes Appetenzverhalten aus, wenn darauf eine gute Erfahrung (Befriedigung eines Antriebs) erfolgt.
- die **bedingte Aversion:** Der bedingte Reiz löst ein Vermeidungsverhalten aus, um einer schlechten Erfahrung zu entgehen.

Bedingter Reflex

Ein bedingter Reflex entsteht aus einem „normalen", unbedingten Reflex durch die Verknüpfung einer im Organismus auf einen unbedingten Reiz hin ablaufenden Reaktion mit einem neuen, ursprünglich neutralen (keine Reaktion auslösenden) Reiz. Anschließend tritt als Folge des nun bedingten, verhaltensauslösenden Reizes dieselbe Reaktion als bedingter Reflex auf.

Beispiel

Nähert man dem Auge einer Versuchsperson schnell einen Gegenstand, so schließt die Versuchsperson blitzartig das Augenlid, auch wenn das Auge oder die Haut gar nicht berührt wird. Diesen Vorgang bezeichnet man als unbedingten Reflex, weil die Reaktion auf einen natürlichen, den Reflex normalerweise auslösenden Reiz (unbedingter Reiz) erfolgt.

Auf ein normales Klingelzeichen hin wird die Versuchsperson überhaupt nicht reagieren, der Ton der Klingel ist somit ein neutraler Reiz in Bezug auf den Auslösemechanismus des Lidschlusses.

Lässt man nun einige Male kurz vor dem unbedingten Reiz die Klingel ertönen, so reagiert die Versuchsperson nach einiger Zeit schon auf den Glockenton allein mit dem Schließen des Augenlids. Der ursprünglich neutrale Reiz „Glockenton" ist somit zum auslösenden oder bedingten Reiz geworden, der unbedingte Reflex zum bedingten.

Durch die Verknüpfung eines unbedingten Reizes, der eine bestimmte angeborene Reflexhandlung auslöst, und eines neutralen Reizes entsteht ein bedingter Reflex. Der **bedingte Reflex** wird also durch einen Reiz ausgelöst, der erst durch Erfahrung mit der Reflexhandlung verknüpft wurde **(bedingter Reiz)**.

Für das Entstehen eines bedingten Reflexes ist es von großer Wichtigkeit, dass die Zeitdauer zwischen dem neutralen Reiz (z. B. Glockenton) und dem natürlichen (unbedingten) Reiz nicht zu lang ist. Man bezeichnet die enge zeitliche Darbietung von neutralem und unbedingtem Reiz als **Kontiguität**.

Beispiel

Lässt man z. B. die Glocke länger als 1,5 Sekunden vor dem natürlichen Reiz ertönen, reagiert die Versuchsperson später nicht auf den Glockenton als auslösenden Reiz.

Wird nach Darbietung des bedingten Reizes einige Male der unbedingte Reiz nicht angeboten, so wird das bedingte Verhalten nicht mehr ausgeführt. Diesen Effekt bezeichnet man in der Fachsprache als **Extinktion** (Auslöschung). Außerdem lässt sich nicht jeder Reflex konditionieren. So hat man z. B. vergeblich versucht, den unbedingten Kniesehnenreflex experimentell in einen bedingten Reflex umzuwandeln.

Bedingte Appetenz

Bei der bedingten Appetenz handelt es sich um **Lernen aus guter Erfahrung**. Aufgrund dieser guten Erfahrung wird eine Reizsituation aufgesucht, die eine „Belohnung" verspricht. Das normale Appetenzverhalten zeigt sich in einem ungerichteten Suchen, das die Wahrscheinlichkeit zum Auffinden eines auslösenden Reizes erhöht. Bei der bedingten Appetenz löst ein ursprünglich neutraler Reiz das gezielte Aufsuchen eines Ortes aus, also ein **bedingtes Appetenzverhalten**, an dem die Wahrscheinlichkeit der Auslösung der Endhandlung größer ist.

Beispiele

In einem Aquarium wird das Futter der Fische immer in dieselbe Ecke gestreut. Haben die Fische Hunger (hohe Motivation), so suchen sie nach einiger Zeit grundsätzlich nur diese Ecke des Aquariums auf, um dort ihr Futter zu bekommen. Der neutrale Reiz „bestimmte Aquariumsecke" ist zum bedingten (erfahrungsbedingten) Reiz für die Auslösung des Appetenzverhaltens geworden.

Bietet man den Fischen das Futter z. B. immer nur in einem blauen Hütchen an, so schwimmen sie nach einiger Zeit nur auf ein blaues Hütchen zu, alle anders gefärbten Hütchen lösen kein Suchverhalten nach Nahrung aus. Der ursprünglich neutrale Reiz „blaue Farbe" ist zu einem bedingten, d. h. das Appetenzverhalten auslösenden, Reiz geworden.

> Die **bedingte Appetenz** ist eine durch Lernen gebildete Verknüpfung zwischen einem während einer Antriebsbefriedigung wahrgenommenen neutralen Reiz und dem entsprechenden **Appetenzverhalten**. Der ursprünglich neutrale Reiz wird dadurch zum **bedingten Reiz**, der die Befriedigung des zum Appetenzverhalten gehörigen Antriebs ankündigt. Zum Erkennen des bedingten Reizes hat sich ein EAM (erworbener oder erlernter Auslösemechanismus) gebildet.

Im Gegensatz zum bedingten Reflex spielt bei der bedingten Appetenz auch der Antrieb oder die innere Bereitschaft (siehe doppelte Quantifizierung, S. 144) eine Rolle. Ein Reflex wird dagegen unabhängig von der inneren Bereitschaft eines Lebewesens ausgelöst. Bei den klassischen Versuchen von PAWLOW handelt es sich daher um eine bedingte Appetenz: Zur Auslösung der Endhandlung (Speichelfluss) ist auch die innere Bereitschaft (Hunger) wichtig.

Beispiel

Bei einem Hund, der keinerlei Hunger verspürt, kann man auch mit dem besten angebotenen Fleischbrocken keinen Speichelfluss auslösen. Normalerweise würde der Hund, wenn er Hunger verspürt, unruhig nach einer Futterquelle suchen (Appetenzverhalten). Da er sich aber bei dem Experiment nicht bewegen konnte, zeigte sich sein Appetenzverhalten ausschließlich im größeren Speichelfluss. PAWLOW nahm fälschlich an, dass die Absonderung von Speichel eine reflektorische Handlung sei.

Folgt auf das ausgeführte bedingte Appetenzverhalten keine gute Erfahrung, zeigt das Versuchstier die bedingte Appetenz immer seltener und schließlich nicht mehr. Es kam also zu einer **Extinktion** (Auslöschung), die man mit einem Lösen der neuronalen Verknüpfungen, die während des Lernvorgangs entstanden sind, erklären kann.

Bedingte Aversion

Aversion heißt so viel wie Abneigung. Nicht nur positive Erfahrungen können bestimmte Verhaltensweisen auslösen, sondern auch negative. Wird ein neutraler Reiz in einem solchen Fall zum **bedingten, das Meideverhalten auslösenden Reiz**, so spricht man von bedingter Aversion. Die ursprünglich neutrale Reizsituation wurde mit **negativen Erfahrungen** verknüpft und wird daher künftig gemieden.

Beispiele

Ratten meiden normalerweise den beleuchteten Teil eines Käfigs und bevorzugen das Dunkel. Eine Laborratte meidet aber den dunklen Käfigteil, wenn sie dort mehrmals einen schwachen Stromschlag erhalten hat.

Ein Pferd weigert sich plötzlich, an einer bestimmten Stelle seinen Weg fortzusetzen, weil es dort einmal von einem Hund angegriffen wurde.

Die **bedingte Aversion** ist ein **erlerntes Vermeidungsverhalten** auf vorher neutrale (oder positiv wirkende) Reize hin. Eine bedingte Aversion, also die Verknüpfung zwischen bedingtem Reiz und Flucht- oder Abwehrverhalten, wird im Unterschied zur bedingten Appetenz häufig bereits durch eine einmalige negative Erfahrung geschaffen.

Allerdings kann auch hier eine **Extinktion** erfolgen, d. h. das Auslöschen von erlerntem Verhalten. Wenn über einen längeren Zeitraum der ursprüngliche, unbedingte, das Meideverhalten auslösende Reiz nicht mehr auftaucht, so verliert auch der bedingte Reiz allmählich seine das Meideverhalten auslösende Wirkung.

8.4 Verhaltensbedingte Konditionierung

Bei der verhaltensbedingten Konditionierung steht im Gegensatz zur reizbedingten Konditionierung zu Beginn des Lernprozesses nicht der auslösende Reiz oder das Reizmuster, sondern das Verhalten des Tieres. Eine zufällig ausgeführte Verhaltensweise führt zur Befriedigung einer bestimmten Motivation. Diese nun **bedingte Handlung** wird mit dem entsprechenden Antrieb gekoppelt. Derartige Lernprozesse nennt man auch **instrumentelle** oder **operante Konditionierung**.
Mit der reizbedingten Konditionierung hat die verhaltensbedingte Konditionierung gemeinsam, dass die Lernprozesse von Belohnung oder Bestrafung abhängen und dass das Lernverhalten durch während des Lernvorgangs hergestellte neue Nervenverbindungen im Gedächtnis gespeichert wird.

Die **verhaltensbedingte (instrumentelle, operante) Konditionierung** wird im Gegensatz zur reizbedingten (klassischen) Konditionierung durch eine Verhaltensweise des Lebewesens (und nicht durch ein Reizmuster) ausgelöst. Durch die instrumentelle Konditionierung können vor allem neue Bewegungsweisen erlernt oder auch alte abgebaut werden, je nachdem ob eine Belohnung **(bedingte Aktion)** oder eine Bestrafung **(bedingte Hemmung)** erfolgt.

Bedingte Aktion

Bei einer bedingten Aktion wird eine zufällig ausgeführte Bewegung so mit einer daraufhin erfahrenen Belohnung verknüpft, dass die Bewegung dann gezielt zur Erreichung der Belohnung eingesetzt wird. Bei der Entstehung einer bedingten Aktion erfolgt eine neuronale Verknüpfung zwischen der ausgeführten Bewegung und der darauf folgenden Belohnung. Da die Belohnung sich positiv und verstärkend auf den Lernprozess auswirkt, bezeichnet man sie auch als **positiven Verstärker**. Im Gegensatz zur bedingten Appetenz steht hier nicht ein Reiz, sondern die Bewegung als erlernte Verhaltensweise im Vordergrund.

Folgt auf ein spontanes oder experimentell ausgelöstes **Verhalten** einmal oder mehrmals eine **Belohnung**, so verknüpft sich der durch die Belohnung befriedigte Antrieb mit der betreffenden Aktion. In der Lernphase erfolgt dabei die Antriebsbefriedigung ungezielt auf die Verhaltensweise hin, während anschließend ein bestehender Antrieb gezielt die **bedingte Aktion** auslöst.

Beispiele

Mancher Zuschauer im Zirkus stellt sich die Frage: „Wie ist es möglich, Tieren komplizierte Dressuren beizubringen, wie man sie z. B. im Zirkus erlebt?“ Eine Taube soll z. B. in einer Vorführung eine Pirouette drehen. Der Dompteur geht bei der Dressur dieser Aktion folgendermaßen vor: Er beobachtet die Taube, während sie ihre natürlichen Bewegungen ausführt. Jedes Mal, wenn die Taube sich etwas dreht, bekommt sie eine Belohnung. Um die innere Bereitschaft in Bezug auf die Belohnung zu steigern, sollte sie dabei möglichst hungrig sein. Nach mehreren Belohnungen stellt die Taube eine Verbindung zwischen dem Drehen und der Belohnung her. Die Drehbewegung tritt dadurch immer häufiger auf, bis die Taube sich schließlich einmal ganz um ihre Achse dreht.

Ähnlich verhält es sich, wenn ein Hund „Pfotegeben“ lernen soll. Immer, wenn er die Pfote etwas bewegt oder sie vom Boden entfernt, erhält er eine Belohnung, und sei es nur durch Streicheln oder Lob. Allmählich erkennt er den Zusammenhang zwischen Pfoteheben und dem freundlichen Verhalten des Menschen und zeigt das gewünschte Verhalten.

Der Verhaltensforscher Burrhus F. SKINNER entwarf eine Vorrichtung, mit deren Hilfe bedingte Aktionen bei Tieren relativ schnell ausgelöst werden können, die sog. **Skinner-Box**. Sie besteht aus einem kleinen Käfig mit einem Futterautomaten. Immer wenn das Versuchstier einen bestimmten Hebel drückt, erhält es automatisch eine Futterpille.

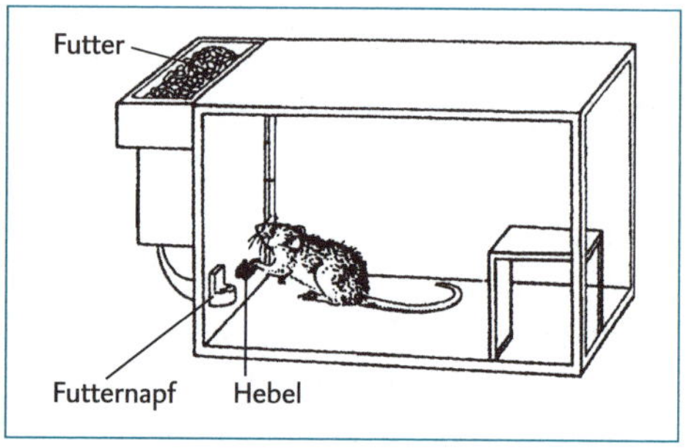

Abb. 83: Skinner-Box

Zunächst scheinen die Belohnungen in Form des Futters für das Versuchstier zufällig zu erfolgen. Doch nach einiger Zeit erkennt es den Zusammenhang zwischen Hebeldrücken und Futtergabe. Erfolgt über einen längeren Zeitraum auf die bedingte Aktion keine Belohnung, so kommt es auch bei dieser Verhaltensweise allmählich zur **Extinktion**, d. h., die bedingte Aktion erlischt.

Bedingte Hemmung

Nicht nur positive Erfahrungen können Verhaltensweisen beeinflussen, sondern auch negative. Ähnlich wie bei der bedingten Aversion kann eine **negative Erfahrung** eine Handlung blockieren. Anders als bei der bedingten Aversion verknüpft sich aber bei dieser bedingten Hemmung die negative Erfahrung mit keinem Sinneseindruck, sondern mit einem eigenen Verhalten.

> **Bedingte Hemmung** liegt dann vor, wenn eine Verhaltensweise aufgrund negativer Erfahrung nach eben diesem Verhalten **unterbunden** wird.

Beispiel

Um einem Hund das Zerren an der Leine abzugewöhnen, benutzt man häufig ein Stachelhalsband. Es ist an der Innenseite mit Metallspitzen versehen, die beim Zerren an der Leine in die Haut des Hundes drücken. Der Schmerz, der beim Zerren ausgelöst wird, veranlasst den Hund, die unerwünschte Verhaltensweise zu unterlassen. Der Hund verknüpft in diesem Fall das Verhalten „Zerren an der Leine" mit Schmerz (unangenehme Erfahrung).

Zusammenfassung

- **Lernvorgänge** sind Prozesse, die bei Tier und Mensch zu dauerhaften Verhaltensänderungen führen.
- **Obligatorisches Lernen** ist lebensnotwendig; **fakultatives Lernen** ist „nur" vorteilhaft und nützlich.
- Durch **Prägung** erwerben Tiere in einer frühen und zeitlich begrenzten sensiblen Phase lebenswichtige Kenntnisse.
- Bei der **reizbedingten (klassischen) Konditionierung** wird ein bestimmtes Verhalten auf einen zuvor neutralen Reiz hin ausgeführt. Der neutrale Reiz wird zum **bedingten Reiz**.
- Bei der **verhaltensbedingten (operanten) Konditionierung** wird ein neues Verhalten erlernt. Ein vorher zufällig ausgeführtes Verhalten wird zum **bedingten Verhalten**.
- Zum Erlernen einer **bedingten Appetenz** und einer **bedingten Aktion** ist eine positive Erfahrung erforderlich.
- Das Erlernen einer **bedingten Aversion** und einer **bedingten Hemmung** erfolgt aufgrund schlechter Erfahrung.

Aufgaben

110 Erklären Sie, was man unter einem bedingten und einem unbedingten Reflex versteht. Geben Sie je ein Beispiel an.

111 Erklären Sie den Begriff „Extinktion“ im Kontext des Lernverhaltens. Geben Sie ein selbst gewähltes Beispiel an.

112 Definieren Sie den Begriff Prägung. Vergleichen Sie die sexuelle Prägung mit der Nachfolgeprägung bei Enten.

113 Vergleichen Sie den Verlauf der Extinktion bei einem Hund, der beim Erlernen des Pfötchengebens unregelmäßig mit Futter belohnt wurde, mit der bei einem Hund, der bei jedem Pfötchengeben belohnt wurde. Begründen Sie Ihre Antwort.

114 Stellen Sie tabellarisch die Merkmale der klassischen Konditionierung beim PAWLOW'schen Hund und die der Konditionierung des Lidschlussreflexes auf Luftzug gegenüber.

115 Begründen Sie jeweils kurz, ob die folgenden Beispiele der klassischen oder instrumentellen Konditionierung zuzuordnen sind:
a Männchenmachen des Hundes beim Futterbetteln
b Hochsteigen des Hengstes im Zirkus beim Heben der Peitsche des Dompteurs

116 Bei einer Zirkusvorstellung dreht sich ein Bär dauernd im Kreis. Nennen Sie zwei Möglichkeiten, wie man Ihrer Meinung nach einem Bären ein solches Verhalten wieder abgewöhnen kann.

117 Legen Sie kurz die wesentlichen Unterschiede und Gemeinsamkeiten der bedingten Appetenz und der bedingten Aktion dar.

118 Sie möchten Ihrem Hund das Pfötchengeben beibringen. Erläutern Sie, welche Lernmethode am schnellsten zum Erfolg führt, und beschreiben Sie, wie Sie dabei vorgehen müssen.

9 Individuum und soziale Gruppe

Viele Tiere leben individuell, d. h., sie gehen allein dem Nahrungserwerb nach und verteidigen sich allein. Nur zur Paarungszeit suchen sie sich einen Geschlechtspartner, mit dem sie aber nur selten über längere Zeit zusammenbleiben. Bei anderen Tierarten kommt es mitunter zu größeren Ansammlungen von Artgenossen, ohne dass sich die Individuen gegenseitig kennen oder eine soziale Beziehung zueinander haben. In seltenen Fällen leben Tiere in geordneten **Sozialverbänden** (Sozietäten) zusammen und zeigen ein ausgeprägtes Sozialverhalten, das durch gemeinschaftliches Handeln, die **Kooperation**, gekennzeichnet ist.

Bei tierischen Sozialverbänden leben nur Individuen derselben Art zusammen. Durch das Zusammenleben auf engem Raum wird die Suche nach einem Geschlechtspartner erleichtert. Ein anderer Vorteil der Sozialverbände ergibt sich durch die häufig anzutreffende Arbeitsteilung. Während ein Teil der Gruppe sich z. B. um die Aufzucht der Jungen kümmert, übernehmen andere Individuen den Schutz des Verbandes oder jagen nach Beute. Häufig kennen sich die Tiere untereinander, ziehen ihre Jungen gemeinsam auf und wehren sich gemeinsam gegen Feinde. Die Jungtiere fühlen sich in diesem Verband sicher und reagieren hilflos und ängstlich, wenn sie von ihrer Gruppe getrennt werden. Meist findet in derartigen Verbänden auch **Kommunikation** statt, d. h., es besteht die Möglichkeit, sich auf einfache Weise miteinander zu verständigen. So stoßen Tiere, die sich von der Gruppe entfernt haben, Angst- und Hilferufe aus, die Gruppenmitglieder antworten darauf und die Gruppe findet wieder zusammen. Ein weiterer Vorteil von Sozialverbänden liegt in der Möglichkeit der **Traditionsbildung**, d. h. in der Weitergabe bestimmter erlernter bzw. erworbener Verhaltensweisen (siehe S. 161).

Da Artgenossen abiotische und biotische Umweltfaktoren in gleicher Weise beanspruchen, da sie ähnliche Bedürfnisse an ihre Umwelt stellen, entsteht zwischen ihnen aber auch **Konkurrenz** (v. a. um Nahrung und Geschlechtspartner). Dieser Nachteil wird allerdings durch die beschriebenen Vorteile mehr als aufgewogen.

Beim Zusammenleben der Tiere unterscheidet man folgende unterschiedliche Formen sozialer Zusammenschlüsse:

- **Aggregation:** Lockere Ansammlung von Individuen einer oder verschiedener Arten, oft aufgrund bestimmter örtlicher Gegebenheiten.

Beispiele Überwinterungsgesellschaften von Fledermäusen oder Insekten

- **Anonymer, offener Verband:** Die Mitglieder kennen sich nicht, tauschen aber untereinander Signale aus (z. B. Warnschreie, Schreckstoffe). Tiere können jederzeit den Verband verlassen oder neu hinzukommen.

Beispiele Brutkolonien von Vögeln, Fischschwärme

- **Anonymer, geschlossener Verband:** Die Mitglieder kennen sich zwar nicht persönlich, besitzen aber alle ein gemeinsames Merkmal, an dem sie als Gruppenmitglieder erkannt werden können, z. B. einen gemeinsamen Nest- oder Sippengeruch.

Beispiele Bienen- oder Ameisenstaaten, Mäuse- oder Rattensippen

- **Individualisierter Verband:** Die Mitglieder bilden eine enge Gemeinschaft und kennen sich persönlich, da sie sich Aussehen, Geruch und Stimme der einzelnen Individuen einprägen.

Beispiele Wolfsrudel, Hühnerschar, Schimpansengemeinschaft

Die höchste Organisationsstufe eines individualisierten Verbands sind Familien (Eltern/Kinder) und monogame Dauerehen, wie man sie von Graugänsen, Kolkraben, Papageien und Walen kennt. Eine Sonderform der monogamen Ehe findet man beim Storch. Immer das gleiche Storchenpaar bewohnt ein bestimmtes Nest in einer sog. monogamen Ortsehe. Storchenmännchen und -weibchen kehren jedes Jahr wieder in dasselbe Nest zurück. Wird aber das Storchenweibchen von einer anderen Störchin vertrieben, so akzeptiert das Männchen auch die neue Störchin als Gefährtin.

Die **Vorteile sozialer Zusammenschlüsse** bestehen in erster Linie in einem verbesserten **Schutz vor Feinden** (gegenseitige Warnung vor und Hilfe bei der Abwehr von Feinden) und in der **Erleichterung des persönlichen Lebens** (problemlose Partnersuche, Arbeitsteilung in der Jungenaufzucht und beim Nahrungserwerb).

9.1 Kooperation

Beispiele für Kooperation

- **Nahrungserwerb**

Beispiele

Wölfe, Löwen, Schakale, aber auch Lachmöwen sind bei gemeinschaftlicher Jagd erfolgreicher als bei der Einzeljagd.

Lachmöwen (siehe Abb. 84) erbeuten bei der Jagd zu sechst etwa doppelt so viele Fische pro Tier als allein.
Wölfe und Löwen sind nur im Rudel in der Lage, Beutetiere (z. B. Elch, Hirsch bzw. Gnu, Zebra) zu erlegen, die wesentlich größer und schwerer sind als sie selbst.

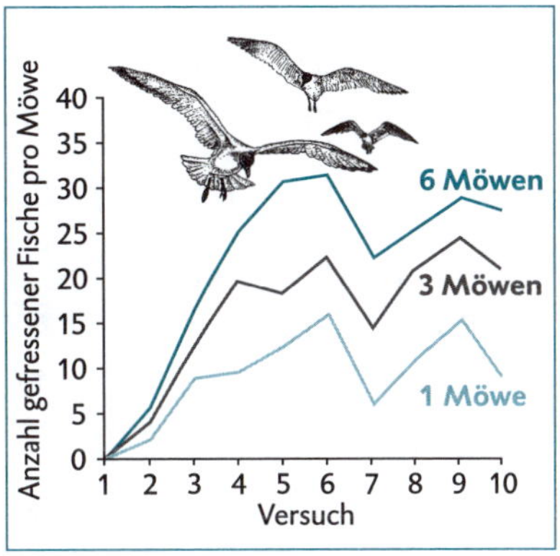

Abb. 84: Jagderfolg nach Gruppengröße

- **Schutz und Verteidigung**

Beispiele

Murmeltiere in den Alpen und Belding-Ziesel im Bergland im Westen der USA: Einzelne Tiere, die eine Gefahr bemerkt haben, stoßen charakteristische Rufe aus (siehe Abb. 85), woraufhin die Gruppenmitglieder blitzschnell im Bau verschwinden bzw. in Deckung gehen.

Im Fischschwarm sind die Mitglieder besser geschützt als einzeln lebende Fische. Um ein Tier zu erbeuten, muss sich der Räuber auf dieses konzentrieren. Bei einem Fischschwarm ist ihm das nicht möglich. Die vielen durcheinanderschwimmenden Fische lenken ihn ab (Konfusions- oder Verwirrungseffekt). Wenn ein Räuber versucht, aus einem Schwarm heraus einen Fisch zu erbeuten, so drängt er Randfische ab, um sie dann außerhalb des Schwarms zu fangen.

Abb. 85: Ein Belding-Ziesel, das den stakkatoartigen Warnruf ausstößt

Droht Herdentieren wie Rindern Gefahr, ohne dass die Tiere wissen, woher der Räuber kommt, streben sie dichter zusammen (siehe Abb. 86, A) und reduzieren dadurch die Größe ihrer individuellen Gefahrenzone (B). Die Gefahrenzonen sind mit punktierten Linien dargestellt. Sie werden gebildet, indem man die Abstände zwischen den Rindern jeweils halbiert. Moschusochsen bilden einen sog. Verteidigungsring um die Jungtiere und wenden ihre Köpfe verteidigungsbereit den Angreifern zu.

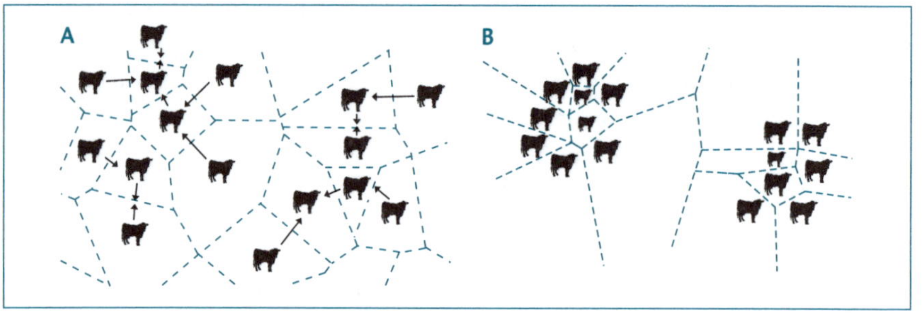

Abb. 86: Bildung einer geschlossenen Herde bei Gefahr

- **Fortpflanzung**

Beispiele

Eintagsfliegen, die ihre Larvenzeit am Grund von Gewässern verbringen, versammeln sich als Adulte in riesigen Schwärmen zum „Hochzeitsflug". Dadurch steigt die Chance, in der kurzen verbleibenden Lebenszeit einen Geschlechtspartner zur Paarung zu finden.

Brüten und Aufzucht der Jungen in Vogelkolonien schützt wirksam vor Nesträubern und erhöht dadurch den Fortpflanzungserfolg. Bei Möwen wurde auch gemeinschaftliche Feindabwehr beobachtet.

Kosten-Nutzen-Analyse und Optimalitätsmodell

Der wohl wichtigste Vorteil des Zusammenlebens in einer Gruppe ist die größere Sicherheit vor Feinden, der wahrscheinlich größte Nachteil die innerartliche Konkurrenz um Nahrung und Wohnraum, da die Artgenossen die gleichen Ansprüche haben. Alle Vorteile, die ein Tier aus einem bestimmten Verhalten zieht, werden als **Nutzen** zusammengefasst. Ihm werden die **Kosten**, die sich aus den Nachteilen des Verhaltens ergeben, gegenübergestellt und in einer **Kosten-Nutzen-Analyse** verglichen und ausgewertet. Mithilfe mathematischer Ansätze wurden quantitative Modelle entwickelt (Optimalitätsmodell), mit denen sich die größtmögliche Differenz zwischen Kosten und Nutzen ermitteln lässt. Solche Kosten-Nutzen-Analysen basieren auf der Annahme, dass sich in der Evolution die Verhaltensweisen durchsetzen konnten, bei denen der Nutzen größer ist als die Kosten. Individuen mit „kostengünstigem“ Verhalten haben einen höheren Fortpflanzungserfolg und damit einen Evolutionsvorteil.

Beispiel

Gelegegröße bei Singvögeln: Aus Untersuchungen an Kohlmeisen ergab sich, dass das durchschnittliche Gewicht der Jungvögel mit zunehmender Anzahl der Jungtiere pro Nest zurückgeht. Die Überlebensrate der Jungvögel ist umso höher, je größer ihr Gewicht ist. Der Nutzen, hier die Anzahl der überlebenden Jungen, ist bei einer mittleren Gelegegröße am größten. Die Reproduktionskosten, also alle Stoffwechselleistungen, die die Elterntiere aufbringen müssen, um das Überleben der Nachkommen zu sichern, steigen linear mit der Gelegegröße. Die größtmögliche Differenz zwischen Kosten und Nutzen liegt bei einer mittleren Gelegegröße (bei Kohlmeisen 8–9 Eier/Gelege).

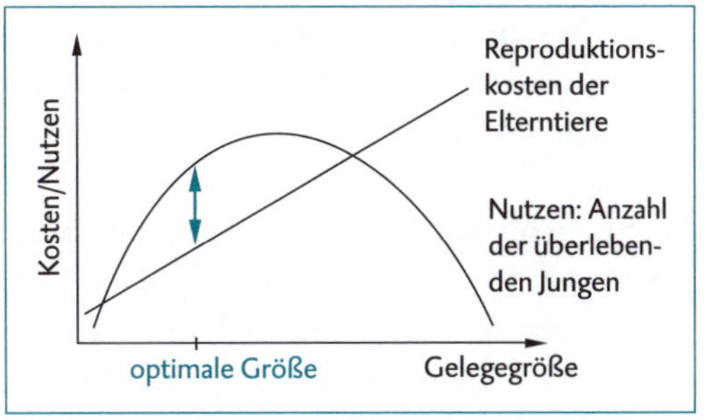

Abb. 87: Optimalitätsmodell am Beispiel der Gelegegröße

Altruistisches Verhalten und Hamilton-Regel

Einen wichtigen Schritt bei der Erforschung des Sozialverhaltens stellt die Erkenntnis dar, dass nicht nur der Körperbau sondern auch die Verhaltensweisen von Mensch und Tier einer stammesgeschichtlichen Entwicklung unterworfen sind (Soziobiologie). Geht man von der Evolutionslehre Darwins aus, so führt die Selektion zu einer besseren Angepasstheit und damit zu besseren Überlebenschancen dieser Individuen. Vertreter der klassischen Ethologie waren der Ansicht, dass durch die Selektion die sozialen Verhaltensweisen begünstigt werden, die dem Wohl der Gruppe nützen und damit der Arterhaltung dienen **(Gruppenselektion)**. Eine Gruppe, in der einige Angehörige bereit sind, ihre eigenen Interessen (z. B. in Bezug auf die Fortpflanzung) für das Wohl der Gruppe zurückzustellen, wird demnach größere Überlebenschancen haben. Ein solches gemeinnütziges, selbstloses Verhalten wird als **altruistisches Verhalten** bezeichnet.

Beispiele

Ein Präriehund warnt seine Artgenossen durch Schreie, sobald sich dem Rudel ein Kojote nähert. Durch sein Schreien ist zwar die Wahrscheinlichkeit größer, dass er selbst von dem Kojoten angegriffen, verletzt oder gar getötet wird, er erhöht aber gleichzeitig die Überlebenschancen seiner Rudelgenossen.

Bei manchen Vogelarten kann man beobachten, dass Weibchen, die sich nicht selbst fortpflanzen, bei der Aufzucht und Betreuung der Jungen von Verwandten helfen und so die Sterberate derer Nachkommen verringern.

Wenn altruistisches Verhalten zu persönlichen Nachteilen (geringe Lebenserwartung und damit weniger Nachkommen) oder zum Verzicht auf die eigene Fortpflanzung führt, stellt sich die Frage, wie und in welchem Umfang die Gene, die dieses Verhalten bedingen, in die nächsten Generationen gelangen. Die eigennützigen Individuen müssten die selbstlosen mit der Zeit verdrängen. Soziobiologen gehen heute deshalb von der **Individualselektion** aus. Sie setzen voraus, dass die Selektion am Individuum ansetzt (wie ursprünglich von DARWIN angenommen). Der zentrale Gedanke ist, dass jedes Individuum durch sein Verhalten versucht, seine Gene möglichst erfolgreich weiterzugeben **(Egoismus der Gene)**. Altruistisches Verhalten muss also im Zusammenhang mit den Verwandtschaftsverhältnissen in der jeweiligen Gruppe betrachtet werden. Durch altruistisches Verhalten wird die Chance erhöht, dass ein Teil der eigenen Gene zumindest über nahe Verwandte (die ja zu einem gewissen Prozentsatz dieselben Gene besitzen) erfolgreicher an die nächste Generation weitergegeben werden.
Der englische Biologie William D. HAMILTON veröffentlichte 1964 sein Modell der **Verwandtenselektion**. Der Verwandtschaftsgrad zweier Individuen wird darin durch den Verwandtschaftskoeffizienten r angegeben. Er ist ein Maß für den Anteil gemeinsamer Gene. Bei sexueller Fortpflanzung stammen 50 % der Gene eines diploiden Individuums von der Mutter, die anderen 50 % vom Vater. $\Rightarrow$ Zwischen Eltern und Kindern beträgt $r = 0{,}5$. Bei Vollgeschwistern liegt der Anteil gemeinsamer Gene im Durchschnitt ebenfalls bei 50 %, bei Großeltern und Enkeln bei 25 % ($r = 0{,}25$).
Nach diesem Modell setzen sich in der Evolution nicht die Verhaltensweisen durch, die dem Individuum direkt einen Vorteil verschaffen, sondern die die **Fitness** des Individuums verbessern.

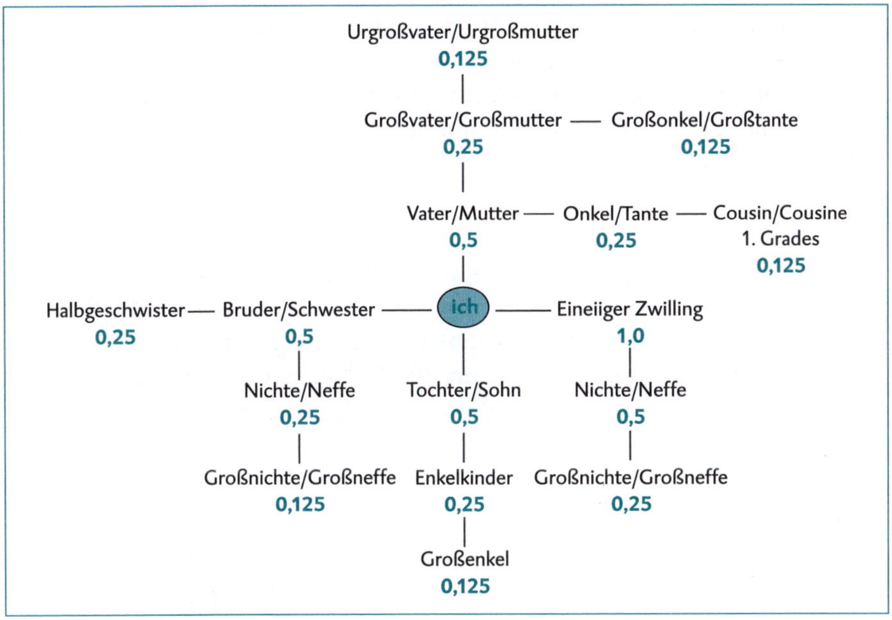

Abb. 88: Verwandtschaftsgrade beim Menschen, angegeben als Verwandtschaftskoeffizient (r) in Relation zur eigenen Person („ich").

Fitness ist die Fähigkeit eines Individuums, zu überleben und seine Gene an die nächste Generation weiterzugeben. Je größer der genetische Beitrag eines Individuums zur nächsten Generation ist, umso größer ist seine Fitness (Lebenszeit-Fortpflanzungserfolg).

Durch die eigene Fortpflanzung kann ein Individuum seine Fitness unmittelbar erhöhen **(direkte Fitness)**. Wenn ein Individuum Verwandte bei der Fortpflanzung und Aufzucht der Nachkommen unterstützt, sorgt es indirekt dafür, dass seine Gene in den nachfolgenden Generationen häufiger vorkommen **(indirekte Fitness)**. Direkte und indirekte Fitness ergeben zusammen die **Gesamtfitness**. Altruistisches Verhalten ist also umso wahrscheinlicher, je enger die Verwandtschaft ist. Dieser Zusammenhang lässt sich mit der **HAMILTON-Formel** beschreiben.

HAMILTON-Formel: $K < r \cdot N$
(K = Kosten: Fitnessverlust, N = Nutzen: Fitnessgewinn, r = Verwandtschaftsgrad)

Beispiel: Verringert sich die Nachkommenzahl eines Individuums durch altruistisches Verhalten um 1, verzichtet es auf einen direkten Fitnessgewinn: $r \cdot N = 0{,}5 \cdot 1 = 0{,}5$. Damit sich der Verzicht auf mehr eigene Nachkommen lohnt, müssen folglich mindestens drei Nachkommen von Geschwistern dieses Individuums (Nichten, Neffen) zusätzlich überleben: $r \cdot N = 0{,}25 \cdot 3 = 0{,}75$.

Wenn die Gesamtfitness eines Individuums durch altruistisches Verhalten erhöht wird, kann es sich als Selektionsvorteil in der Evolution durchsetzen. Dieses Verhalten wird über Generationen weitervererbt und die überwiegende Mehrzahl der Artgenossen zeigt dann die Verhaltensweise. Solche genetisch bedingten Verhaltensweisen, die den Arterhalt sichern, werden als **evolutionsstabile Strategien (ESS)** bezeichnet.

Helfergesellschaften

Beispiel Graufischer bewohnen die Uferzonen großer Flüsse und Seen in Ostafrika. Sie bilden Brutkolonien und nisten in Höhlen in Steilwänden in der Nähe z. B. des Victoriasees. In den Kolonien gibt es fast doppelt so viele erwachsene Männchen als Weibchen. Viele Weibchen werden beim Brüten in den Höhlen z. B. von Schlangen gefressen. Ein Teil der überzähligen Männchen hilft verwandten Paaren als **Bruthelfer** bei der Aufzucht ihrer Jungen. Die Helfer sind überwiegend erwachsene Nachkommen des Brutpaares. So erhöht sich die Zahl der flügge gewordenen Jungen eines Elternpaars pro Jahr am Victoriasee durch den Einsatz der Helfer durchschnittlich um 1,8. Dadurch steigt für die Elternvögel unmittelbar die direkte Fitness. Der Bruthelfer, der durch den Mangel an Weibchen in seinem 1. Fortpflanzungsjahr nicht zu einer eigenen Fortpflanzung mit direktem Fitnessgewinn kommen kann, erzielt jedoch einen indirekten Fitnessgewinn. Statt nichts zu tun, kann er einen Beitrag zur Weitergabe seiner Gene über die Aufzucht seiner Geschwister leisten.

Abb. 89: Graufischer

Eusozialität

Das Zusammenleben in sog. Tierstaaten (Insekten: Honigbienen, Ameisen, Hummeln, Wespen, Termiten; Säugetiere: Nacktmulle) ist durch viele altruistische Verhaltensweisen gekennzeichnet. Fachsprachlich werden solche Arten als **eusozial** bezeichnet. Typische Kennzeichen sind:

- Kooperation bei der Brutpflege
- Kooperation bei der Nahrungsversorgung
- Zusammenleben mehrere Generationen
- Vorkommen von fruchtbaren und unfruchtbaren Tieren

Beispiel

Honigbienen:

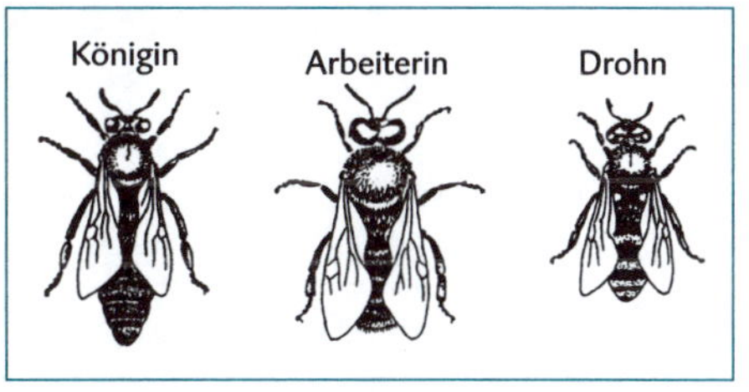

Abb. 90: Honigbienen

Mitglieder des Bienenstaats und ihre Aufgaben:

- 1 Königin, die Mutter aller Bienen eines Stocks: Ihre Aufgabe ist die Produktion und Ablage von Eiern. Auf dem Hochzeitsflug als Jungkönigin wird sie von mehreren Drohnen begattet und verfügt zeitlebens über einen Spermienvorrat.
- 500–1 000 Drohnen, männliche Bienen: Ihre einzige Aufgabe ist die Begattung einer Jungkönigin auf dem Hochzeitsflug.
- 30 000–60 000 Arbeiterinnen, kleine, unfruchtbare Weibchen: Die Ausbildung der Geschlechtsorgane wird durch Hormone der Königin unterdrückt.

  Arbeitsteilung: Abhängig von ihrem Alter übernehmen sie verschiedene Aufgaben: 1.–20. Lebenstag: Stockbiene ⇒ Wabenzellen putzen, Larven füttern, Pollen und Nektar zu Honig verarbeiten, Waben bauen, Temperatur und Luftfeuchtigkeit regulieren, Dienst als Wächter. 20. Lebenstag bis zum Tod: Sammelbiene (Nektar, Pollen, Honigtau)

Verwandtschaftsgrade im Bienenstaat: Die weiblichen Tiere, die Königin und die Arbeiterinnen, entstehen aus befruchteten Eiern und sind diploid. Die männlichen Drohnen dagegen entstehen aus unbefruchteten Eiern und sind haploid (Haplodiploidie).

Eine genetische Geschlechtsfestlegung, bei der Weibchen aus befruchteten Eiern hervorgehen und diploid sind und Männchen aus unbefruchteten Eiern entstehen und haploid sind, nennt man **Haplodiploidie**.

Daraus ergeben sich für die Arbeiterinnen, die alle Schwestern sind, besondere Verwandtschaftsverhältnisse (siehe Abb. 91). Sie erhalten von ihrer Mutter (Königin) und ihrem Vater (Drohn) je 50 % der Gene. Schwestern weisen durchschnittlich einen Anteil von 50 % gemeinsamer Gene auf (Verwandtschaftskoeffizient r = 0,5). Da jedoch die Keimzellen des haploiden Vaters identisch sind (keine Rekombination möglich), stimmen alle Schwestern bezüglich der väterlichen Gene überein (r = 1,0). Im Durchschnitt sind den Arbeiterinnen 75 % ihrer Gene gemeinsam (r = 0,75; siehe Abb. 92), d. h., sie sind miteinander enger verwandt als mit ihrer Mutter.

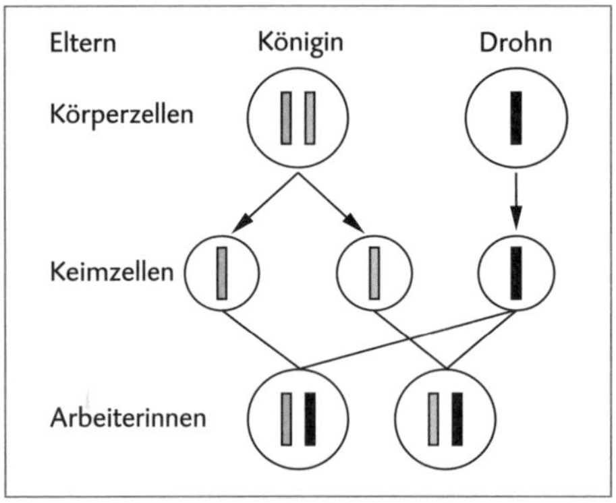

Abb. 91: Verwandtschaft bei Arbeiterinnen (ein Balken = ein haploider Chromosomensatz)

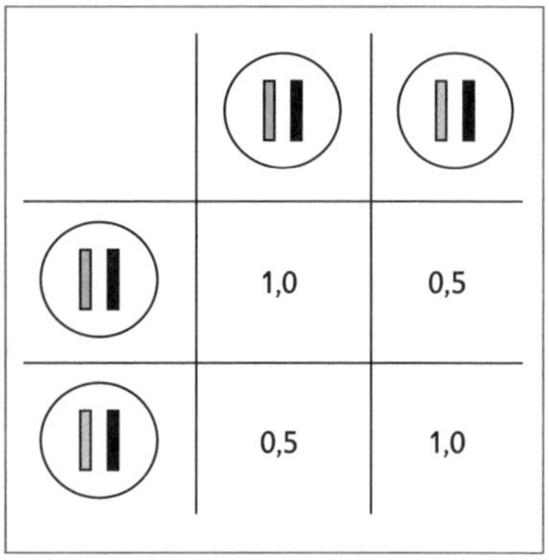

Abb. 92: Berechnung des Verwandtschaftskoeffizienten der Arbeiterinnen

Durch diese enge Verwandtschaft der Arbeiterinnen untereinander lohnt sich die Unterstützung der Königin, da immer mehr genetisch ähnliche Schwestern entstehen. Würde eine Arbeiterin zwei eigene Nachkommen haben, ergäbe sich entsprechend der HAMILTON-Regel: $r \cdot N = 0{,}5 \cdot 2 = 1{,}0$; bei zwei weiteren Schwestern ergibt sich: $r \cdot N = 0{,}75 \cdot 2 = 1{,}50$, also ein größerer Fitnessgewinn. (Allerdings beruhen diese Überlegungen darauf, dass die Königin nur Weibchen und keine Männchen produziert!)
Das altruistische Verhalten der unfruchtbaren Weibchen und der Zusammenhalt in einem Insektenstaat wird soziobiologisch mit dem höheren Verwandtschaftsgrad der Schwestern untereinander und dem sich daraus ergebenden Fitnessgewinn erklärt. Nicht geklärt ist jedoch, warum die Verhältnisse in einem Bienenstaat trotzdem stabil sind, wenn eine Königin von mehreren Drohnen begattet wird.

9.2 Kommunikation

Der Austausch von Nachrichten in Form von Signalen ist eine der wichtigsten Voraussetzungen für soziales Verhalten. Die Übertragung von Informationen (Nachrichtenübermittlung) zwischen Artgenossen bezeichnet man als **intraspezifische** Kommunikation. Bei einer **interspezifischen** Kommunikation werden Signale zwischen Lebewesen verschiedener Arten übermittelt.

Beispiel

Die Alarmrufe einer Amsel beim Auftauchen eines Greifvogels warnen auch andere Singvögel in der Umgebung.

Beim Menschen spielen neben der verbalen Kommunikation auch die Gestik und Mimik als Übermittlung von nonverbalen Signalen eine wichtige Rolle.

Sender-Empfänger-Modell

Die Grundbegriffe dieses Modells stammen aus der Nachrichtentechnik. Ein Individuum, das Signale aussendet, um das Verhalten eines anderen Individuums zu beeinflussen, wird als **Sender** bezeichnet, das Individuum, dessen Verhalten sich ändern soll, als **Empfänger**. Die Signalübertragung erfolgt in den folgenden Schritten:

- Der Sender weist eine Motivation zur Kommunikation auf.
- Er erzeugt Signale, die vom Empfänger aufgenommen und verarbeitet werden können, Sender und Empfänger müssen also über denselben Signalcode verfügen (Codierung).
- Die Signale werden über einen bestimmten (Sinnes-)Kanal gesendet.
- Der Empfänger nimmt die Signale mit einem dafür geeigneten Sinnesorgan auf und entschlüsselt sie, d. h., er versteht sie (Decodierung).
- Der Empfänger zeigt (meistens) eine Verhaltensänderung.

Für eine erfolgreiche Kommunikation ist es wichtig, dass die Signalübertragung ohne Störung durch Umwelteinflüsse erfolgt sowie dass die Signale eindeutig und ohne Fehler deutbar sind.
Signale als Voraussetzung für Kommunikation können in unterschiedlicher Form weitergegeben werden: akustische, optische, taktile oder chemische Signale.

Akustische Signale

Unter akustischen Signalen sind alle Formen der Lautäußerung zusammengefasst, also sowohl die mittels der Stimme hervorgebrachten Rufe als auch alle anderen Geräusche im Dienste der Kommunikation.

Beispiele

Das dem Menschen am längsten bekannte Mittel tierischer Nachrichtenübermittlung sind sicherlich die Stimmen der Vögel. Auch die Wiedergabe von Vogellauten durch menschliche Wortbildungen (Uhu, Kibitz, Kuckuck) lässt sich historisch sehr weit zurückverfolgen. Bei den Lauten, die Vögel hervorbringen können, unterscheidet man Geräusche, Rufe und Gesänge. Zu den ersten gehört das Klappern des Storches, mit dem sich ein Storchenpaar am Nest begrüßt, aber auch fremde Artgenossen abwehrt. Dabei wird der Unterschnabel gegen den Oberschnabel geschlagen. Rufe und Gesänge werden dagegen in Form von Lockrufen, Stimmfühlungslauten, Warnrufen und Angstschreien mit den Stimmorganen hervorgebracht. Der „Gesang" der Vögel dient in erster Linie der Fortpflanzung: Er soll sowohl die paarungsbereiten Weibchen anlocken als auch das besetzte Territorium markieren bzw. abgrenzen.

Auch im Leben von Delfinen spielen Lautäußerungen (Klickgeräusche, Knattertöne u. Ä.) im Rahmen der Verständigung untereinander eine wichtige Rolle.

Optische Signale

Optische Signale sind im gesamten Tierreich vielfältig verbreitet. Dazu gehören Körpermerkmale wie Färbung, Größe oder Form von Körperteilen etc. ebenso wie die Körpersprache (Gestik und Mimik).

Beispiele

Die intensive Färbung der Brust von Echsenmännchen, das farbenprächtige Gefieder des Pfaus, die leuchtenden Muster auf den Flügeln von Schmetterlingen oder die Lichtsequenzen von Glühwürmchen sind deutliche Beispiele optischer Signale.

Auch der rote Fleck am Schnabel von Möwen, die deutliche Signalfarbe von sperrenden Jungvögeln und die silbrige Farbe des Rückens eines männlichen Gorillas stehen im Dienste der optischen Signalübermittlung.

Eine sehr ausgeprägte optische Verständigungsmöglichkeit besitzen Hund und Wolf in der Körpersprache. Sie können Aggression, Angst und Unterwerfung allein durch Gestik und Mimik zum Ausdruck bringen. Die jeweilige Tendenz zu Angriff, Flucht oder Angst lässt sich an der Kopfhaltung, dem Nackenfell und der Ohrenstellung erkennen. Diese Stimmungsanzeichen sowie die Schwanzstellung unterscheiden nach außen hin einen dominanten deutlich von einem untergeordneten Wolf.

Taktile Signale

Bei vielen sozial lebenden Tieren kommt eine Verständigung durch direkten Körperkontakt zustande. Durch Berühren und Betasten werden Informationen weitergegeben. Diese auch als **Kontaktkommunikation** bezeichnete Informationsübertragung ist besonders für das Sozialverhalten der Säugetiere sehr wichtig. Der Austausch taktiler Reize vermittelt allgemeine Informationen über die soziale Beziehung.

Beispiele

Bei der gegenseitigen Körperpflege der Affen werden u. a. Informationen über die Rangfolge ausgetauscht.

Taktile Signale haben im Bereich der Säugetiere oft beruhigende Funktion. Ein Jungtier findet Schutz durch den Hautkontakt mit der Mutter, Herdenangehörige bekräftigen den Zusammenhalt durch engen körperlichen Kontakt.

Ein weiteres Beispiel taktiler Kommunikation ist die Tragstarre bei Raubtierjungen. Der taktile Reiz des elterlichen Nackenbisses „sagt“ dem Jungen, dass es in eine Tragstarre verfallen muss, um den Transport erst zu ermöglichen.

Chemische Signale

Die Kommunikation mithilfe chemischer Signale war in der Evolution wohl der erste erfolgreiche Versuch einer „Verständigung“. Signalstoffe, die der chemischen Informationsübermittlung zwischen Artgenossen dienen, werden als **Pheromone** bezeichnet.

Beispiele

Zu den ersten Signalstoffen, die gefunden wurden, gehörte der Sexuallockstoff des Seidenspinners. Die Weibchen des Seidenspinners und anderer Nachtfalterarten können damit aus mehreren Kilometern Entfernung arteigene Männchen anlocken. Die Männchen besitzen dafür hochempfindliche Geruchsrezeptoren an ihren stark gefiederten Antennen.

Zu den chemischen Signalen zählt auch das Setzen von Duftmarken, die die Grenzen eines Reviers anzeigen (Urin, Kot, spezielle Drüsensekrete).

In verschiedenen Tiergruppen (z. B. bei den Elritzen) wurden auch sog. Alarmpheromone entdeckt. Wenn Gruppenmitglieder, z. B. durch einen Raubfisch, angegriffen und verletzt werden, geben sie aus speziellen Schleimzellen einen Schreckstoff ins Wasser ab, der die Artgenossen zur Fluchtreaktion veranlasst.

Ritualisierung

Im Verhalten mancher Tiere beobachtet man Erbkoordinationen, die im Laufe der Evolution ihre ursprüngliche Bedeutung verloren haben und nun im Dienste der Kommunikation stehen. Einen derartigen Vorgang, bei dem sich die Funktionsweise des einzelnen Verhaltens verändert und Signalcharakter bekommt, bezeichnet man als **Ritualisierung**. Vor allem im Balz- und Aggressionsverhalten treten ritualisierte Verhaltensweisen auf.

Jedes Tier besitzt gegenüber seinen Artgenossen eine gewisse **Individualdistanz**, d. h., zwischen zwei Tieren muss ein bestimmter Mindestabstand gewahrt bleiben, damit es nicht zu aggressiven Handlungen kommt. Bei der Balz und zur Paarung muss diese Individualdistanz überwunden werden. Im Laufe der Evolution haben sich daher Verhaltensweisen entwickelt, die die Individualdistanz abbauen.

Beispiel

Im Verlauf der Balz bei Albatrossen tauchen Schnabelfechten, -knabbern, -präsentieren, Putzen und Verbeugen auf. Diese Verhaltensweisen stammen aus unterschiedlichen Funktionskreisen des Verhaltens:

- Schnabelfechten: Aggressive Handlung im Kampf zweier Albatrosse
- Schnabelknabbern: Entspricht Futterbetteln aus Brutpflegeverhalten
- Das Schnabelpräsentieren ist eine Beschwichtigungsgeste.
- Putzen: Entstammt dem Bereich der Körperpflege.
- Verbeugung: Entspricht dem Zeigen des Nistplatzes.

Alle ritualisierten Verhaltensweisen treten in einer strengen Reihenfolge auf, aber keines dieser Verhaltenselemente löst die normalerweise auftretende Gegenreaktion aus. Das strenge Einhalten der Reihenfolge dient dazu, die Individualdistanz allmählich zu verringern, sodass sich die Geschlechtspartner schließlich paaren können. Die einzelnen Verhaltensweisen haben ihre ursprüngliche Funktion verloren. Sie stehen jetzt im Dienste der Kommunikation zwischen den Geschlechtspartnern und haben Signalwirkung. Charakteristisch für diese Verhaltensweisen ist die oft starke Vereinfachung und Überbetonung einiger spezieller Verhaltenselemente, während andere Verhaltensanteile wegfallen. Der Signalcharakter einer ritualisierten Verhaltensweise wird häufig durch Wiederholung und/oder auffällige Körpermerkmale verstärkt.

Bei der **Ritualisierung** wird ein bestimmtes Verhaltenselement durch Bedeutungswechsel zu einem neuen, selbstständigen und unverwechselbaren **Verständigungsmittel** zwischen Artgenossen.

Beispiele

Eine weitere Ritualisierung aus dem Tierreich ist das sog. Drohgähnen bei Pavianmännchen. Normalerweise entblößen Pavianmännchen bei aggressiver Stimmung die Eckzähne. Beim Gähnen wird ebenfalls der Mund geöffnet und es werden die Zähne gezeigt. Im Laufe der Evolution hat sich bei den Pavianen auf das Gähnen ein AAM entwickelt, der Fluchtreaktion auslöste. Das Gähnen wurde zur ritualisierten Handlung und wird auch ohne Ermüdungserscheinung beim Pavian ausgelöst.

Auch der Mensch zeigt ritualisiertes Verhalten. Das bekannteste Beispiel ist der Kuss, der eine ritualisierte Mund-zu-Mund-Fütterung darstellt und im Dienste der Partnerfindung die Signalwirkung von Zuneigung und Zärtlichkeit erlangte.

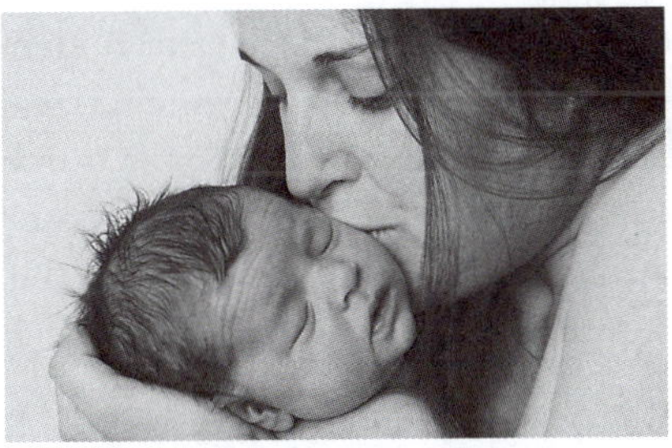

Abb. 93: Der mütterliche Kuss als Zuneigungssignal gegenüber einem Kind

Abb. 94: Der romantische Kuss als Zuneigungssignal gegenüber dem Partner

Situations- und biotopabhängige Nutzung verschiedener Signale und Sinneskanäle

Anhand der dargestellten Bespiele einfacher Signale wird deutlich, dass sie in Abhängigkeit von der Situation oder dem Biotop, in dem sich Sender und Empfänger befinden, verwendet werden. Akustische und chemische Signale werden häufig dann eingesetzt, wenn eine große Reichweite notwendig ist oder Hindernisse durchdrungen werden müssen (dichter Wald), z. B. Balzgesänge oder Warnrufe der Vögel, Pheromone. Optische und taktile Signale überbrücken geringe Entfernungen bzw. eignen sich für den Nahbereich und lassen sich dadurch leicht lokalisieren, z. B. der Sperrrachen von Jungvögeln, Körperkontakt bei Herdentieren. Chemische Signale wirken relativ lang und auch ohne dass der Sender ständig präsent sein muss (Duftmarken), lassen sich aber in ihrer Stärke nicht so kurzfristig ändern wie beispielsweise akustische Signale.

Kosten und Nutzen der Kommunikation

Wie für die Kooperation, lassen sich Kosten-Nutzen-Analysen auch für die Entwicklung der Kommunikation in der Evolution heranziehen. Wenn die Signalisierung bzw. der Signalempfang für Sender bzw. Empfänger zu einer Erhöhung der Gesamtfitness führen, bringt das Kommunikationsverhalten einen Selektionsvorteil.

Beispiele:

Viele Tiere stoßen Warnrufe aus, wenn sich ein Feind nähert. Bei Arten, die in Gruppen leben (z. B. Murmeltiere), können sich die Artgenossen in Sicherheit bringen und haben dadurch einen Überlebensvorteil (Nutzen). Für das Tier, das die anderen alarmiert, besteht jedoch ein hohes Risiko (Kosten) vom Beutegreifer entdeckt zu werden.

Amseln verfügen über unterschiedliche Warnrufe gegen Boden- und Luftfeinde. Der Alarmruf gegen einen Bodenfeind, z. B. eine Katze, ist gut zu lokalisieren. Die Amsel kann sich dem Angriff der Katze durch Auffliegen entziehen. Für Artgenossen der Amsel, aber auch andere Vögel gibt der lokalisierbare Warnruf zusätzlich den Hinweis, wo sich die Katze befindet, sodass sie erkennen können, in welche Richtung sie fliehen können.

In verschiedenen Tiergruppen haben sich Warnfärbungen entwickelt, z. B. gelb-schwarze Musterungen bei Wespe, Hornisse und Salamander, rot-schwarz bei Marienkäfer und der Korallenotter (breite rote und schwarze Ringe sind durch schmale weiße getrennt). Diese optischen Signale weisen die Angreifer auf die Wehrhaftigkeit, Ungenießbarkeit oder Giftigkeit des Trägers der Warntracht hin. Die Kosten der Warntracht bestehen einerseits in der Produktion der Stoffe zur Warnung und Abwehr; andererseits erhöht die auffällige Färbung das Risiko, vom Angreifer gesehen und getötet zu werden, wenn dieser die Gefährlichkeit seiner Beute noch nicht gelernt hat (bedingte Aversion, siehe S. 168). Offensichtlich überwiegt hier jedoch der Nutzen der besseren Feindabwehr.

Signalfälschung liegt vor, wenn es dem Sender durch die Abgabe eines Signals gelingt, den Empfänger zu täuschen:

- Der Sender täuscht den Empfänger dabei hinsichtlich seiner „Identität“: Völlig harmlose Tiere ahmen das Aussehen und Verhalten wehrhafter oder giftiger Tiere nach **(Mimikry** oder **Scheinwarntracht)**. Voraussetzung für das Wirken der Mimikry ist eine geringe Anzahl von Nachahmern im Gegensatz zu den „Originalen“, damit der Fressfeind die Gefährlichkeit der Warntracht lernen kann.

Beispiele

Schwebfliegen ahmen in Färbung, Musterung und Fluggeräusch Wespen nach.
Der Hornissenschwärmer, ein Schmetterling, ahmt Hornissen nach (siehe S. 41).
Die ungiftige Königsnatter ähnelt der Korallenotter (rote und weiße Ringe sind durch schwarze Ringe getrennt).

- Der Sender täuscht den Empfänger hinsichtlich seiner „Absichten“.

Beispiele

Leuchtkäfer-Weibchen locken mit artspezifischen Lichtsignalen Männchen an. Bei bestimmten Leuchtkäferarten in Nordamerika können die Weibchen auch Lichtsignale aussenden, die denen einer anderen Art ähneln, um so artfremde Männchen anzulocken und diese aufzufressen.

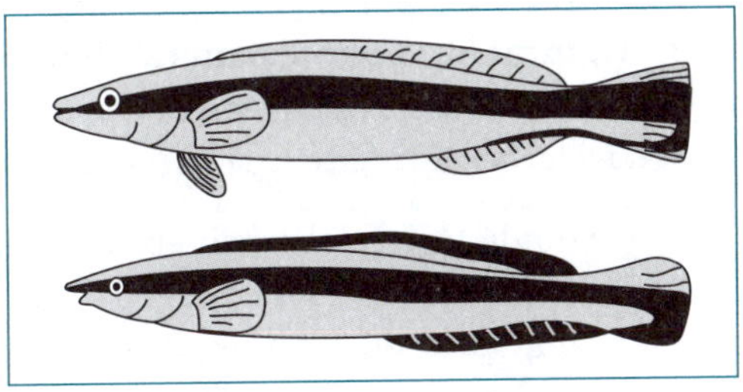
Abb. 95: Putzerlippfisch und Säbelzahnschleimfisch

Der Putzerlippfisch *Labroides dimidiatus* und große Fische wie Haie, Muränen und Riffbarsche leben in einer Putzsymbiose im Bereich tropischer Riffe. Die Putzerlippfische entfernen Parasiten von der Haut und Nahrungsreste aus dem Maul großer Fische ohne selbst gefressen zu werden. Säbelzahnschleimfische *(Aspidontus taeniatus)* ähneln den Putzerlippfischen in ihrer Gestalt und Färbung. Sie können sich deshalb großen Fischen nähern ohne angegriffen zu werden und beißen mit ihrem kräftigen Gebiss Gewebestücke aus deren Haut und Flossen, dann verschwinden sie sofort.

9.3 Konflikte – Aggressionsverhalten

Aggression umfasst in der Ethologie alle Verhaltensweisen des Angriffs oder der Verteidigung, die darauf zielen, den Gegner zu unterwerfen oder zu vertreiben. Nach dem Objekt, gegen das sich die Aggression richtet, unterscheidet man die innerartliche oder intraspezifische Aggression (Objekt: Artgenosse) von der zwischenartlichen oder interspezifischen Aggression (Objekt: Artfremder, z. B. Beute oder Beutegreifer). Die Motivation oder Handlungsbereitschaft zum Kämpfen ist die Aggressivität.

Intensitätsstufen der Aggression

Imponier- und Drohverhalten stellen die schwächste Form aggressiven Verhaltens dar. Es sind unvollständige Andeutungen eines Kampfes, durch Ritualisierung (siehe S. 186) entwickelten sie sich zu sozialen Signalen.

Beispiele

- Vergrößern des Körperumrisses durch Aufrichten des Fells (Hunde, Affen), Aufplustern (Hähne), Einstemmen der Arme (Mensch, Menschenaffen)
- Zeigen der Waffen durch Entblößen des Gebisses (Raubtiere), Senken des Geweihs (Hirsche), Drohen mit der Faust (Mensch)
- Laute und Farben als Warnsignale: Fauchen der Katze, roter Kehlsack beim Truthahn

Beim **Komment- oder Turnierkampf**, der nach festen Regeln (ritualisiert) erfolgt, messen die Gegner ihre Kräfte ohne Verletzungs- oder Tötungsabsicht. Die attackierten Körperteile sind relativ unempfindlich.

Beispiele

- Hunde und Wölfe beißen in den dichten Pelz des Nackens, nicht in die Kehle wie beim Schlagen der Beute.
- Steinböcke oder Antilopen schlagen nicht mit Hörnern oder Hufen zu, sondern stemmen sich im Kommentkampf mit der Stirn gegeneinander.
- Giftschlangen verwinden beim Rivalenkampf ihre Körper, beißen aber nicht.
- Mensch: Für den Umgang mit Waffen haben sich Regeln entwickelt, der Kampf wird häufig zum Turnier. Besonders stark ritualisierte Auseinandersetzungen sind sportliche Wettkämpfe wie Fingerhakeln oder Ringen.

Der Kommentkampf wird bei Tieren mit hoher Fluchtbereitschaft durch das Fliehen des Unterlegenen beendet (Ratten, Tauben). Verhindert dies z. B. der Käfig oder ein Zaun, so kann der Kampf in einen Beschädigungs- oder Ernstkampf übergehen, der mit dem Tod des unterlegenen Tiers endet. **Beschädigungskämpfe** verlaufen nicht nach festen Regeln, es werden Waffen und Techniken eingesetzt, die zum Tode des Gegners führen. Bei Ratten (anonym geschlossene Verbände) oder Löwen (individualisierte Verbände) werden z. B. Eindringlinge der gleichen Art sehr heftig und ohne Tötungshemmung attackiert, es kommt also nicht zum Kommentkampf.

Formen der Aggressionskontrolle

Im Laufe der Evolution haben sich Verhaltensweisen entwickelt, die verhindern sollen, dass ein Artgenosse im Kampf schwer verletzt oder getötet wird. Während eines lang dauernden Kampfes, der mit dem Verlust eines Gruppenmitglieds endet, ist die Gruppe durch Feinde angreifbarer. Danach ist sie außerdem zahlenmäßig geschwächt.

Beschwichtigungs- und Unterwerfungsgebärden (Demutsverhalten) treten bei sozial lebenden Arten auf, bei denen keine hohe Fluchtbereitschaft vorliegt (das Tier würde sich auch von der schützenden Gruppe entfernen) und sollen das Ende des Kampfes herbeiführen. Durch diese Gebärden werden die Auslöser für den Kampf entfernt.

Beispiele

- Verkleinern des Körperumrisses, Abwenden der Waffen.
- Beim Menschen wirken auch Lächeln, beschwichtigende Gesten (Verneigen) und angeborene Ausdrucksformen wie Weinen oder Wehklagen aggressionshemmend.

Auch ritualisierte Verhaltensweisen, die häufig aus dem Fortpflanzungsverhalten stammen, lösen beim Überlegenen eine **Tötungshemmung** aus.

Beispiele

- Wölfe und Hunde legen sich auf den Rücken: Aufforderung des Welpen zur Körperpflege (siehe Abb. 96).
- Ein unterlegener Wolf bettelt ritualisiert um Futter, indem er am Mundwinkel des Gegners leckt.
- Truthähne ducken sich wie eine paarungsbereite Henne.

Abb. 96: Unterwerfungsgebärde beim Hund

- Mensch: Bestimmte Signale, wie z. B. Weinen, wecken beim Angreifer Mitgefühl und führen zur Tötungshemmung. Soll sie z. B. im Krieg unterdrückt werden, ist eine besondere ideologische Beeinflussung notwendig.

Da bei der Begegnung von Artgenossen leicht Aggressionen entstehen können, haben sich beschwichtigende Verhaltensweisen entwickelt, die als **Begrüßungszeremonien** bezeichnet werden.

Beispiele

- Ein Hund legt sich bei der Begrüßung seines Herrn auf den Rücken oder springt an ihm hoch, um mit der Schnauze das Gesicht berühren zu können.
- Menschen und Menschenaffen küssen sich zur Begrüßung (ritualisierte Mund-zu-Mund-Fütterung).
- Mitbringen eines Begrüßungsgeschenks: Kormorane, Mensch.
- Beim Menschen: den Hut abnehmen, an die Mütze tippen, militärischer Gruß als erworbene Verhaltensweisen, die sich aus dem Helmlüften bzw. dem Visierhochklappen entwickelten.

Eine **Rangordnung** ist die hierarchische Reihenfolge der Tiere in einer Gruppe, in der sich die Individuen persönlich kennen (individualisierter Verband).

Durch Rangordnungskämpfe (Aggression im Rahmen der Gruppenhierarchie) lernt jedes Gruppenmitglied die Über- oder Unterlegenheit des jeweiligen Gegners kennen.

In der Zeit direkt nach einem Rangordnungskampf wird ein rangniederes ein ranghöheres Tier nicht mehr angreifen und ihm z. B. bei der Nahrungsaufnahme den Vortritt lassen. Dass es den dominierenden Rang des anderen anerkennt, bringt das unterlegene Tier durch seine Körperhaltung, durch Demutsgebärden (siehe S. 191) oder ritualisierte Verhaltensweisen (siehe S. 186) zum Ausdruck.
Bei vielen Tierarten zeichnet sich das ranghöchste Tier **(Alpha-Tier)** nicht nur durch Größe, Kraft und Kampfbereitschaft aus, es muss auch über Erfahrung und soziale Fähigkeiten verfügen, wie z. B. das Schließen von Freundschaften mit anderen Gruppen, Junge betreuen, Streit in der Gruppe schlichten, Rangniedere beschützen.

Beispiele

Die **Hackordnung der Hühner** stellt eine sog. **lineare Rangordnung** dar. Junghühner im Alter von ca. 7 Wochen legen durch Hacken und Picken ihre Rangordnung fest. Das ranghöchste Huhn (Alpha-Tier) hackt alle anderen Hühner, während das rangniedrigste Tier (Omega-Tier) von allen anderen gehackt wird, z. B. am Futterplatz oder an Ruheplätzen.

In einem **Wolfsrudel** legen die weiblichen und männlichen Tiere jeweils eine Rangordnung fest, die weitgehend nach dem Alter strukturiert ist **(gegliederte Rangordnung)**. Die Ranghöchsten bilden ein Paar und pflanzen sich bevorzugt fort. Zwischen ranghöheren Wölfen sind die Rangunterschiede deutlich ausgeprägt, zwischen rangniederen Wölfen weniger. Innerhalb von Gruppen gleichaltriger Wölfe (außer bei den Welpen) entwickelt sich eine Rangordnung im Kleinen (Klein-alpha). Zwischen Wölfen verschiedenen Geschlechts besteht kein Rangordnungsunterschied, wenn sie in der männlichen bzw. weiblichen Rangordnung auf der gleichen Stufe stehen.

Die biologische Bedeutung der Rangordnung liegt in einer **Stabilisierung der Gemeinschaft**. Dadurch, dass jedes Tier seine Position kennt und sich entsprechend verhält, werden kräftezehrende Kämpfe vermieden. Unter der Führung eines erfahrenen Leittiers erhöht sich die **Sicherheit** des Einzelnen und der Gruppe. Ranghohe Tiere mit positiven Eigenschaften haben bessere Fortpflanzungschancen, die die mit der Aufrechterhaltung der Rangposition verbundenen Kosten überwiegen.

Als **Territorialverhalten** bezeichnet man die Aggression zur Abgrenzung und Verteidigung eines Reviers. Reviere (Territorien) sind Gebiete, die von einem Individuum (z. B. Hamster), einem Paar (z. B. Rotkehlchen) oder einem Verband (z. B. Wolfsrudel) besetzt sind und gegen Artgenossen verteidigt werden. Je nach Funktion unterscheidet man **Wohn-, Jagd-, Balz- oder Brutreviere**. Bei vielen Säugetieren (z. B. Fuchs) umfasst das Revier alle Funktionsbereiche. Die Größe eines Reviers ist von Tierart zu Tierart verschieden, vor allem in Abhängigkeit von Art und Menge der benötigten Nahrung. Selbst innerhalb einer Art kann die Reviergröße schwanken, je nachdem wie ergiebig der Nahrungsraum ist. Zur Vermeidung ständiger Kämpfe an den **Reviergrenzen** werden Reviere markiert.

Beispiele

Duftmarken aus Harn (Wölfe, Bären) und aus speziellen Drüsensekreten (Wüstenrennmäuse, Marder), akustische Signale (Löwen, Spechte), optische Signale (Singvögel, Korallenfische)

Die biologische Bedeutung der Territorialität liegt in der Kontrolle der **Nachkommenzahl**, der Regulation der **Bevölkerungsdichte** und der **Verbreitung** der betreffenden Art: Bei territorialen Tierarten pflanzen sich nur Revierinhaber fort, revierlose Artgenossen nicht. Bei gutem Nahrungsangebot werden mehrere kleine Reviere gebildet, in denen insgesamt mehr Jungtiere heranwachsen. Verschlechtert sich die Ernährungslage, vergrößern sich die Territorien und die Fortpflanzungsrate sinkt. Auf diese Weise reguliert sich die Bevölkerungsdichte in Abhängigkeit vom biotischen Faktor Nahrung. Theoretisch ist so eine gleichmäßige Verteilung der Tierart über den zur Verfügung stehenden Lebensraum zu erwarten. Sie wird jedoch meist nicht erreicht, da Nahrungs- und Brutplatzangebot regional schwanken. Außerdem führt der Kampf um Reviere dazu, dass das stärkere, im Sinne der Selektion besser angepasste Tier das beste Revier erhält und dadurch den größten Fortpflanzungserfolg erzielt und sein Erbgut bevorzugt weitergeben kann. Dieser Nutzen überwiegt den hohen Aufwand für die Revierverteidigung.
Wenn in einem bestimmten Gebiet eine Überbevölkerung eintritt, versuchen revierlose Artgenossen oder Teile einer Population neue Lebensräume zu besiedeln. Es kommt zur **Migration**. Eine andere Ursache für solche Wanderungsbewegungen kann eine jahreszeitlich- oder witterungsbedingte Nahrungsknappheit sein, die zu innerartlicher Aggression führen würde.

Beispiele

- Viele unserer heimischen Vogelarten (Störche, Schwalben, Graugänse) ziehen in wärmere Gegenden in Südeuropa oder Afrika.
- Gnus und Zebras wandern den Regenzeiten folgend zu neuen Weidegründen.
- Admiralfalter fliegen im Herbst über die Alpen in den Süden und kehren im Frühjahr wieder zurück.

Ein anderer Mechanismus der Regulation der Bevölkerungsdichte ist der **soziale Stress**. Er wurde bei Ratten, Mäusen, Kaninchen und Tupajas (Spitzhörnchen; eine eichhörnchenähnliche, territorial lebende niedere Affenart) beobachtet und untersucht: Durch die hohe Populationsdichte wird der Revierbesitz der Tiere (meist Männchen) auf ein Minimum eingeschränkt. Die Revierinhaber sind sehr häufig mit Rivalen konfrontiert und befinden sich fast dauernd in starker Erregung. Es kommt immer wieder zu kurzen, heftigen Kämpfen. Die so ausgelöste Aktivierung des sympathischen Nervensystems führt zur Ausschüttung von Stresshormonen. Deren Auswirkungen führen zu einer drastischen Reduktion der Bevölkerungsdichte, bis den überlebenden Tieren wieder Reviere der erforderlichen Größe zur Verfügung stehen.

Beispiel

Bei Tupaja-Männchen wurden folgende Auswirkungen beobachtet:
- Dauerndes Sträuben der Schwanzhaare (als Zeichen der Erregung)
- Abnehmende Fruchtbarkeit (verringerte Spermienbildung, Rückbildung der Sexualorgane)
- Tod durch Nierenversagen als Folge von Bluthochdruck

Bei weiblichen Tupajas, die normalerweise aggressionslos nebeneinander leben, traten durch die Enge folgende Erscheinungen auf:
- Störung der Funktion der Milchdrüsen und der Säugefähigkeit
- Versiegen der Duftdrüsen zur Markierung der Jungen (unmarkierte Junge werden getötet)
- Erhöhte Jungensterblichkeit, mehr Fehlgeburten
- Abnehmende Fruchtbarkeit
- Resorption der Embryonen (sie werden in der Gebärmutter aufgelöst)

Proximate Ursachen aggressiver Verhaltensweisen

Als proximat werden die unmittelbaren, konkreten Ursachen bezeichnet. Wie bei anderen Verhaltensweisen lösen innere und äußere Faktoren aggressives Verhalten aus. Bei sehr vielen Tierarten ist die Aggressionsbereitschaft während der Fortpflanzungszeit erhöht.
Ursache dafür sind **hormonelle Veränderungen**. Im Experiment wurde Männchen verschiedener Fisch-, Vogel- und Säugetierarten das männliche Sexualhormon Testosteron injiziert, worauf sich deren Aggressionsbereitschaft steigerte und die Nahrungsaufnahme reduzierte. Dass die Entfernung der Testosteron produzierenden männlichen Keimdrüsen Tiere „friedfertiger" macht und sie dann auch mehr fressen, ist durch die Kastration von Nutztieren längst bekannt (Stier ⇒ Ochse, Hengst ⇒ Wallach, Hahn ⇒ Kapaun, Widder ⇒ Hammel).
Der innere **Versorgungszustand** und die **Verfügbarkeit von Ressourcen** beeinflussen ebenfalls die Aggressivität. Die in Hungerphasen stark erhöhte Fressbereitschaft sowie die innerartliche Konkurrenz um die knappe Nahrung führen zu einer Steigerung aggressiver Reaktionen.
Auch eine zu **hohe Populationsdichte** kann vermehrt Aggressionen auslösen. Im dichten Gedränge der Tiere wird zu häufig die Individualdistanz unterschritten, was auf Dauer intolerabel ist. Der wiederholte Anblick von Rivalen hat eine motivierende Reizwirkung und steigert so die Aggressionsbereitschaft.

Ultimate Ursachen aggressiver Verhaltensweisen

Bei der Frage nach den ultimaten Ursachen geht es um die Veränderung der Gesamtfitness eines Tieres durch ein bestimmtes Verhalten (Kosten-Nutzen-Analysen) und die Bedingungen, unter denen evolutionsstabile Strategien entstehen. Bei aggressiven Auseinandersetzungen (z. B. Rivalenkämpfen, Rangordnungskämpfen, Revierverteidigung) lassen sich bei Tieren einer Art unterschiedliche Strategien erkennen:

- Aggressive Kämpfer, die auch das Risiko von Verletzung eingehen, aber dann, wenn sie als Sieger aus der Auseinandersetzung hervorgehen, einen Nutzen in Form von Nahrung, Wohnraum und Geschlechtspartnern haben und ihren Fortpflanzungserfolg steigern können.
- Nachgiebige Kämpfer, die sich gegenüber einem Artgenossen zurückziehen, um Verletzungen zu vermeiden, aber damit auf den Nutzen verzichten, den ein Sieg mit sich bringen würde.

Mit der **Spieltheorie** aus der Mathematik lassen sich Kosten und Nutzen unterschiedlichen Strategien berechnen. John Maynard SMITH zeigte am Beispiel von Rivalenkämpfen auf, welches Verhaltensmuster den höchsten Nutzen erbringt und sich in der Evolution durchsetzen müsste.
Annahmen der **„Falken"- und „Tauben"-Strategie:**
In der betrachteten Tierart sind in Rivalenkämpfen zwei Verhaltensmuster genetisch festgelegt:

- „Falken" reagieren sehr aggressiv und riskant
- „Tauben" verhalten sich eher friedlich und scheuen das Risiko

Spieltheoretisches Schema:

- Sieger erhält 50 Punkte
- Verlierer erhält 0 Punkte
- Verletzung kostet Punkte: –100
- Imponieren und Drohen kostet Punkte: –10

1. Fall: Population nur aus „Tauben" bestehend: „Taube" gegen „Taube"
Annahmen: Beide „Tauben" drohen, Wahrscheinlichkeit zu gewinnen liegt bei 50 %.

Sieger	50 – 10 =	40 Punkte
Verlierer	0 – 10 =	–10 Punkte
		30 Punkte

⇒ Durchschnitt für beide: **15 Punkte**

2. Fall: Population nur aus „Falken“ bestehend: „Falke“ gegen „Falke“
Annahmen: Wahrscheinlichkeit zu gewinnen ist 50 %, Wahrscheinlichkeit verletzt zu werden ist 50 %.

Sieger	50 Punkte
Verlierer	0 – 100 Punkte
	–50 Punkte

⇒ Durchschnitt für beide: **–25 Punkte**

Nach diesen Berechnungen sollte man annehmen, dass die Strategie der „Tauben“ in der Natur häufiger vorkommt als die der „Falken“. Wenn in einer „Tauben“-Population jedoch durch Mutation „Falken“ entstehen, ergibt sich folgende Berechnung:

3. Fall: „Falken“ und „Tauben“ in der Population: „Falke“ gegen „Taube“
Annahmen: „Falken“ siegen immer über „Tauben“, „Tauben“ geben sofort auf.

Sieger	50 Punkte
Verlierer	0 Punkte

„Falken“ haben also in einer Population, die überwiegend aus „Tauben“ besteht, einen Fitnessvorteil, solange sie sich nicht so stark vermehren, dass das Risiko, auf einen anderen „Falken“ zu treffen, zu groß wird. Zwischen den beiden Strategien stellt sich ein stabiles Gleichgewicht ein bei einem Anteil an „Tauben“ von 5/12 (0,42) und „Falken“ von 7/12 (0,58). Bei diesem Verhältnis liegt eine **evolutionsstabile Strategie (ESS)** vor. Wenn eine der beiden Gruppen durch Mutation einen höheren Anteil erreicht, sinkt ihr Punktegewinn, sodass sich zum Schluss das ursprüngliche Verhältnis wieder einstellt.
Die **„Bourgeois“-Strategie** ist eine Erweiterung dieses Modells. Der „Bourgeois“ (Bürger) wendet eine Doppelstrategie an: Ist er z. B. Revierbesitzer, wendet er die „Falken“-Strategie an, greift er einen Revierinhaber an, um in dessen Revier einzudringen, verhält er sich wie eine „Taube“. In der Tab. 12 sind die Punktewerte für das Zusammentreffen von „Falke“, „Taube“ und „Bourgeois“ zusammengestellt:

	Gegner		
Angreifer	„Falke“	„Taube“	„Bourgeois“
„Falke“	–25	+50	+12,5
„Taube“	0	+15	+7,5
„Bourgeois“	–12,5	+32,5	+25

Tab. 12: Punkteverteilung bei verschiedenen Strategie-Konstellationen

Annahmen:
- „Bourgeois“ gegen „Falke“ oder „Taube“: In 50 % der Fälle Besitzer mit „Falken“-Strategie, in 50 % der Fälle Eindringling mit „Tauben“- Strategie
- „Bourgeois“ gegen „Bourgeois“: In 50 % der Fälle Besitzer, der gewinnt, in 50 % der Fälle Eindringling, der verliert; keine Kosten für Verletzungen und Drohen

In einer Population, die nur aus „Bourgeois“ besteht, gewinnt bei Begegnungen jeder jeweils 25 Punkte. Tritt ein „Falke“ als Angreifer in der Population auf (durch Mutation oder Zuwanderung), gewinnt er gegenüber dem „Bourgeois“ 12,5 Punkte. Ist der Angreifer eine „Taube“, gewinnt er bei der Auseinandersetzung mit einem „Bourgeois“ 7,5 Punkte. Wenn sich Angreifer und Gegner als „Bourgeois“ verhalten, liegt der Gewinn mit 25 Punkten am höchsten, weil ja immer einer der Besitzer ist und der andere der Angreifer, der aufgeben wird. Auch die „Bourgeois“-Strategie wäre eine evolutionsstabile Strategie unter der Voraussetzung, dass sich ein Tier in 7/12 der Fälle wie ein „Falke“, also aggressiv, und in 5/12 der Fälle wie eine „Taube“, also kooperativ, verhält. Grenzen des Modells: Die Spieltheorie liefert Erklärungsansätze dafür, wie Verhaltensweisen in der Evolution entstanden sein könnten, beschreibt aber kein in der Natur vorkommendes Verhalten exakt.

9.4 Sexualverhalten

Da sich die Fitness eines Individuums (siehe S. 37) im Fortpflanzungserfolg ausdrückt, ist das Sexualverhalten soziobiologisch von besonderem Interesse. Einerseits sind Artgenossen Konkurrenten, andererseits müssen sie bei der Fortpflanzung kooperieren, damit beide zu einer Steigerung ihrer Fitness kommen können.

Partnerfindung

Bei Tierarten, in denen keine Dauerehe vorkommt, müssen die Geschlechter erst einmal zusammenfinden. Dazu ist eine Grobsynchronisation erforderlich:
- Die **Fortpflanzungsbereitschaft** wird bei den meisten Tierarten (außer Primaten, Mensch und Haustiere) durch Hormone gesteuert, deren Produktion wiederum durch Umweltreize gesteuert wird. Bei Stichlingen setzt eine Wassertemperatur von mehr als 10–15 °C die Bildung von Sexualhormonen in Gang.

- Durch **Wanderung zu Laich- oder Brutplätzen** wird die Chance erhöht, einen Geschlechtspartner zu finden (z. B. Krötenwanderung, Lachswanderung, Vogelzüge zu Brutrevieren)

Das Erkennen und Anlocken des arteigenen Geschlechtspartners erfolgt über Signale (siehe auch S. 183 ff.). Signale, die bei der Partnerwahl eine Rolle spielen und den Partner auch über die Qualitäten des Trägers informieren, werden als **Ornamente** bezeichnet:
- Akustische Ornamente: Balzgesänge bei Vögeln, Gequake der Frösche, Zirpen der Grillen u. a.
- Duftornamente (olfaktorische Ornamente): Sexualpheromone bei Schmetterlingen, Duftmarken bei Säugetieren u. a.
- Optische (visuelle) Ornamente: Körpergröße, „Waffen“ (Geweihe etc.), Färbungen u. a. Die Gesamtheit der optischen Ornamente bezeichnet man als **Sexualtracht**, z. B. das Rad des Pfauenhahns oder das Gefieder des Paradiesvogelmännchens.

Partnerbindung

Hat schließlich ein fortpflanzungsbereites Paar zusammengefunden, sind folgende Probleme zu bewältigen:
- Identifizierung des Partners als Individuum der eigenen Art
- Überwindung der innerartlichen Aggression bei Unterschreiten der Individualdistanz
- Feinsynchronisation der Partner, um die Paarung zu vollziehen

Die Gesamtheit der Verhaltensweisen, die die genannten Probleme überwindet und zu einer sozialen Bindung zwischen den Geschlechtspartnern führt, ist das **Balzverhalten**.

Beispiel

Balzverhalten des Stichlings

Der rote Bauch des Männchens ist die Sexualtracht, an der das Weibchen ein fortpflanzungsbereites Männchen erkennt. Durch Präsentieren des dicken, mit Eiern gefüllten Bauchs wird die Laichbereitschaft des Weibchens deutlich. Der Zickzacktanz des Männchens wird als ritualisierte Verhaltensweise (siehe S. 186) gedeutet, die aus einem aggressiven Hinschwimmen zum Weibchen („Zick“) und einem Rückzug („Zack“) bzw. dem Hinweisen auf das Nest entstanden sein könnte. Das Schnauzentremolo dient der Feinsynchronisation vor der Eiablage und Besamung.

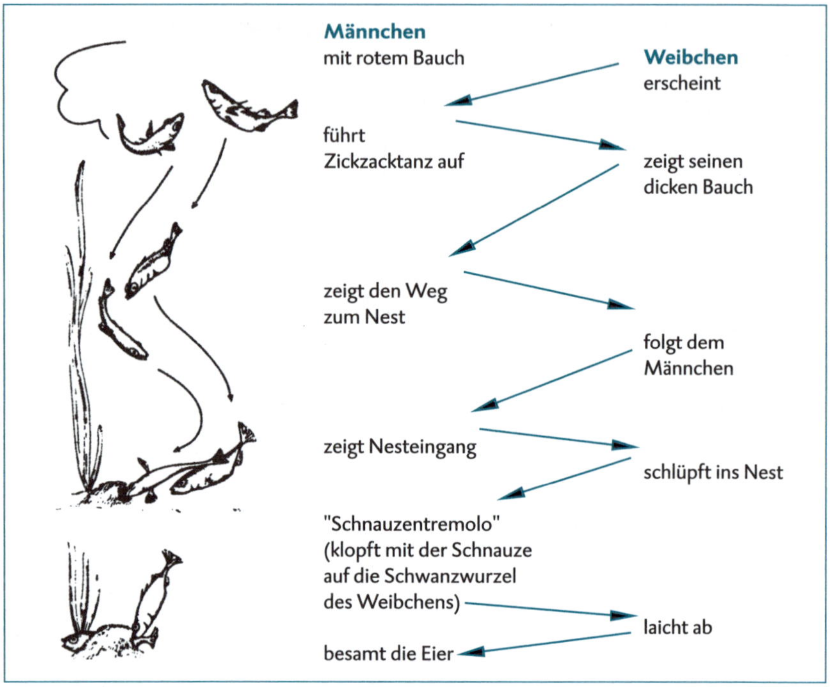

Abb. 97: Handlungskette im Balzverhalten des Stichlings

Die Abfolge der Instinkthandlungen ist jedoch keineswegs starr festgelegt wie oben dargestellt, sondern einzelne Handlungen können wiederholt oder übersprungen werden. Indem die Partner wechselseitig aufeinander reagieren, entsteht eine sog. Handlungskette.

Paarungssysteme

Die verschiedenen Paarungssysteme sind das Ergebnis der Fortpflanzungsstrategie der Individuen. Um sich einen Überblick über die unterschiedlichen sexuellen Beziehungen zwischen Artgenossen zu verschaffen, werden sie in folgende Kategorien eingeordnet:

Monogamie

Ein Männchen und ein Weibchen bilden für einen oder mehrere Fortpflanzungszyklen ein Paar.
Beispiele: fast alle Vogelarten, einige Fisch- und Säugetierarten

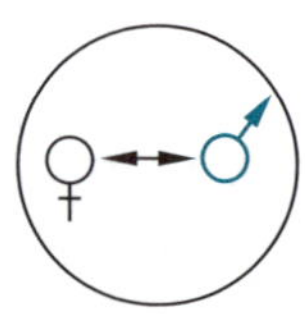

Polygamie: Beide Geschlechter paaren sich mit mehreren Partnern des anderen Geschlechts. Unterteilung in:

- **Polyandrie** – Ein Weibchen verpaart sich mit mehreren Männchen und diese Männchen nur mit diesem einen Weibchen.
  Beispiele: Blatthühnchen, Zwergseidenäffchen

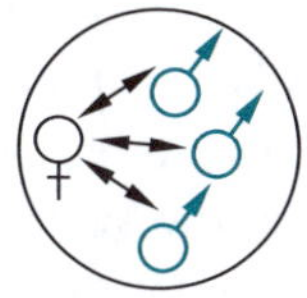

- **Polygynie** – Ein Männchen verpaart sich mit mehreren Weibchen und diese Weibchen nur mit diesem einen Männchen.
  Beispiele: Hirsch, Hühnervögel, Gorilla, Mantelpavian

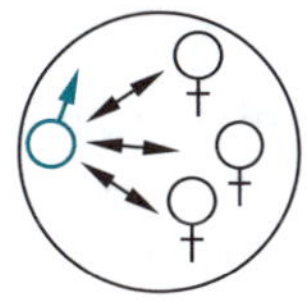

- **Polygynandrie** (Promiskuität) – Sowohl Weibchen als auch Männchen paaren sich mehrmals mit verschiedenen Partnern.
  Beispiele: Schimpanse, Bonobo

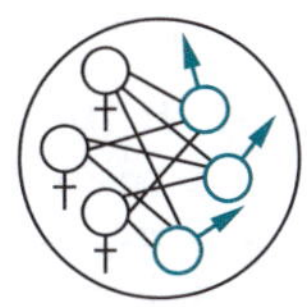

Kosten-Nutzen-Analysen und Fortpflanzungserfolg

- **Monogamie:** Die entscheidende Ursache dieser Fortpflanzungsstrategie ist die Möglichkeit und Notwendigkeit der gemeinsamen elterlichen Brutfürsorge. Partnerfindung und Balz müssen nur einmal durchgeführt werden. Durch den Einsatz beider Eltern können auch bei schwierigen ökologischen Bedingungen die Jungen durchgebracht werden. Der gute Fortpflanzungserfolg wird jedoch auf Männchen und Weibchen aufgeteilt.

- **Polyandrie:** Für ein Weibchen erhöht sich bei diesem Paarungssystem der Fortpflanzungserfolg im Vergleich zur Monogamie, da die Männchen normalerweise die Jungenaufzucht übernehmen. Durch Paarung mit mehreren Männchen erhöht sich die genetische Vielfalt der Nachkommen, was bei wechselnden ökologischen Bedingungen vorteilhaft sein kann.
  Ein Männchen hat in diesem Paarungssystem einen geringeren Fortpflanzungserfolg, da es die erfolgreich aufgezogenen Nachkommen mit anderen Männchen teilt. Bei starkem Männchenüberschuss besteht immerhin eine Möglichkeit zur Fortpflanzung.

- **Polygynie:** In diesem Fortpflanzungssystem können die Männchen durch Paarung mit mehreren Weibchen ihren Fortpflanzungserfolg maximieren, vor allem wenn sie sich an der Aufzucht der Jungen nicht beteiligen müssen. Bei Arten mit Polygynie tritt ein starkes Konkurrenzverhalten unter den Männchen auf. Die Kosten für Verteidigung der Weibchen und des Reviers sowie mehrfache Balz sind hoch.
  Für die Weibchen wird der Fortpflanzungserfolg umso größer, je besser die Qualität des Territoriums und des Revierinhabers ist. Zum anderen reduziert er sich, wenn die Ressourcen mit anderen Weibchen geteilt werden müssen.

- **Polygynandrie:** Die Vorteile des promiskuitiven Paarungssystems für die Weibchen liegen darin, dass eine Befruchtung nach mehrfacher Paarung sehr wahrscheinlich ist und dass sie bei der Nahrungsbeschaffung und Aufzucht der Jungen von mehreren Männchen unterstützt werden können. Die nach Paarung mit verschiedenen Männchen im Körper des Weibchens eintretende Spermienkonkurrenz könnte zwar die genetische Vielfalt der Nachkommen erhöhen, wird aber durch verschiedene Mechanismen teilweise verhindert: Die Männchen (z. B. bei Schimpansen) produzieren sehr große Mengen an Spermien, um die Wahrscheinlichkeit zu erhöhen, dass ihre Gene an die Nachkommen weitergegeben werden. Bei bestimmten Libellenarten entfernt das Libellenmännchen das Sperma seines Vorgängers mit zwei löffelartigen Verlängerungen seines Begattungsorgans aus den Genitalien eines bereits begatteten Weibchens und legt anschließend sein Sperma ab.

Die Paarungssysteme können innerhalb einer Art variieren, sind also nicht genetisch festgelegt. Eine wichtige Rolle spielen dabei die ökologischen Bedingungen.

Beispiel

Heckenbraunellen

Monogame Paare zogen in einer Studie durchschnittlich 5 Junge auf.
Polyandrische Weibchen mit zwei Männchen konnten durchschnittlich 6,7 Junge aufziehen (3,4 Junge/Männchen).
Polygyne Männchen mit zwei Weibchen hatten durchschnittlich 7,6 Junge (3,8 Junge/Weibchen).

Infantizid

Schon bei über 50 Säugetierarten konnte man beobachten, dass unter bestimmten Umständen Nachkommen der eigenen Art getötet werden.

Beispiel

Wird ein Löwenrudel (mehrere miteinander verwandte Weibchen mit Jungen unterschiedlichen Alters) von einem Löwenmännchen (manchmal auch mehrere) erobert, kann es zur Tötung der kleinen Jungtiere durch den neuen Rudelführer kommen.

Solche Fälle von Kindstötung widersprechen der Theorie der Arterhaltung und wurden früher als krankhaftes Verhalten oder Verhalten in Extremsituationen interpretiert. Das Verhalten des neuen Anführers lässt sich jedoch als Strategie, schnell zu seinem eigenen Fortpflanzungserfolg zu kommen, erklären:

- Kurze Zeit nach dem Tod der Jungen werden die Weibchen wieder empfängnisbereit und können von ihm begattet werden.
- Die Aufzucht der neuen Nachkommen ist ohne Konkurrenz älterer Geschwister besser gesichert.
- Nachkommen mit seinen Genen ersetzen die Nachkommen des Vorgängers schon nach kurzer Zeit.

Da sich für die Weibchen durch den Infantizid der Fortpflanzungserfolg erheblich verringert, haben sich Gegenstrategien entwickelt:

- Gemeinsame Verteidigung der Jungen durch die Weibchen
- Verschleierung der Vaterschaft durch Paarung mit anderen Männchen
- Reduktion der Kosten durch Absterben der Feten bei Weibchen, die bei der Übernahme der Gruppe bereits trächtig waren.

Zusammenfassung

- Zum **Sozialverhalten** werden alle Verhaltensweisen gerechnet, die sich auf Artgenossen beziehen.
- **Kooperation** in einer **sozialen Gruppe** hat oft Vorteile (z. B. Schutz vor Feinden), sie bringt aber auch Nachteile (z. B. Konkurrenz) mit sich.
- Nach dem **Optimalitätsmodell** ergibt sich der höchste Gewinn aus der größtmöglichen Differenz zwischen Kosten und Nutzen.
- Die Theorie der **Individualselektion** geht davon aus, dass jedes Individuum versucht, seine Gene möglichst erfolgreich an die nächste Generation weiterzugeben.
- **Altruistisches Verhalten**, bei dem ein Individuum zugunsten der Gruppe auf Vorteile verzichtet, lässt sich mit einer Erhöhung der Gesamtfitness (Lebenszeit-Fortpflanzungserfolg) dieses Individuums erklären.
- Altruistisches Verhalten ist umso wahrscheinlicher, je enger der Verwandtschaftsgrad ist.
- Mithilfe der **HAMILTON-Formel** ist die **Kosten-Nutzen-Analyse** altruistischen Verhaltens unter Berücksichtigung des Verwandtschaftsgrads möglich.
- Das Zusammenleben bei **eusozialen Arten** (z. B. Bienenstaat) ist durch viele altruistische Verhaltensweisen gekennzeichnet. Die Individuen sind besonders nah verwandt.
- Zwischen Artgenossen kann die Kommunikation über **akustische, optische, taktile oder chemische Signale** erfolgen.
- Bei der **Ritualisierung** wird ein Verhaltenselement durch Bedeutungswechsel zu einem neuen, selbstständigen und unverwechselbaren Verständigungsmittel unter Artgenossen.
- Von Imponieren und Drohen über Kommentkampf zu Beschädigungskampf nimmt die Intensität der **Aggression** zu. **Demutsverhalten** dient der Aggressionskontrolle.
- Durch Territorialverhalten, Rangordnungen und Migration wird die Häufigkeit innerartlicher Auseinandersetzungen verringert.
- Mit dem „Falken"-„Tauben"-Modell der **Spieltheorie** werden **Kosten-Nutzen-Analysen** des Aggressionsverhaltens erstellt.
- **Ornamente** spielen bei der Partnerfindung eine wichtige Rolle und sind ein Signal für die Fitness des Geschlechtspartners.
- In den verschiedenen **Paarungssystemen** wird ein maximaler Fortpflanzungserfolg angestrebt.
- Der **Infantizid** lässt den neuen Gruppenführer zu einem schnellen Fortpflanzungserfolg kommen; für die Weibchen vermindert sich dieser erheblich.

Aufgaben

119 Geben Sie in Stichworten vier Vorteile von sozialen Zusammenschlüssen von Tieren an.

120 Benennen und erläutern Sie das selbstlose, aufopfernde Verhalten von Gruppenmitgliedern in individualisierten Verbänden. Begründen Sie, warum dieses Verhalten in anonymen Verbänden nicht auftritt.

121 Der in Florida vorkommende Buschblauhäher lebt im Gestrüpp von Eichen. Die wenigen für ihn geeigneten Lebensräume liegen inselartig verstreut in für diese Vogelart unbewohnbaren Gebieten. Ein Vogelpaar mit seinen bis zu sechs Helfern beansprucht das ganze Jahr über ein Revier. Die Helfer sind meistens Nachkommen des brütenden Paars aus der vorangegangenen Brutsaison. Wenn beide Eltern überlebt haben, sind die Helfer und die neue Brut Vollgeschwister. Die meisten Nachkommen der Buschblauhäher unterstützen die Eltern bei der Aufzucht der Geschwister mehrere Jahre lang, bevor sie im Alter von 3–5 Jahren ein eigenes Revier übernehmen und brüten, obwohl sie mit einem Jahr fortpflanzungsfähig sind. Die durchschnittliche Anzahl aufgezogener Jungen eines Paares pro Brutsaison beträgt ohne Helfer 1,62, mit Helfern 2,20.

a Erläutern Sie, welche Erklärung das Konzept der Individualselektion für das Helferverhalten unverpaarter Buschblauhähermännchen bietet.

b Ermitteln Sie rechnerisch
- die Gesamtfitness eines Helfers und
- die Gesamtfitness eines Nachkommen, der mit Erreichen der Fortpflanzungsfähigkeit eigene Junge aufzieht und beurteilen Sie das Ergebnis.

c Entwickeln Sie eine Hypothese, warum das Helfen beim Buschblauhäher dennoch (im Hinblick auf Teilaufgabe b) von Vorteil ist.

122 Beschreiben Sie, was man unter Ritualisierung versteht.

123 Erläutern Sie die Bedeutung der Ritualisierung für die Tiere.

124 Nennen Sie zwei Ritualisierungen aus dem Bereich der Tierwelt und geben Sie die ursprüngliche Bedeutung dieser Ritualisierungen an.

125 Geben Sie vier Möglichkeiten für die Veränderung einer Verhaltensweise an, die bei ihrer Ritualisierung eintreten könnte. Nennen Sie jeweils ein typisches Beispiel dafür.

126 Der Nacktmull, eine in Ostafrika vorkommende Säugetierart, lebt in Gemeinschaften von 70–80 Tieren in unterirdischen Gangsystemen. In einer solchen Kolonie leben Männchen und Weibchen zusammen, doch in der Regel pflanzt sich nur ein Weibchen („Königin") mit bis zu drei Männchen fort. Alle anderen Tiere beteiligen sich an der Futtersuche, der Jungenaufzucht, dem Ausbau der Gänge, dem Abtransport des Aushubs und der Bewachung der Eingänge. Nacktmulle haben eine fast unbehaarte, faltige Haut, winzige Augen und Ohren ohne Ohrmuscheln. Ihre Nagezähne sind auffallend groß. Der durchschnittliche Verwandtschaftsgrad der Tiere einer Kolonie liegt bei ca. 0,8. Die Ursache dafür ist vermutlich Inzucht.

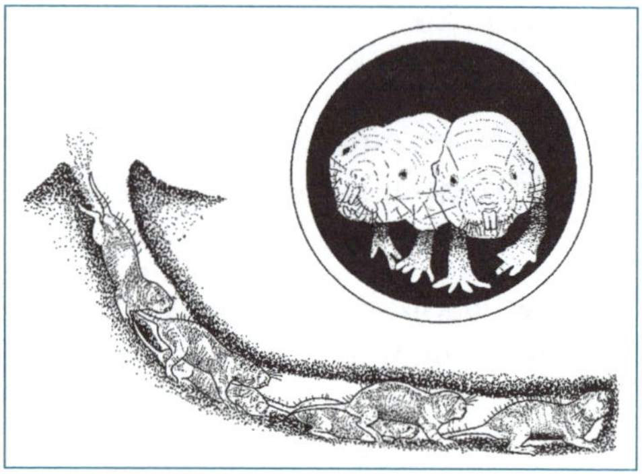

a Deuten Sie die besonderen Körpermerkmale der Nacktmulle als Angepasstheiten an Lebensraum und Lebensweise.

b Begründen Sie, warum Nacktmulle als eusozial bezeichnet werden.

c Beschreiben Sie, worin sich Staaten der Honigbiene von Kolonien des Nacktmulls unterscheiden.

127 Geben Sie fachsprachlich korrekt an, gegen wen Aggression gerichtet sein kann. Stellen Sie dar, wodurch sich diese beiden Arten der Aggression unterscheiden. (Es sind keine konkreten Beispiele verlangt.)

128 Nennen Sie drei verschiedene Mechanismen, die innerhalb einer Tiergesellschaft die auftretende intraspezifische Aggression steuern bzw. unterdrücken helfen.

129 Begegnen sich zwei Mitglieder eines Wolfsrudels, so kann man beobachten, dass ein Tier mit eingezogenem Schwanz am anderen, das den Schwanz emporgerichtet trägt, vorbeiläuft. Begegnen sich zwei Wölfe fremder Rudel, kommt es in der Regel zu aggressiven Auseinandersetzungen.

Erklären Sie diese beiden unterschiedlichen Verhaltensweisen und stellen Sie kurz deren Bedeutung für die Tierart heraus.

130 Interpretieren Sie folgende Verhaltensbeispiele des Menschen unter Verwendung ethologischer Fachbegriffe:

- a Setzt sich eine Person zu einer anderen auf eine Parkbank, beobachtet man häufig ein Wegrutschen der Person, die zuerst da gewesenen ist.
- b Ein Mensch verbeugt sich während eines Telefonats immer wieder tief.
- c Die unterlegene Truppe hisst die weiße Fahne.

131 Giraffen drehen sich beim Angriff eines Raubtiers um und schlagen mit den scharfen Hufen ihrer Hinterbeine zu. Im Rivalenkampf folgt einem rauen Husten und Grunzen ein Schiebekampf mit den hautbedeckten Knochenzapfen der Schädeldecke.
Erklären Sie den Unterschied im Kampfverhalten der Giraffen.

132 Während der Balz fährt der Stockerpel mit dem Schnabel hinter den leicht angehobenen Flügel, als wolle er sich putzen, kratzt dabei aber über die Kiele der Schwungfedern, wobei ein relativ lauter rr-Laut entsteht. Der Knäckerpel berührt nur die Außenseite des Flügels, bei dem durch das Anheben leuchtendblaue Federn sichtbar werden. Der Mandarinerpel steckt den Schnabel hinter den segelartig aufgestellten vorderen Flügelabschnitt, der orangerote Federn aufweist.

- a Erklären Sie kurz, wie derartige Signale im Rahmen des Sexualverhaltens bezeichnet werden und welche Rolle sie bei der Partnerfindung spielen.
- b Erläutern Sie die Bedeutung des Balzverhaltens.

133 Bei in der arktischen Tundra Alaskas lebenden Schneeeulen wurde beobachtet, dass die in Saisonehe lebenden Tiere eine engere Annäherung zu anderen Artgenossen vermeiden. Jagdreviere werden intensiv verteidigt, auch wenn sie nur kurze Zeit genutzt werden.

- a Erklären Sie allgemein die Bedeutung der Revierbildung für die Tiere und nennen Sie zwei für die Schneeeule denkbare Formen der Reviermarkierung.

b Stellen Sie eine begründete Hypothese darüber auf, warum die engere Annäherung an Artgenossen vermieden und das Revier intensiv verteidigt wird.

In Jahren mit besonders vielen Lemmingen, der Hauptnahrung der Schneeeulen, beobachteten Wissenschaftler, wie ältere, besonders aggressive Männchen sich zwei Nester mit je einem Weibchen einrichteten. Sie versorgten dann beide mit Beutetieren und verteidigten zwei Reviere.

c Benennen und beschreiben Sie das hier vorliegende Paarungssystem.

d Erarbeiten Sie aus soziobiologischer Sicht eine begründete Hypothese, die die oben beschriebene Beobachtung erklärt.

10 Angewandte Verhaltensbiologie

10.1 Angeborene Auslösemechanismen (AAM) beim Menschen

Neurosensorische Filter (siehe S. 149), die aus der Fülle der angebotenen Reize diejenigen herausfiltern, die ein bestimmtes Verhalten auslösen, gibt es auch beim Menschen. Das bekannteste Beispiel für einen angeborenen Auslöser beim Menschen ist das **Kindchenschema**, das von Konrad LORENZ 1943 zum ersten Mal beschrieben wurde. Menschen in jedem Alter finden Babys und kleine Kinder „süß“ und „niedlich“ und wenden sich ihnen spontan zu. Für die Reize, die von kleinen Kindern ausgehen, gibt es beim Menschen offensichtlich einen speziellen AAM, der dann Zuwendung und Brutpflegeverhalten auslöst: Das Kind wird geherzt, gehätschelt und beschützt.

Das **Kindchenschema** stellt sicher, dass ein Kleinkind die für ihn lebensnotwendige Zuwendung (Betreuung, Pflege und Schutz) erhält.

Nähere Untersuchungen dieses AAM ergaben folgende Schlüsselreize, die im Kindchenschema zusammengefasst werden:

- ein im Vergleich zum Körper großer Kopf mit steil ansteigender Stirn
- ein im Vergleich zum Gesichtsschädel großer, runder Hirnschädel
- große und tief liegende Augen
- vorspringende, runde „Pausbacken“
- Stupsnase und kleiner Mund
- rundliche Körperformen
- kurze Gliedmaßen und tollpatschige Bewegungen

Abb. 98: Das Kindchenschema: Die Körperproportionen junger Lebewesen (oben) werden als niedlich empfunden und können beim Menschen eine positive Gefühlszuwendung auslösen. Die eher kantigen, in die Länge gezogenen Gesichter der Erwachsenen (unten) rufen diese Reaktion nicht hervor.

Auch Tierjunge senden die Schlüsselreize des Kindchenschemas aus, die den gleichen AAM ansprechen. Fast jeder Zoo besitzt ein Streichelgehege, in dem auffallend viele Jungtiere, z. B. Lämmer, junge Ponys und Kaninchen oder Zwergrassen von Ziegen und Kaninchen gehalten werden. Auch bei der Zucht mancher Hunderassen (Pekinesen, Yorkshire-Terrier, Mops), die als Schoßhunde gehalten werden, wurden Merkmale des Kindchenschemas (große Augen, runder Kopf, kurze Schnauze, kurze Beine) durch Auslese verstärkt.

Beispiele

Die Reaktion auf das Kindchenschema lässt sich auch durch Puppen, Stofftiere oder Comic-Figuren auslösen. Sie ist bei Frauen und Kindern stärker ausgeprägt als bei Männern. Bei der Entwicklung des Teddybärs der Firma Steiff zum Kuscheltier wurden im Vergleich zu den Anfangsjahren der Produktion (1905) die Gliedmaßen verkürzt, Kopf und Rumpf gerundet und auch die Gesichtsform mit stumpfer Schnauze und unterhalb der Gesichtsmitte liegenden Augen dem Kindchenschema angenähert.

Abb. 99: Kindchenschema beim Teddybär

Auch die heutige Form der Micky Maus weist im Vergleich zu der von 1930 eine klare Tendenz zum Kindchenschema auf. Im Verhältnis zum Kopf wurden die Augen stark vergrößert. Durch die nach hinten verlagerten Ohren erscheint die Stirn stärker gewölbt. Eine locker sitzende Kleidung verdeckt die dünnen Gliedmaßen und lässt die Figur rundlicher erscheinen.

Abb. 100: Die Entwicklung der Figur „Micky Maus" von den Anfängen bis heute

Welches Geschlecht eine Person hat, lässt sich prinzipiell an der Körperform erkennen. Der Mensch besitzt offensichtlich einen AAM, der diese Unterscheidung ermöglicht. Dieser AAM spricht auf folgende Schlüsselreize des **Frau-Mann-Schemas** an:

Frau-Schema	Mann-Schema
• Schmale Schultern; schmale Taille; breites Becken • Volle, rote Lippen • Weibliche Brust und Gesäß; Form der Schambehaarung • Insgesamt gerundete Körperformen	• Breite Schultern und schmales Becken • Körperbehaarung und kräftige Muskulatur • Insgesamt kantige Körperformen

Tab. 13: Merkmale des Frau-Mann-Schemas

Durch die aufgeführten Schlüsselreize zeigen Männer vorwiegend Verhaltensweisen wie Flirten, sexuelle Annäherung, Paarungsverhalten, Freundlichkeit, Hilfe und beschützendes Verhalten. Verbinden sich Frau-Schema und Kindchenschema (Kindweib), so werden die erwähnten Verhaltensweisen des Mannes noch verstärkt (vgl. Reizsummation, S. 148). Die Schlüsselreize beim Mann-Schema wirken zusammen und lösen bei der Frau positive Verhaltenstendenzen dem Mann gegenüber aus (Sympathie, sexuelle Annäherung, Paarbindung). Allerdings stehen die Schlüsselreize des Mann-Schemas auch im Dienste der Rivalenbekämpfung, z. B. die breiten Schultern, die bei militärischen Uniformen oft zusätzlich betont werden.

Beim Menschen lässt sich auch ein angeborenes Verstehen eines **mimischen Ausdrucks** nachweisen. Allein die Krümmung des „Mundes" bei einem Smiley nach unten oder oben wird als freundlich/fröhlich oder abweisend/traurig interpretiert. Selbst Gesichter von Tieren werden in dieser Weise missdeutet, z. B. der „verächtliche" Ausdruck eines Kamels durch die herabgezogenen Mundwinkel.

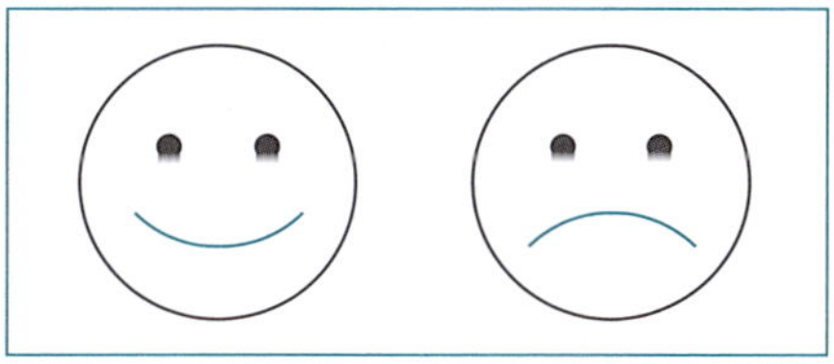

Abb. 101: „Gesichtsausdrücke"

Ethologie in Werbung und Verkauf

Im Zeitalter der Massenproduktion von Waren bedienen sich auch die Werbung und die Verkaufspsychologie bzw. -strategie der Kenntnisse der Ethologie, um den Konsum von Waren zu steigern. Schon bei einem Gang durch einen Supermarkt kann man an den verschiedensten Stellen aufzeigen, wie Werbestrategen das Kaufverhalten der Konsumenten beeinflussen.

Beispiele

Für das Kaufverhalten und somit den Umsatz ist die **Platzierung der Ware** von entscheidender Bedeutung:

- Alle notwendigen Gebrauchsartikel befinden sich meist am hinteren Ende des Supermarktes, wie z. B. die Fleisch-, Wurst- und Brotabteilung. Aus diesem Grund muss der Kunde den ganzen Supermarkt durchqueren, um zu ihnen zu gelangen, und lernt somit auch das übrige Warensortiment des Geschäftes kennen.
- In der Nähe der Kasse befinden sich meist **Spielzeug und Süßigkeiten** für Kinder. Hier wird darauf abgezielt, dass genervte Väter und Mütter in der Warteschlange vor der Kasse ihre quengelnden Kinder eher mit dem Kauf von für sie bestimmten Artikeln beruhigen werden als mitten im Supermarkt.
- Nach **billigen Artikeln**, die weniger Gewinn abwerfen, muss man sich grundsätzlich bücken. Untersuchungen haben ergeben, dass die Artikel, die in Augenhöhe angeboten wurden, dreimal so häufig verkauft wurden wie dieselben im untersten Regal.
- **Großpackungen** sind zwar in der Regel billiger, aber erfahrungsgemäß konsumieren die Käufer von solchen Packungen auch mehr. (Versuche mit Hühnern zeigten ein ähnliches Ergebnis: Etwa gleich hungrigen Hühnern wurden zwei verschieden große Berge von Körnern zum Fressen angeboten. Es war für die Hühner unmöglich, selbst den kleineren Berg Körner ganz aufzufressen. Grundsätzlich fraßen die Hühner, denen ein großer Berg Körner angeboten wurde, mehr als ihre Artgenossen, die einen kleineren Berg Körner vor sich hatten.)
- Häufig werden Produkte nicht geordnet in Regalen aufgeschichtet, sondern als ungeordnete **Warenberge** angeboten. Der Kunde kauft erfahrungsgemäß ungeordnete Ware lieber, weil er denkt, bei diesem billigen Angebot lohne sich das Aufschichten der Ware nicht mehr.
- Oft werden Waren **kombiniert** angeboten (z. B. ein Hemd mit der passenden Krawatte, ein Hemd mit passendem Pullover). Dies stellt einen Anreiz für zusätzliche Einkäufe dar.

- In vielen Fällen unterscheiden sich **Markenartikel** untereinander und von Nichtmarkenartikeln häufig nur durch ihren Namen und die Verpackung. Allein der durch die Werbung bekannt gemachte Name ist häufig für den Käufer der Anlass für den Kauf eines bestimmten Markenproduktes. Welche Bedeutung die Werbung für den Absatz eines Produktes hat, kann man an der Tatsache erkennen, dass Markenwaschmittel-Firmen ca. 15 % ihres Umsatzes für Werbung ausgeben.
- Wie sehr die **Verpackung** für einen Verkaufserfolg ausschlaggebend sein kann, zeigte folgender Test mit jeweils genau demselben Waschmittel. Die Testpersonen erhielten (angeblich) drei verschiedene Waschpulver, die sie ausprobieren und beurteilen sollten. Die drei Verpackungen waren unterschiedlich (eine rein gelb, eine rein blau, eine blau mit gelben Tupfen), das Waschmittel war in allen Packungen dasselbe. Für die meisten Testpersonen war das Waschmittel in der gelben Schachtel zu scharf, das in der rein blauen Packung wusch am schlechtesten, und das Pulver in der blau-gelben Packung beurteilten die meisten Tester als das Beste.
- Werbepsychologen fanden heraus, dass für viele Menschen ein Auto nicht nur ein Fortbewegungsmittel ist, sondern durch den Besitz eines entsprechenden Autos der Wunsch nach Beachtung befriedigt werden soll. Viele Leute wollen auf diese Weise ihren **sozialen Rang** demonstrieren.
- Dass **sexuelle Anreize** (Frau-Mann-Schema) in der Werbung eine sehr große Rolle spielen, zeigt sich beim Durchblättern jeder Illustrierten. Meist dienen derartige Reize als Blickfang für eine Werbeanzeige *(eye-catcher)*, um über die angeborene Reaktion auf diese Auslöser die Aufmerksamkeit auf das Produkt zu lenken.

10.2 Aggressives Verhalten beim Menschen

Hypothesen zur Entstehung menschlicher Aggression

Zur Entstehung der Aggression gibt es verschiedene Hypothesen, die alle von einem unterschiedlichen Hintergrund ausgehen.

- **Triebhypothese der Aggression:** Aggressives Verhalten ist angeboren. Nach dem Instinktmodell von K. LORENZ liegt eine Motivation (Antrieb) vor, die sich ständig selbst (endogen) verstärkt. Bei entsprechendem „Triebstau“ müsste eine aggressive Handlung im Leerlauf ablaufen; darauf gibt es aber keine Hinweise.

- **Frustrations-Aggressions-Hypothese:** John DOLLARD ging davon aus, dass eine Aggression die Reaktion auf eine Frustration, also einen erzwungenen Verzicht auf eine Triebbefriedigung darstellt.
- **Lernhypothese der Aggression:** Nach Albert BANDURA sind Aggressionen keine angeborenen, sondern durch Erziehung erworbene Verhaltensweisen. Die Kinder lernen durch Erfolg und Misserfolg und durch Nachahmung der Erwachsenen aggressives Verhalten.

Jede dieser Hypothesen zur Entstehung der Aggression beim Menschen greift nur einen Aspekt der Entstehung von Aggression auf. Keine von ihnen liefert deshalb eine befriedigende Erklärung. Eine Kombination angeborener und erlernter Faktoren erscheint als Ursache der Aggression am wahrscheinlichsten. Bereits früh in der kindlichen Entwicklung treten aggressive Verhaltensweisen auf, die sich in ähnlicher Form bei Tieren beobachten lassen und auf eine biologische Grundlage hindeuten. Andererseits konnte nachgewiesen werden, dass Kinder, denen aggressives Verhalten vorgelebt wurde oder die es häufig im Fernsehen oder in Computerspielen zu sehen bekamen, eine stärkere Neigung zu aggressiven Handlungen zeigen. In der Erziehung kann aggressivem Verhalten entgegengewirkt werden, indem Frustrationen vermieden werden, aufgestaute Aggressionen durch intensive Gespräche oder auch sportliche Betätigung abgebaut werden oder aber Lernprozesse angestoßen werden, die zu einer besseren Kontrolle der eigenen Aggressivität führen.

Zusammenfassung

- Menschen besitzen einen **AAM** für die Schlüsselreize des **Kindchenschemas**. Dadurch wird ein fürsorgliches Verhalten ausgelöst.
- Der **AAM des Frau-Mann-Schemas** löst die Aufmerksamkeit von Männern bzw. Frauen aus.
- Kindchenschema und Frau-Mann-Schema wird in übersteigerter Form in der **Werbung** eingesetzt, um das Kaufverhalten zu beeinflussen.
- Die Triebhypothese, die Frustrations-Aggressions-Hypothese und die Lernhypothese versuchen die Entstehung aggressiven Verhaltens beim Menschen zu erklären.

ufgaben

134 Beschreiben Sie in Stichworten drei unterschiedliche AAMs beim Menschen.

135 Als während des Vietnamkriegs Bilder um die Welt gingen, die zeigten, wie vietnamesische Babys getötet wurden, war die weltweite und durch alle Kulturen gehende Empörung groß. Ähnliche Bilder, die das Töten vietnamesischer Soldaten zeigten, lösten keinerlei derartige Emotionen und Proteste aus.
Erklären Sie die unterschiedliche Reaktion der Menschen aus ethologischer Sicht.

136 Erläutern Sie, zu welchen Forderungen an die Erziehung die Frustrations-Aggressions-Hypothese führen muss.
Legen Sie dar, welches Verhalten von Kindern, die nach dieser Hypothese erzogen wurden, zu erwarten ist, wenn sie in die Schule kommen.

Lösungen

1 Fossilien sind Überreste von Lebewesen aus früheren Erdepochen. Vergleicht man Fossilien verschiedener Zeiträume, so stellt man fest, dass ältere Fossilienfunde einfachere Baupläne aufweisen als jüngere. Die Funde von fossilen Brückentieren markieren Verzweigungen im Stammbaum der Organismen.

2

	Vogelmerkmale	Reptilienmerkmale
Armskelett	drei Finger befiederte Schwingen	freie Fingerendglieder Krallen
Beinskelett	Mittelfußknochen bilden den Lauf 1. Zehe nach hinten	Schien- und Wadenbein nicht verwachsen

3 a *Eusthenopteron* konnte sich kurzzeitig an Land aufhalten, möglicherweise um ein anderes Gewässer aufzusuchen, da über die Lungenblase Luftsauerstoff aufgenommen werden konnte und die „Gehflossen" eine Fortbewegung ermöglichten. Der Bau des Schädels von *Ichthyostega* weist auf die stammesgeschichtliche Verbindung der Amphibien zu den Quastenflossern hin. *Eusthenopteron* und *Ichthyostega* sind also Brückentiere zwischen Fischen und Amphibien.

b Zusätzliche Veränderungen:
- Entwicklung einer leistungsfähigeren Lunge
- Entwicklung von Gliedmaßen, die den Körper beim Laufen tragen können
- Verstärkung des Skeletts
- Ausbildung einer Körperoberfläche, die vor Austrocknung schützt

4 a Das Schnabeltier vermittelt zwischen den Reptilien und Säugern.

b

Reptilienmerkmale	Säugermerkmale
Eier legen	Brutfürsorge (Eier wärmen)
keine konstante Körpertemperatur	Fell
	Milchdrüsen, Junge säugen

5 LAMARCK und DARWIN gehen beide von der Veränderung der Arten (Inkonstanz) aus. Der Einfluss der Umwelt (Umweltfaktoren) führt zu einer besseren Angepasstheit der Arten.

6 CUVIER geht in seiner Evolutionstheorie noch von der Schöpfungslehre und der Konstanz der Arten aus. Das Aussterben einzelner Arten im Laufe der Erdgeschichte erklärt er mit dem Auftreten von Katastrophen, die zum Verschwinden von Tier- und Pflanzenarten führten.

7 Obwohl König und Königin der Termiten z. B. nur kleine Kiefer besitzen, produzieren sie auch Nachkommen mit großen Kiefern (Soldaten). Nach LAMARCK werden die erworbenen Eigenschaften vererbt. Da die Soldaten steril sind und selbst keine Nachkommen zeugen können, dürften keine neuen Nachkommen mit großen Kiefern entstehen.

8 In Waldgebieten sind die Lichtverhältnisse schlechter als auf einer Wiese. Bunte Farben kommen im Wald kaum zur Geltung, weiße Blüten sind dort optisch auffälliger als bunt gefärbte. Der Duft wirkt auch bei schlechten Lichtverhältnissen als anlockendes Signal für Insekten.
Nach DARWIN traten bei den Vorfahren der Waldpflanzen erbliche Veränderungen auf, die zur Ausbildung von weißen Blüten und Duftsignalen führten. Im „Kampf ums Dasein" hatten diese Varianten im düsteren Wald einen Selektionsvorteil gegenüber den farbigen und nicht duftenden Formen. Sie konnten mehr Samen bilden, sich dadurch effektiver fortpflanzen und verdrängten so ihre Konkurrenten allmählich.

9 Das Zitat stammt von LAMARCK oder einem Anhänger seiner Evolutionslehre (Gebrauch und Nichtgebrauch von Organen). Erworbene Eigenschaften werden nach LAMARCK an die Nachkommen weitervererbt. Es gibt aber bis heute keinen wissenschaftlichen Beweis dafür, dass dies tatsächlich der Fall ist. Alle Experimente in diese Richtung zeigen das Gegenteil.
Experiment: Aus einer Population von Pantoffeltierchen werden nur die größten Individuen weitergezüchtet. Untersucht man die Körpergröße ihrer Nachkommen nach vielen Generationen, so stellt man fest, dass die Variationsbreite der Körpergröße derjenigen in natürlichen Populationen des Pantoffeltierchens entspricht.

10 Die Insekten besitzen „ein inneres Bedürfnis“, den eingesetzten Giften zu widerstehen bzw. sie „üben“ den Stoffwechsel, um Giftresistenz zu erzeugen. Die so erworbene Fähigkeit der Giftresistenz wird dann weitervererbt.

11 Erklärung nach LAMARCK: Durch das Leben in dunklen Höhlen wurden die Augen kaum gebraucht, sodass sie verkümmerten. Zum Aufspüren der Nahrung und zur Orientierung wurden andere Sinne häufiger gebraucht und dadurch verbessert. Diese aktive Anpassung an die Umweltbedingungen wurde an die Nachkommen weitervererbt.
Erklärung nach DARWIN: Unter den zahlreichen Nachkommen (Überproduktion) der Vorfahren der heutigen Höhlenfische gab es einige zufällige Mutanten mit leistungsfähigeren Geschmacks- und Tastsinnesorganen bzw. verkümmerten Augen (genetische Variabilität). Diese hatten durch bessere Sinnesorgane einen Selektionsvorteil, was sich in einer höheren Nachkommenzahl bemerkbar machte. Die Merkmale verbreiteten sich durch Vererbung in der Nachkommenschaft. Die Varianten mit verkümmerten Augen hatten nur einen geringen oder keinen Selektionsnachteil, sodass dieses Merkmal in der Nachkommenschaft nicht verschwand.

12 Nach heutigen Erkenntnissen sind die Aussagen a, b, d und f noch gültig.

13 Morphologischer Artbegriff: Aufgrund anatomischer (körperlicher) Ähnlichkeiten lassen sich Lebewesen systematisch zu einer Art zusammenfassen.
Biologischer Artbegriff: Dieser bezieht sich auf die Fortpflanzungsfähigkeit von Individuen. Zu einer Art zählen in diesem Fall alle Individuen, die miteinander kreuzbar sind und fertile Nachkommen haben. Voraussetzung dafür ist eine bestimmte Übereinstimmung in der DNA der Organismen.

14 Unter einer Art fasst man alle Lebewesen zusammen, die sich miteinander kreuzen können und deren Nachkommen fertil bzw. fruchtbar sind.
Beispiel: Pferde sind untereinander kreuzbar, Esel ebenso. Die Nachkommen sind fertil. Pferd und Esel sind zwar miteinander kreuzbar, ihre Nachkommen (Maulesel und Maultier) sind jedoch unfruchtbar. Es handelt sich um zwei verschiedene Arten.
Rassen sind Populationen einer Art, die sich in einem oder mehreren vererbbaren Merkmalen voneinander unterscheiden.
Beispiel: Ein charakteristisches Rassemerkmal der Hunderasse Chow-Chow ist z. B. die blaue Zunge.

15
- Kriterium der Lage: Laubblätter und Dornen gehen beide auf die gleiche Grundstruktur „Blatt“ zurück.
- Kriterium der Kontinuität: An der Berberitze treten alle Übergangsformen zwischen Blatt und Dornen auf.

16 Das Kriterium der spezifischen Qualität spielt hier eine wesentliche Rolle.
Definition: Aus vielen Einzelelementen aufgebaute Organe und Strukturen gelten auch ohne Lagegleichheit als homolog, wenn sie in vielen Einzelheiten übereinstimmen.
Erklärung: Wenn die genaue Zusammensetzung der Blutspuren bzw. Fingerabdrücke des Täters (Blutgruppen, Serumeiweiß bzw. Hautleistenmuster) bekannt sind, lassen sie sich unabhängig von der Lage homologisieren und so identifizieren.

17
- Kriterium der Lage: Wirbeltierextremitäten, Insektenbeine o. Ä.
- Kriterium der Kontinuität: Übergang der Schwimmblase zur Lunge; Gehörknöchelchen
- Kriterium der spezifischen Qualität: Haifischschuppe – Wirbeltierzahn

18 Die Kartoffelknolle ist eine Sprossknolle, die sich aus Teilen des Sprosses (Stängels) entwickelt, da nur oberirdische Pflanzenteile unter Einwirkung des Sonnenlichts Chlorophyll produzieren können.

19 a Homologe Organe weisen den gleichen Grundbauplan auf, z. B. stimmen die Beine der genannten Tiere in der Lagebeziehung ihrer Knochen zueinander überein. Die unterschiedliche äußere Form und Funktion der Gliedmaßen stellen eine Angepasstheit an die jeweils spezielle Lebensweise dar.
b Alle genannten Tiere stammen von einer gemeinsamen Ahnenform ab.

20 Die Schwanzwirbelsäule stellt einen Atavismus dar. Es handelt sich hierbei um einen Rückfall in eine frühere Entwicklungsstufe des Menschen. Die sehr frühen Vorfahren des Menschen besaßen offensichtlich eine verlängerte Wirbelsäule (Schwanz).

21 Kalkschulp und Gehäusereste sind funktionslose Überreste (rudimentäre Organe). Sie lassen den Schluss zu, dass Tintenfische und Nacktschnecken gemeinsame Vorfahren hatten, die schalen- oder gehäusetragend waren. Der Schulp und die Gehäusereste sind homologe Organe.

22 Die Schwingkölbchen sind um- und rückgebildete Flügel, sie sind also flügelhomolog. Ihr spontanes Auftreten weist auf stammesgeschichtlich ältere Formen hin, die noch zwei Flügelpaare hatten. Die genetische Information darüber ist in den heutigen Fliegen noch vorhanden, wird aber normalerweise unterdrückt. Bei dieser Erscheinung handelt es sich um einen Atavismus.

23 Die Verwandtschaft zwischen zwei Lebewesen ist letztendlich auf die Übereinstimmung ihrer DNA-Basensequenz zurückzuführen. Je mehr DNA-Abschnitte übereinstimmen, desto näher sind sie stammesgeschichtlich miteinander verwandt.

24 a Serum-Präzipitin-Test:

- Einspritzen von Blutserum eines Kondors (Neuweltgeier) in ein Versuchstier, z. B. Kaninchen
- Entstehung von Antikörpern gegen die Serumproteine (Antigene) des Kondors im Kaninchen
- Das Blutserum des Kaninchens, das Antikörper enthält (Anti-Kondor-Serum), wird jeweils mit dem Blutserum eines Kondors, eines Storches und eines Altweltgeiers vermischt.
- Die Antigen-Antikörper-Reaktion führt zur Präzipitation (Ausfällung). Der Ausfällungsgrad zwischen Anti-Kondor-Serum und Blutserum des Kondors wird gleich 100 % gesetzt. Der Ausfällungsgrad zwischen Anti-Kondor-Serum und Blutserum des Storches ist größer als der mit dem Blutserum eines Altweltgeiers. (Je stärker die Ausfällung, desto ähnlicher sind die Proteine der verglichenen Lebewesen, desto größer ist die Ähnlichkeit ihrer DNA (wegen der Universalität des genetischen Codes) und desto größer ist auch der Verwandtschaftsgrad.)

b Die große Übereinstimmung äußerer Ähnlichkeiten war der Grund, auf eine nähere Verwandtschaft zwischen Alt- und Neuweltgeiern zu schließen. Diese Ähnlichkeiten sind jedoch als Angepasstheiten an die gleiche Umwelt und die gleichen Lebensbedingungen entstanden. Es liegen also Analogien vor. Sie sind das Ergebnis von konvergenten Entwicklungen. Die Wissenschaftler interpretierten diese Ähnlichkeiten fälschlicherweise als Homologien.

25 Nach HAECKEL vollzieht sich in der Embryonalentwicklung eines Tieres eine kurze und schnelle Wiederholung der Stammesgeschichte. Es werden aber nicht alle Stadien der Phylogenese durchlaufen. Der Embryo legt auch Strukturen an, die nichts mit der Stammesentwicklung zu tun haben. Es bilden sich keine fertigen Organe, sondern nur die Anlagen dazu aus.

26
- Wal: Die Anlage von Zähnen und hinteren Extremitätenknospen bei Bartenwalen weist auf eine Abstammung dieser Tiere von bezahnten landlebenden Säugetieren hin.
- Mensch: Die Anlage einer verlängerten Schwanzwirbelsäule und ein embryonal angelegtes Haarkleid weisen auf die Abstammung des Menschen von Fell tragenden Vorfahren mit Schwanz hin.

27 a Die Homologie im Bauplan der Larven zeigt, dass zwischen den Meeresringelwürmern, Muscheln und Meeresschnecken eine stammesgeschichtliche Verwandtschaft besteht.

b Biogenetische Grundregel: Während der Keimesentwicklung werden häufig Merkmale der stammesgeschichtlichen Vorfahren ausgebildet, die dem Erwachsenenstadium fehlen.

28 Homologe Organe können auf die gleiche Ursprungsform zurückgeführt werden. Sie sind daher ein Hinweis auf die Abstammung bzw. Verwandtschaft der untersuchten Arten.
Analoge Organe geben keinen Hinweis auf Stammesverwandtschaft, da sie nur aufgrund derselben Umweltbedingungen entstanden sind.

29 homolog: b, d, e, f, g, i
analog: a, c, h

30
- Insektenflügel – Vogelflügel
- Insektenflügel – Fledermausflügel
- Grabbein der Maulwurfsgrille – Grabbein des Maulwurfs
- Elefantenbein – Bein des Marienkäfers

31 Konvergenz ist die Entwicklung von ähnlichen Strukturen als Angepasstheit an gleiche Umweltbedingungen aufgrund ähnlicher Funktion. Beide Tiere zeigen durch ihre Stromlinienform Angepasstheit an das Leben im Wasser. Die Vorderextremitäten bei Delfin und Pinguin lassen sich auf

denselben Bauplan zurückführen, sie sind also homolog. Die Abwandlung zur Flossenform hat sich jedoch konvergent entwickelt.

32 Mutation: b, Modifikation: d, keine von beiden: a, c, e

33 Die geschlechtliche Fortpflanzung führt zur Erhöhung der genetischen Variabilität durch:

- zufällige Verteilung (Neukombination) der väterlichen und mütterlichen Erbanlagen in der Meiose,
- Neukombination bei der Befruchtung sowie
- Trennung gekoppelter Gene durch Crossing-over.

34 Dominante Mutationen wirken sich bei allen Lebewesen sofort im Phänotyp aus und unterliegen der Selektion. Bei haploiden Lebewesen gilt dies auch für rezessive Mutationen. Rezessive Mutationen können bei Diplonten erst dann als Merkmal sichtbar werden, wenn sie homozygot vorliegen. Deshalb können rezessive Allele in Heterozygoten als „Genreserve" über Generationen im Genpool einer Population überdauern und im Falle einer Umweltveränderung zur Entstehung der nun erforderlichen Angepasstheit beitragen.

35 Menschen mit normaler Hämoglobinbildung (homozygot gesund) haben in Malariagebieten einen Selektionsnachteil, da gerade im Kindesalter viele Malariainfektionen tödlich verlaufen. Die intakten Gene werden weniger häufig in die Folgegeneration eingebracht. Heterozygote Träger des Sichelzellgens dagegen erkranken nicht so schwer an Malaria. Sie besitzen einen Selektionsvorteil. Da sie das mutierte Allel häufiger an die Folgegeneration weitergeben können, kommt es zu einer Anreicherung des Sichelzellgens in den Populationen der Malariagebiete.

36 Mutationen und anschließende Selektion können zum Artenwandel und sogar zur Artaufspaltung führen; die modifikatorische Variabilität hat keinen Einfluss auf die Evolution.

37 Durch Vergleich von eineiigen Zwillingen lassen sich Modifikationen, z. B. im Körpergewicht, nachweisen, da eineiige Zwillinge das gleiche Erbgut besitzen und Unterschiede zwischen ihnen umweltbedingt sein müssen.

38 Als die ursprüngliche Kontinentalplatte auseinanderdriftete, stand die Entwicklung der Säugetiere noch am Anfang. Vor allem auf den südlichen Kontinenten spalteten sich die Beutel(säuge)tiere in viele verschiedene Formen auf. Durch die Konkurrenz zu den sich später entwickelnden höheren Säugetieren starben die Beuteltiere in Südamerika bis auf wenige Arten aus. Auf dem isolierten australischen Kontinent dagegen fehlten die höheren Säugetiere. Durch adaptive Radiation entstanden viele Beuteltier-Arten mit ihren spezifischen ökologischen Nischen, die häufig eine Entsprechung in unserer Säugetierfauna finden (z. B. Beutelmull – Maulwurf).

39 Durch Polyploidisierung vervielfacht sich der gesamte Genbestand (Genom) eines Individuums. Polyploide Pflanzen sind gegenüber extremen Klimabedingungen widerstandsfähiger als ihre diploiden Vorfahren. In Wüsten mit ihren extremen Standortbedingungen findet man daher viele polyploide Pflanzen.

40 Der entscheidende Selektionsfaktor ist der Mensch. Er lässt die Varianten, die seinen Zuchtzielen entsprechen, zur Fortpflanzung zu. Da er die Haustiere weitgehend von natürlichen Umweltbedingungen abschirmt, haben auch Formen eine Überlebenschance, die in der Natur einen Selektionsnachteil hätten.

41 Solange die Umweltbedingungen konstant bleiben, hat ein stark spezialisiertes Lebewesen, das gut an seine ökologische Nische angepasst ist, die besseren Überlebenschancen. Ein weniger gut angepasstes Lebewesen ist einem großen zwischenartlichen Konkurrenzdruck ausgesetzt.
Im Falle einer stärkeren Veränderung der Umweltbedingungen liegt der Vorteil einer geringeren im Gegensatz zu einer stärker ausgeprägten Spezialisierung in der besseren Möglichkeit zur neuen Einnischung.

42 Wenn alle Schneckenarten der gleichen Gattung angehören, müssen sie von einem gemeinsamen Vorfahren abstammen. Wahrscheinlich wurde dieser nach der Entstehung der Insel angeschwemmt (Separation). Durch Mutation entstanden verschiedene Formen, die sich aus Mangel an Konkurrenz und Fressfeinden stark vermehren konnten. Die innerartliche Konkurrenz wurde durch diese Überbevölkerung immer größer und die Schnecken besetzten unterschiedliche ökologische Nischen und entwickelten sich zu eigenständigen Arten (adaptive Radiation).

43 Bei wiederholtem Gifteinsatz überleben immer nur die Individuen einer Population, die als Präadaption bereits eine Giftresistenz durch Mutation besaßen. Durch diese Art der Selektion kommen schließlich nur noch giftresistente Populationen vor.

44 Durch Selbstbefruchtung kommt es zur vermehrten Bildung genetisch geschädigter Pflanzen (homozygot rezessive Phänotypen negativer Gene) mit geringeren Überlebenschancen und weniger Möglichkeiten der Neukombination von Genen. Daher werden im Sinne DARWINS die Mutanten mit den entsprechenden Mechanismen zur Verhütung der Selbstbestäubung im Kampf ums Dasein selektioniert, da ihre Nachkommen einen Überlebensvorteil besitzen.

45 Schwarz gefärbte Birkenspanner konnten nicht überleben, solange die Birkenrinde weiß war, da sie meist schnell von Vögeln entdeckt und gefressen wurden.

46 Tiere: geschlechtliche Zuchtwahl, abweichendes Balzverhalten
Pflanzen: Sonneneinstrahlung, Bodenbeschaffenheit (Nährstoffe)

47 Die schwarz-gelbe Musterung dient als Warnfarbe, da die Haut des Feuersalamanders einen schlecht schmeckenden, leicht giftigen Schleim absondert. Feuersalamander erlangen durch ihre einprägsame Färbung also einen Selektionsvorteil, da ihre Fressfeinde einen Zusammenhang zwischen dem Farbmuster und der Giftigkeit der Tiere erlernen und ein Meideverhalten entwickeln.

48 a Durch die freie Kombination der väterlichen und mütterlichen Chromosomen werden in der Meiose Keimzellen gebildet, die bei der Befruchtung miteinander verschmelzen. Die entstehenden Zygoten können sowohl beide Mutationen als auch keine besitzen.

b Bei der geschlechtlichen Fortpflanzung können Nachkommen entstehen, bei denen die rezessive Mutation homozygot vorliegt und deshalb phänotypisch sichtbar wird.

c Durch ein Crossing-over bei der Keimzellenbildung kann der DNA-Abschnitt mit der vorteilhaften Mutation von dem mit der nachteiligen getrennt werden. Bei den Nachkommen können die Mutationen dann einzeln auftreten.

49 a Mimikry oder Scheinwarntracht ist die Nachahmung wehrhafter oder ungenießbarer Vorbilder in Körperform und Farbe (Hornissen) durch wehrlose Tiere (Hornissenschwärmer).

b Unter den vielen Nachkommen von Vorfahren des Hornissenschwärmers waren zufällig auch solche, die z. B. in ihrer Färbung Hornissen ähnelten. Diese hatten einen Selektionsvorteil gegenüber ihren Fressfeinden, überlebten und konnten mehr Nachkommen zeugen, die diese Merkmale ebenfalls aufwiesen.

c Das Meiden ungenießbarer oder wehrhafter Tiere mit Warntracht durch die Fressfeinde beruht i. d. R. auf Lernvorgängen. Deshalb dürfen die Individuen mit Mimikry nicht so zahlreich vorkommen wie ihre Vorbilder, damit der Fressfeind die nötigen negativen Erfahrungen machen kann.

50 Starke Schwankungen der Populationsgröße können Veränderungen des Genpools beschleunigen.
Begründung: Wenn die Populationsgröße durch äußere Einflüsse stark abnimmt, bleibt nur eine zufällige Auswahl an Genen erhalten. Durch Gendrift können sich bestimmte Gene anreichern oder ganz verschwinden.

51 Richtig sind a, b und d.

52 Richtig sind a und b.

53 Bestimmte vom Menschen ausgewählte Merkmale werden der natürlichen Selektion unterliegen. Da kleine Haustierpopulationen häufig homozygot bezüglich solcher Merkmale sind, kann sich ein Selektionsnachteil ergeben, der zum Aussterben der verwilderten Population führt.
Typische Domestikationsmerkmale wie z. B. verringerte Hirngröße und Kurzhaarigkeit bleiben erhalten. Es kommt zu keinem Rückschlag in die Wildart, es sei denn, die Haustiere können sich mit der Stammart vermischen.

54 Mutationen sind der einzige Mechanismus, durch den neue Erbmerkmale entstehen können, sie erhöhen die genetische Variabilität. An den zufällig und ungerichtet auftretenden Mutationen setzt die Selektion an. Rezessive Allele können bei diploiden Organismen in „Wartestellung“ erhalten bleiben.

55 Eine kleine Gründerpopulation wurde auf die Inseln verschlagen und es ergaben sich zufällig Mutationen, die die grüne Variante bedingten. Durch Gendrift konnte sich diese Farbmutante in der Population anreichern. Da Fressfeinde als Selektionsfaktor fehlten, setzten sich die grünen Eidechsen durch.

56 a Über diese Inseln fegen häufig Stürme, die Insekten mit normal ausgebildeten Flügeln leicht ins Meer wehen können. Die in den Insektenpopulationen immer wieder auftretenden Mutanten mit reduzierten Flügeln haben bei Stürmen einen Selektionsvorteil, können überleben und sich fortpflanzen, wodurch die Mutation erhalten bleibt.

b Im sehr kalten, arktischen Klima können große, abstehende Ohren leicht erfrieren oder bewirken zumindest einen unnötigen Wärmeverlust. Unter solchen Klimabedingungen haben Füchse mit kleinen Ohren einen Selektionsvorteil. In der Wüste ermöglichen die großen Ohren dem Fuchs eine Wärmeabgabe und tragen damit zur Regelung seiner Körpertemperatur bei. In diesem Lebensraum haben Tiere mit großen Ohren einen Selektionsvorteil.

c Für Paradiesvogelweibchen stellt das Prachtkleid einen optischen Auslöser im Sexualverhalten dar. Je höher die Reizwirkung dieses Auslösers ist, desto stärker reagiert das Weibchen. Durch die sexuelle Selektion der Weibchen wurden immer die Männchen mit dem prächtigsten Gefieder bevorzugt (geschlechtliche Zuchtwahl). Die Weibchen besitzen im Gegensatz dazu eine Tarnfarbe und sind so beim Brüten besser vor Fressfeinden geschützt. Durch unterschiedliche Selektionsfaktoren entstand bei den Paradiesvögeln der Sexualdimorphismus.

57 Dies hat keine Auswirkung auf die Evolution, da modifikatorische Unterschiede nicht vererbt werden.

58 Die Stummelfüße der Erzschleiche sind hinderlich. Erzschleichen ohne Stummelfüße haben also einen Selektionsvorteil.
Der Blinddarm und der Wurmfortsatz können sich entzünden. Ohne Behandlung kann dies zum Tod führen. Ein Mensch ohne Wurmfortsatz könnte einen, wenn auch geringen, Selektionsvorteil haben. Andererseits ist der Wurmfortsatz als lymphatisches Organ Teil der Immunabwehr. Der Verlust des Wurmfortsatzes würde möglicherweise zu einem Selektionsnachteil führen.

59 a In den mitteleuropäischen Gewässern kommen nur wenige bzw. schwache Konkurrenten der Wasserpest vor. Durch die schnelle vegetative Vermehrung überzieht die Wasserpest Gewässer mit einer dicken Pflanzendecke, die anderen Wasserpflanzen das Licht nimmt. Die Verminderung des Bestandes geht auf Fressfeinde und das verstärkte Auftreten innerartlicher Konkurrenz zurück. Auch die Gewässerverschmutzung trägt zum Rückgang der Wasserpest bei.

b Alle Pflanzen in Mitteleuropa waren anfänglich erbgleich. Durch Mutationen neu entstandene Allele konnten nicht rekombiniert werden, die genetische Variabilität blieb begrenzt. Durch das Aussetzen von männlichen Pflanzen könnte es zu Rekombinationen kommen, der Genpool der Populationen würde sich stärker verändern. So könnten besser angepasste Formen entstehen und sich die Bestände der Wasserpest sich vergrößern.

60 a Da der Chromosomensatz der Schiege ungeradzahlig ist, kommt es in der Meiose zu Unregelmäßigkeiten bei der Chromosomenverteilung. Bei der Chromosomenpaarung in der Prophase I der Reduktionsteilung findet ein Chromosom keinen Partner und wird bei der Zellteilung in der Telophase I zufällig auf eine der beiden Tochterzellen verteilt. Möglicherweise sind auch die väterlichen und mütterlichen Chromosomen einander zu wenig ähnlich, sodass sich die homologen Chromosomenpaare nicht zusammenfinden können und eine korrekte Keimzellenbildung nicht möglich ist.

b Wie aus der binären Nomenklatur ersichtlich ist, gehören das Hausschaf und die Hausziege zu unterschiedlichen Gattungen. Die genetischen Unterschiede sind also größer als bei Esel und Pferd, bei denen es sich um zwei Arten der gleichen Gattung handelt. Die Wahrscheinlichkeit, dass bei der Realisation der genetischen Information im Schiegen-Embryo Störungen auftreten, ist größer als bei Bastard-Embryonen von Esel und Pferd. Schiegen-Embryonen sterben deshalb meistens vor Ende der Tragzeit ab.

61 Siehe S. 63 f.

62 Ein solches Gebilde müsste zumindest einen Stoffwechsel und die Fähigkeit zur Informationsweitergabe, Replikation und Mutation aufweisen.

63 Da die zufällige Bildung organischer Stoffe in der Ursuppe sehr lange dauerte, kam es zu einem Verbrauch dieser Substanzen durch die heterotrophen Urzellen. Im Konkurrenzkampf um Nahrung konnten sich solche Formen durchsetzen, denen es gelang, energiereiche organische Stoffe selbst herzustellen (Autotrophie). Chemoautotrophe Organismen konnten durch chemische Reaktionen Energie aus anorganischen Stoffen gewinnen, um damit energiereiche organische Verbindungen aufzubauen. Fotoautotrophe Organismen hatten den Selektionsvorteil, dass sie zum Stoffaufbau das (nahezu) unerschöpfliche Sonnenlicht nutzen konnten.

64 Durch die Entstehung der Fotosynthesepigmente wurde die Nutzung des Sonnenlichts zur Wasserspaltung möglich. Der an die Atmosphäre abgegebene Sauerstoff wirkte auf die meisten Organismen giftig. Es überlebten nur die Organismen, die durch den Sauerstoff nicht geschädigt wurden, indem sie ihn verbrauchten. Der entscheidende Selektionsvorteil war die Nutzung des Sauerstoffs als Wasserstoffakzeptor bei der Zellatmung, was mit einem hohen Energiegewinn verbunden war.

65 Vielzelligkeit erlaubt Arbeitsteilung der Zellen und damit eine Verbesserung bestimmter Funktionen (z. B. die Ausbildung hoch entwickelter Sinnesorgane, Herz und Lunge) und damit mehr Möglichkeiten zur besseren Angepasstheit an Umweltbedingungen.

66 Gründe für das Aussterben der Dinosaurier sind z. B.:

- Klimaänderung: Reptilien sind wechselwarm und bekamen Probleme mit den kühleren Temperaturen.
- Große Mengen Staub, Asche und Ruß in der Atmosphäre: Das Pflanzenwachstum wurde durch die ungünstigen Lichtverhältnisse limitiert und den Dinosauriern damit die Nahrungsgrundlage entzogen.

67 Koevolution ist die wechselseitige Anpassung von Arten aneinander. Sie beruht darauf, dass diese Arten über einen längeren Zeitraum in ihrer Stammesgeschichte einen starken Selektionsdruck aufeinander ausüben. Durch die Entwicklung der Ultraschallortung und das Einfangen mit der Schwanzhaut können die Fledermäuse bei Dunkelheit im Flug erfolgreich Nachtfalter erbeuten. Durch Gegenanpassungen wie spezielle Hörorgane und blitzschnelle Bewegungen erhöht sich für die Nachtfalter die Wahrscheinlichkeit, dem Feind zu entkommen. Die Körperbehaarung der Falter erschwert der Fledermaus zudem die Ortung ihres Beutetiers.

68 a In der Evolution der Grabwespen hatten die Männchen einen Selektionsvorteil, die die Merkmale der Weibchen schnell und sicher erkennen konnten. Bei den Weibchen hatten die Individuen einen Selektionsvorteil, die durch ihr Aussehen und ihren Duft Männchen am erfolgreichsten anlocken konnten. In der Koevolution von Fliegenorchis und Grabwespenmännchen entwickelten sich bei den Blüten optische und geruchliche Angepasstheiten an die Grabwespenweibchen, die eine erfolgreiche Täuschung der Grabwespenmännchen möglich machten. Auf diese Weise kann die Fliegenorchis ihre Bestäubung mit Pollen einer anderen Pflanze der gleichen Art sichern (Fremdbestäubung).

b In einer Symbiose ziehen sowohl Blütenpflanze als auch Bestäuber Vorteile aus der Beziehung. Für die Fliegenorchis erhöht sich durch die Fremdbestäubung zwar die Menge an Samen und damit der Fortpflanzungserfolg, die Grabwespenmännchen haben dagegen keinen Vorteil.

69 a Die nächsten Verwandten des Menschen sind Orang-Utan, Gorilla und Schimpansen (zwei Arten).

b Betrachtet man anatomische Merkmale, so scheint der Mensch näher mit Gorilla und Orang-Utan verwandt zu sein. Serologische Tests und Untersuchungen der DNA ergaben aber einen höheren Verwandtschaftsgrad zwischen Mensch und Schimpanse. Vermutlich sind die molekularbiologischen Methoden aussagekräftiger als die anatomischen Befunde, da hier die allen Abweichungen zugrunde liegende Veränderung der DNA durch Mutationen mehr oder weniger direkt miteinander verglichen werden kann.

70
- Der Vergleich von Proteinen, z. B. Hämoglobin, ergab eine ähnliche Aminosäuresequenz.
- Die Art der Antigene der Zellen ist sehr ähnlich, z. B. kommen die gleichen Blutgruppen des AB0-Systems vor.
- Die DNA-Hybridisierung ergab eine hohe Ähnlichkeit der genetischen Informationen.
- Die unterschiedliche Chromosomenzahl (Menschenaffen: $2n = 48$, Mensch: $2n = 46$) lässt sich durch die Verschmelzung zweier kleiner Chromosomen zu einem großen erklären.

71 a Auslöser war der Wechsel des Lebensraums: Ehemalige Bodenbewohner gingen zum Leben auf den Bäumen über. Die Bedingungen des neuen Lebensraumes stellten neue Selektionsfaktoren dar, aufgrund derer sich die neuen Merkmale durchsetzen konnten.

b
- Vergrößerung der Augen, Überschneidung der Sehfelder beider Augen: ermöglicht genaues räumliches Sehen und zuverlässiges Abschätzen von Entfernungen beim Klettern und Springen in Bäumen.
- Größeres und stärker gefurchtes Großhirn: erleichtert bei der Fortbewegung die schnelle Entscheidung über den günstigsten der vielen möglichen Wege im Geäst.
- Daumen und große Zehe opponierbar: Hände und Füße werden zu Greiforganen, die das Klettern im Geäst erleichtern.

c Merkmale des heutigen Menschen, die auf die genannten Anpassungen zurückzuführen sind:
- Augen sehr leistungsfähig
- sehr gutes räumliches Sehen, ermöglicht unter anderem das geschickte Benutzen der Hände unter der Kontrolle der Augen
- hohe Planungsfähigkeit
- große handwerkliche Geschicklichkeit (sehr weit gehende Opponierbarkeit des Daumens)
- Kontrolle der Körperhaltung beim zweibeinigen Gang

72 In direktem Zusammenhang miteinander stehen die Aussagen b, d und e.

73 a

Merkmal	Mensch	Menschenaffen
Unterkiefer	parabolischer Zahnbogen	U-Form mit parallelen Backenzahnreihen
Schnauze	Verkürzung und Kinnbildung	stark ausgebildet
Gehirnschädel	zunehmende Rundung	flach und gestreckt
Stirn	steil	flach
Überaugenwülste	flach	stark ausgebildet
Gebiss	geschlossene Zahnreihe	Lücke zwischen unterem Eckzahn und Schneidezähnen
	Eckzähne zurückgebildet	Eckzähne überragen übrige Zähne deutlich

b A: *Homo erectus*; B: *Homo sapiens sapiens*; C: Schimpanse

74 **a** A = *Homo erectus*; B = Gorilla; C = *Homo sapiens sapiens*

b Je weiter sich das Hinterhauptsloch der Schädelmitte nähert, desto besser lässt sich der Schädel auf dem Auflagepunkt balancieren und desto schwächer kann die Muskulatur sein, die ihn hält. Im Laufe der Stammesgeschichte rückte das Hinterhauptsloch immer weiter in Richtung Schädelmitte, gleichzeitig wurde die Nackenmuskulatur reduziert. Daher sind die Ansatzflächen dieser Muskulatur am Schädel umso kleiner, je näher die Verwandtschaft zum heutigen Menschen ist.

75 Zu erwarten sind folgende Merkmale (korrekte Antwort grau hinterlegt):

Das Hinterhauptsloch lag im Zentrum der Schädelunterseite	**oder**	Das Hinterhauptsloch lag weiter hinten am Schädel
Das Schädelvolumen betrug etwa 500 *ml*	**oder**	Das Schädelvolumen lag bei ca. 1 000 *ml*
Die Eckzähne waren groß und dolchartig	**oder**	Die Eckzähne waren kaum höher als die Schneidezähne
Die Stirn war flach und fliehend	**oder**	Die Stirn war steil und hoch

Wegen des angegebenen, ständig aufrechten Gangs kann das Fossil kein enger Verwandter der Menschenaffen sein. Der stark vorgewölbte Gesichtsschädel schließt Vertreter der *Homo erectus*-Gruppe und weitere, jüngere Formen des Menschen aus. Diese Ausschlüsse engen die mögliche systematische Zuordnung ein auf Vertreter der Gattung *Australopithecus* und auf die frühen *Homo*-Arten, wie *Homo rudolfensis* und *Homo habilis*. Falls es sich bei dem Fossil um einen sehr frühen Vertreter der Gattung *Homo* handelt *(H. habilis, H. rudolfensis)*, darf man auch mit einem deutlich über 500 cm^3 liegenden Hirnvolumen rechnen.

76 Die Aussage ist unsinnig, denn sie drückt aus, dass der Mensch eine evolutive Weiterentwicklung des heutigen Affen darstellt. Die heutigen (Menschen-)Affen und der heutige Mensch haben zwar nach Auffassung der Evolutionsbiologie gemeinsame Vorfahren, in dem Zeitraum, in dem es zur Entstehung des heutigen Menschen kam, haben sich jedoch auch die Vorfahren der heutigen Affen durch evolutive Prozesse weiterentwickelt. Affen und Menschen sind also das Ergebnis eines jeweils eigenen evolutionären Prozesses.

77 **a** Grundlagen für die kulturelle Evolution sind:
- das große und ungewöhnlich leistungsfähige Gehirn,
- die durch die ausgeprägte Opponierbarkeit des Daumens bedingten sehr feinen Bewegungsmöglichkeiten der Hand (Präzisionsgriff) und die leistungsfähigen Gehirnfelder, die die Hand steuern,
- die differenzierte, artikulierende Sprache, die es ermöglicht, erworbene Kenntnisse weiterzugeben.

b Mit der Erfindung der Schrift konnten
- kulturelle Kenntnisse außerhalb des Gehirns gespeichert werden,
- größere Mengen an Information gespeichert werden als im Gehirn,
- kulturelle Informationen über weite Strecken transportiert und über lange Zeit hinweg konserviert werden.

Mit der Erfindung des Buchdrucks und der Einführung der elektronischen Datenverarbeitung verstärkten sich diese Fortschritte noch weiter. Das Tempo der kulturellen Evolution nahm dadurch deutlich zu.

78 Nach Auffassung der meisten Fachwissenschaftler gehören alle heute auf der Erde lebenden Menschen zur gleichen Rasse, zu der des *Homo sapiens sapiens*. Eine Rasse ist biologisch definiert als Teilpopulation, die sich durch phänotypische und genotypische Merkmale von anderen Teilpopulationen unterscheidet. DNA-Vergleiche der verschiedenen Menschengruppen haben gezeigt, dass die genetischen Unterschiede zu gering sind, um eine Einteilung in Rassen zu rechtfertigen.

79 **a** Zu Beginn zeigt die Pantoffeltierchen-Kultur ein exponentielles Wachstum. Der Zusatz des Räubers *Didinium* führt dazu, dass dieser sich aufgrund des großen Nahrungsangebots rasch vermehrt. Die Zahl der Pantoffeltierchen nimmt dadurch ab, und zwar umso rascher, je größer die Individuenzahl des Räubers wird. Mit abnehmender Zahl der Beute sinkt auch die Vermehrungsrate des Räubers. Die Pantoffeltierchen werden schließlich ausgerottet, worauf mit zeitlicher Verzögerung auch die Räuberpopulation durch Nahrungsmangel stirbt.

b Für beide Arten ergeben sich wellenartige Bestandsschwankungen mit phasenverschobenen Häufigkeitsmaxima, wobei die Zahl der Beute größer als die des Räubers ist.

c Es kommt zunächst zu einer starken Vermehrung der Pantoffeltierchen, da nur noch wenige Räuber vorhanden sind. Durch die Zunahme der Beutepopulation vermehren sich zeitversetzt aber auch die Räuber wieder (3. VOLTERRA'sche Regel).

80

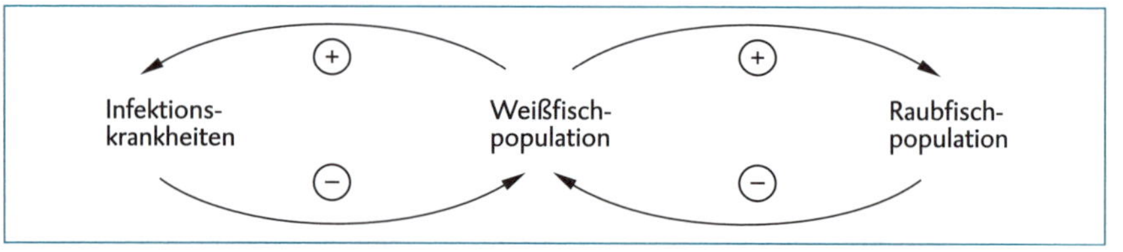

a Bei starker Vermehrung der Weißfischpopulation vermehrt sich auch die Raubfischpopulation stärker, da nun mehr Nahrung zur Verfügung steht. Durch die Vermehrung der Räuber verringert sich wiederum die Weißfischpopulation (negative Rückkopplung).

b Bei einer hohen Populationsdichte der Weißfische ist die Möglichkeit einer Ansteckung durch Infektionskrankheiten sehr groß. Durch die Zunahme der Infektionskrankheiten sterben mehr Weißfische (negative Rückkopplung). Räuber und Seuchen sind dichtebegrenzende Faktoren der Weißfische.

81 Die Arten A und B stehen in einer Räuber-Beute-Beziehung zueinander, wobei A die Beute und B der Räuber ist. Dies lässt sich aus den phasenverschobenen Kurven ableiten. Nach VOLTERRA ist die Zahl der Beutetiere zahlenmäßig größer als die der Räuber.

Die Kurven der Arten A und C sind typisch für einen Konkurrenzausschluss. Beide Arten stellen sehr ähnliche Anforderungen an ihre Umwelt, ihre ökologischen Nischen überschneiden sich also stark. Da die Art C ausstirbt, ist anzunehmen, dass die Art A besser an die gegebenen Umweltbedingungen angepasst ist.

82 a

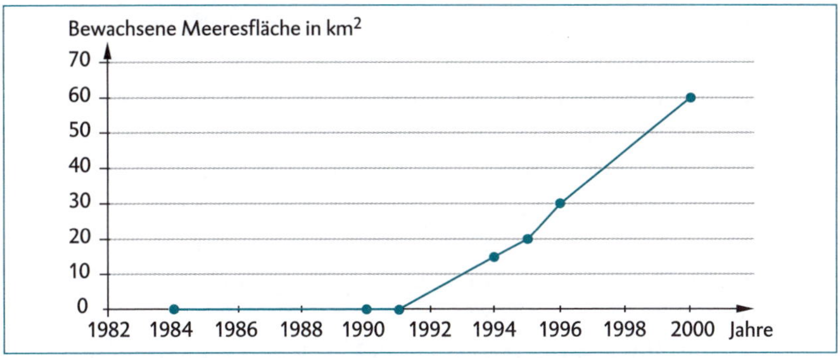

b Das Wachstum von *Caulerpa* ist annähernd exponentiell. Die neuen Umweltbedingungen (Wassertemperatur, Lichtverhältnisse, stoffliche Zusammensetzung des Meerwassers etc.) im Mittelmeer erwiesen sich als sehr gut geeignet für die Alge, was sich an der Zunahme ihrer Körpergröße zeigt. Durch die ungeschlechtliche Vermehrung erreicht *Caulerpa* eine hohe Wachstumsrate und kann sich deshalb gegenüber konkurrierenden Meerespflanzen durchsetzen. Außerdem fehlen im neuen Lebensraum vermutlich auch natürliche Feinde, die die Sterberate erhöhen könnten. Erst bei zunehmendem Umweltwiderstand (Feinde, Konkurrenz) sinkt die Vermehrungsrate wieder, bis die Individuenzahl schließlich die Umweltkapazität erreicht → logistisches Wachstum.

83 a

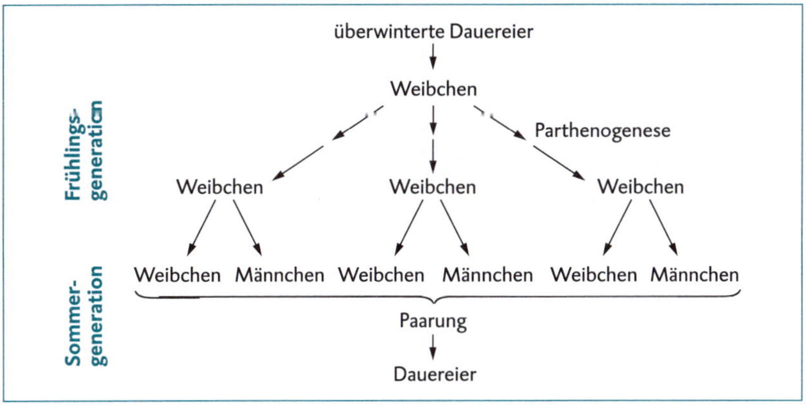

b r-Strategen besiedeln Lebensräume mit stark schwankenden Umweltbedingungen. Unter sehr günstigen Lebensbedingungen erfolgt eine explosionsartige Vermehrung. Eine Verschlechterung der Bedingungen führt zum Zusammenbruch der Population. Solchen Arten mit hoher

Wachstumsrate und kurzer Lebensdauer gelingt es, einen Lebensraum ausgehend von wenigen Individuen schnell zu besiedeln und Verschlechterungen der Umweltbedingungen zu überleben.
K-Strategen können ihre langfristig konstante Populationsdichte nur bei konstanten Umweltbedingungen erhalten. Individuen von Arten mit K-Strategie sind langlebig und haben wenige Nachkommen, die intensiv betreut werden. Sie weisen häufig Anpassungen zur Feindabwehr, Konkurrenzvermeidung und Regulation der Populationsdichte auf.
Wasserflöhe verhalten sich in der Frühjahrsgeneration wie r-Strategen: Wenn sich die Wassertemperatur erhöht und durch die Vermehrung des Phytoplanktons die verfügbare Nahrung zunimmt, steigt die Populationsdichte der Wasserflöhe durch parthenogenetische Vermehrung rasch an. Ein Austrocknen z. B. einer Pfütze, in der die Wasserflöhe leben, lässt die Population zusammenbrechen. Die Sommergeneration dagegen zeigt Merkmale der K-Strategen: Die Vermehrungsrate sinkt (weniger Nachkommen/Weibchen), stattdessen werden Dauereier gebildet, die den Winter überstehen. Die Ausbildung des Kopfhelms und des Dornfortsatzes dient der Feindabwehr und damit der Überlebenssicherung.

84 Das exponentielle Wachstum der Menschheit in den letzten Jahrhunderten ist zurückzuführen auf die

- zunehmende Industrialisierung, verbunden mit der hohen Produktionsleistung von Massenkonsumgütern;
- Steigerung der landwirtschaftlichen Produktion durch den Einsatz von Maschinen und Kunstdünger;
- Verbesserung der medizinischen Versorgung und der hygienischen Verhältnisse, verbunden mit einer Zunahme der Lebenserwartung;
- größere Mobilität durch neue Verkehrsmittel (Eroberung neuer Lebensräume und verbesserte Möglichkeiten des Warenaustausches).

85 In der Luft von Großstädten befinden sich viele Staubteilchen, die als Kondensationskerne für Säuren dienen. Es bilden sich ganz feine Säuretröpfchen, z. B. von Salpetersäure. Salpetersäure wiederum entsteht durch Reaktion von Stickstoffoxiden mit der Luftfeuchtigkeit. Stickstoffoxide sind in den Auspuffgasen der Kraftfahrzeuge enthalten. Der Smog tritt im Sommer häufiger auf als im Winter, weil es im Sommer oft Inversionswetterlagen gibt (Warmluft liegt über Kaltluft), in denen kein Luftaus-

tausch stattfindet. Bei derartigen Wetterlagen nimmt die Konzentration von Staub und Stickstoffoxiden über Großstädten besonders stark zu.

86 Die aufgrund des Ozonlochs stärkere UV-Strahlung beeinträchtigt auch das Phytoplankton und führt teilweise zum Absterben dieser fotoautotrophen Organismen. Dadurch wird weniger Kohlenstoffdioxid durch die Fotosynthese fixiert. Ein höherer CO_2-Gehalt der Luft steigert den Treibhauseffekt.

87 Treibhäuser besitzen eine Glasscheibe als Dach. Dieses ist für sichtbare Lichtstrahlen durchlässig, nicht aber für die langwelligeren Wärmestrahlen. Trifft Licht auf Materie, wird ein Teil des Lichts in Wärmestrahlen umgewandelt. Da diese die Glasscheiben nicht nach außen durchdringen können, erwärmt sich folglich der Treibhausinnenraum.
Der globale Treibhauseffekt bewirkt eine allmähliche Erwärmung der Erdatmosphäre. Die Rolle des Glasdachs übernimmt in diesem Fall das Kohlenstoffdioxid.

88 Beim Verbrennen von Holz entsteht Kohlenstoffdioxid, das verantwortlich für den globalen Treibhauseffekt ist (siehe Lösung 87). Zusätzlich werden durch Waldbrände aber auch viele Bäume vernichtet. Diese stehen dann nicht mehr für die Fotosynthese zur Verfügung, den Prozess, der einen Teil des Kohlenstoffdioxids bindet. Der Treibhauseffekt wird auch durch Methan gefördert, das z. B. bei der Gärung der Nahrung in Rindermägen entsteht.

89 a Die Stadt bietet den Pflanzen und Tieren eine Vielfalt an unterschiedlichen Lebensräumen: Grünflächen, Parks und Friedhöfe, Gärten und Balkons, Bahngleise und Industrieanlagen, Dächer, Dachböden und Außenwände von Häusern. Die ständig anfallenden Abfälle der Menschen bieten den Tieren eine nie versiegende Nahrungsquelle. Das städtische Mikroklima (höhere Temperatur, weniger Frosttage, aber auch weniger Feuchtigkeit) schafft günstige Bedingungen für die Ansiedlung weiterer Arten.

b Monokultur: Auf den meist sehr großen, maschinengerechten Anbauflächen wird über mehrere Jahre hinweg immer die gleiche Feldfrucht kultiviert.

- Die verödete Landschaft bietet nur wenige Wohnräume für wenig anspruchsvolle Tierarten.
- Der Boden wird durch den Anbau nur einer Pflanzenart ausgelaugt, die ihm immer die gleichen Mineralstoffe entzieht. Dies verhindert einen vielfältigen Bewuchs durch Wildpflanzenarten.
- Im durch den Einsatz schwerer landwirtschaftlicher Maschinen verdichteten Boden finden weniger Arten günstige Lebensbedingungen vor.
- Pestizide töten nicht nur Schädlinge, sondern häufig auch natürliche Feinde der Schädlinge oder Tiere, die in keiner Beziehung zur Schädlingsart stehen.
- Überdüngung wird von vielen Wildpflanzenarten nicht toleriert. Durch ihren Rückgang werden auch viele Tierarten gefährdet.

90 Köcherfliegenlarven und Wasserflöhe sind Leitorganismen für die Güteklasse II–III eines Fließgewässers. Das Vorkommen von Eintagsfliegenlarven deutet auf die Güteklasse I–II hin. Aufgrund des geringen Anteils an Eintagsfliegenlarven kann dem Bach die Güteklasse II zugeordnet werden. Die Leitorganismen der Gewässergüteklassen sind ein Beispiel für Bioindikatoren. Die Existenz und das Gedeihen solcher Organismen geben Hinweise auf die Umweltbedingungen. Mit dem Verschmutzungsgrad eines Gewässers ändert sich das Artenspektrum in charakteristischer Weise. Die bei einem bestimmten Verschmutzungsgrad bevorzugt und gehäuft auftretenden Organismen zeigen die entsprechende Güteklasse an.

91 Richtig sind die Aussagen c, d und f.

92

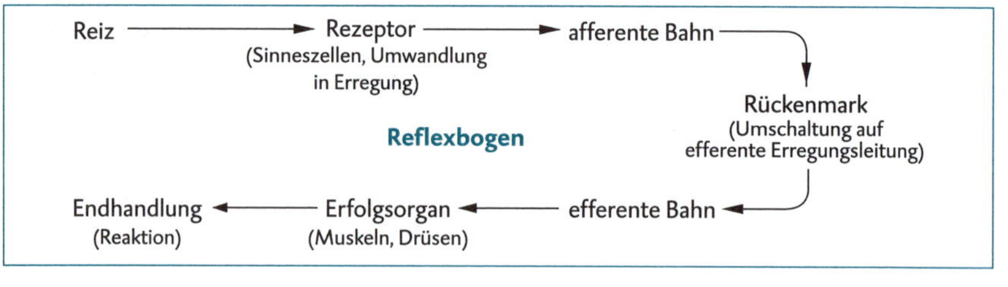

93 Die Reflexe haben Schutzfunktion.
Beispiele: Hustenreflex schützt Lunge vor eingedrungenen Fremdkörpern; Patellarsehnenreflex schützt vor dem Hinfallen beim Stolpern.

94 Man unterscheidet Eigenreflexe, bei denen die Rezeptoren und die Effektoren im gleichen Organ liegen (z. B. Lidschlussreflex) und Fremdreflexe, bei denen die Rezeptoren und Effektoren in verschiedenen Organen liegen (z. B. Husten- oder Niesreflex).

95 Reflexhandlungen laufen viel schneller ab als Instinkthandlungen. Die Erregung wird bei einem Reflex nur bis zum Rückenmark und nicht bis ins Gehirn geleitet, die Umschaltung auf eine Efferenz erfolgt beim Reflex daher schon im Rückenmark. Der Reflex läuft im Gegensatz zur Instinkthandlung ohne Motivation (innere Bereitschaft) ab.

96 Nach der erfolgten Mahlzeit sinkt zunächst die innere Bereitschaft (Motivation) zum Essen. Der äußere Reiz des eigenen Essens genügt nicht mehr, um die Endhandlung auszuführen. Die gut aussehenden Speisen am Nachbartisch stellen aber einen stärkeren äußeren Reiz dar, der den erhöhten Schwellenwert überwinden kann. Trotz geringerer Motivation kommt es so wieder zur Endhandlung (Prinzip der doppelten Quantifizierung).

97 a Bei noch blinden Nestlingen wird die Instinkthandlung des Sperrens durch einen mechanischen Reiz (Erschütterung des Nestes) ausgelöst. Die Taxis (den Kopf hochstrecken) ist entgegen der Schwerkraft nach oben ausgerichtet. Nach dem Öffnen der Augen wirkt ein optischer Reiz (Altvögel oder Elternattrappe) auslösend, wobei die Taxis immer noch nach oben gerichtet ist. Erst bei älteren Nestlingen löst der optische Reiz der Attrappe eine räumliche Ausrichtung der Taxis sowie die Endhandlung aus.

b Ältere Amseljunge können am Größenverhältnis von Kopf zu Rumpf erkennen, wo sich der Kopf des Altvogels befindet. Das Größenverhältnis Kopf zu Rumpf, auf das die Amseljungen am besten reagieren, beträgt ca. 1 : 4 (bezogen auf die Durchmesser der verwendeten Attrappen). Bei Attrappe II ist die rechte, nicht angesperrte Scheibe relativ zu groß.
Die Vogeljungen können also die räumliche Anordnung von Einzelmerkmalen der Attrappe erkennen und zu einer Gestalt zusammenfassen (Gestaltwahrnehmung).

98

Attrappenreiz	zugehörige Reaktion (Instinkthandlung)
Wasservibration	Heranschwimmen
Optischer Reiz (Korkstückchen)	Ergreifen
Bestimmter taktiler Reiz (Berührungsreiz, Wattebausch)	Festhalten
Olfaktorischer Reiz (Geruchsreiz)	Einstechen

99 Ein Schlüsselreiz ist ein spezifischer Reiz, der die Voraussetzung erfüllt, ein bestimmtes Instinktverhalten auszulösen. Ein Beispiel für einen Schlüsselreiz ist die rote Bauchfarbe beim Stichlingsmännchen als Auslöser für Angriffsverhalten. Schlüsselreize können durch Attrappenversuche ermittelt werden. Dabei werden dem Tier verschiedene Attrappen angeboten und es wird jeweils die Stärke des darauf folgenden Verhaltens bestimmt.

100 Auslöser sind Signalreize (Schlüsselreize), die im Tierreich der Verständigung dienen. Sie werden durch AAMs (angeborene Auslösemechanismen, siehe S. 149) erkannt und aus allen anderen wahrgenommenen Reizen herausgefiltert.

101 Bei Katzen, die mit Dosennahrung ernährt werden, ist nur die Handlungsbereitschaft für das Fressen verringert, nicht jedoch die Motivation für das Beutefangverhalten. Daher werden die Mäuse gejagt und gefangen, aber nicht gefressen.

102 Natürlicherweise sind Vogeljunge nie satt und sperren deshalb häufig den Schnabel auf. Durch künstliches Zufüttern lässt ihr Hunger jedoch dauerhaft nach und die innere Bereitschaft zum Schnabelsperren sinkt. Fehlt den Eltern dieser auslösende Schlüsselreiz, wird ihr AAM nicht mehr angesprochen. Ein über längere Zeit geschlossener Schnabel bedeutet für die Eltern wahrscheinlich, dass das Junge entweder krank oder tot ist und daher aus dem Nest entfernt werden muss.

103 Der Versorgungszustand des Körpers mit Nahrung war in beiden Fällen gleich, aber der Saugreflex der Babys wurde unterschiedlich stark befriedigt. Erst nach 20 Minuten war die innere Handlungsbereitschaft zum Saugen stark gesunken. Bei nur fünfminütigem Saugen war die Motivation noch sehr groß, da die Dauer der Endhandlung zu kurz war.

104 a Es handelt sich hierbei um einen „Kaspar-Hauser-Versuch".

b Das Kampfverhalten ist angeboren, da das junge, isoliert aufgezogene Stichlingsmännchen bereits den Bewegungsablauf des Kämpfens beherrscht. Für das gegnerische Feindbild muss es einen AAM geben, da der Stichling sein Spiegelbild angreift (er erkennt nicht, dass er sich selbst sieht).

105 Taubblind geborene Kinder wachsen in ständiger Dunkelheit und Stille heran, d. h., sie können mit den Sinnesorganen Auge und Ohr keine Erfahrungen machen. An taubblind geborenen Kindern kann man deshalb untersuchen, welche Verhaltensweisen beim Menschen angeboren sind und welche nicht. Untersucht wurden vor allem Mimik und Gestik, z. B. beim Lachen, Weinen, bei Zorn und Wut, bei Angst u. Ä.

106 Gegen eine Lernhypothese von Gestik und Mimik spricht z. B., dass auch taubblinde Kinder, die dieses Verhalten nicht durch Nachahmen erlernt haben können, lächeln, lachen und weinen. Außerdem wurde beobachtet, dass Menschen unterschiedlichster Kulturkreise dieselbe Mimik und Gestik aufweisen.

107 Kreuzungsexperimente zwischen verschiedenen Arten zeigen, dass bestimmte Verhaltensweisen der Nachkommen etwa in der Mitte der beiden verschiedenen Verhaltensweisen der Eltern liegen, z. B. die Kopfhaltung des Fasans bzw. des Haushuhns beim Krähen (siehe S. 150).

108 Das Fressverhalten (Kauen) ist dem Hund angeboren. Es muss eine innere Bereitschaft (Hunger) für das Ausführen des Verhaltens vorhanden sein. Der olfaktorische Reiz (Geruch) löst das Fressverhalten aus. Für den Fleischgeruch muss es einen AAM geben. Die Endhandlung Fressen senkt die innere Handlungsbereitschaft und das Fressen wird eingestellt.

109 Angeborenes Können kann nachgewiesen werden durch Untersuchung des Verhaltens von:

- Neugeborenen (z. B. Greifreflex)
- Taubblind Geborenen
  (z. B. gleiche Mimik wie Gesunde bei Zorn, Wut, Trauer)
- Menschen in verschiedenen Kulturkreisen
  (z. B. gleiches Flirtverhalten, Augenaufschlag)

- Eineiigen Zwillingen, die in unterschiedlicher Umgebung aufwachsen (z. B. gleich starke Aggressionsneigung, gleiche Handschrift)

Angeborenes Erkennen wird deutlich in Untersuchungen des Verhaltens von Säuglingen in Bezug auf Attrappen (z. B. Experimente mit zwei Kreisen, die ein Lächeln auslösen; AAM auf Augenpaar).

110 Ein unbedingter Reflex ist eine schnelle (spontane), immer gleich ablaufende Reaktion auf einen bestimmten, unbedingten Reiz (z. B. Lidschlussreflex). Bei einem unbedingten Reflex reagiert das Erfolgsorgan auf den natürlichen (unbedingten) Reiz. Bläst man z. B. Luft auf die Hornhaut des geöffneten Auges, so schließt sich das Augenlid „blitzschnell".
Beim bedingten Reflex wird ein ursprünglich neutraler Reiz (z. B. Glockenton, der kurz vor dem Blasen auf das Auge ertönt) nach einiger Zeit zum alleinigen Auslöser des Lidschlussreflexes. Der ursprünglich neutrale Reiz „Glockenton" wird damit zum bedingten Reiz, der unbedingte Reflex zum bedingten (siehe auch klassische Konditionierung S. 165).

111 Unter Extinktion versteht man das Auslöschen einer erlernten Verhaltensweise. Eine Extinktion kann z. B. erfolgen, wenn die Belohnung auf eine Verhaltensweise lange Zeit nicht mehr gegeben wird. Sie kann aber auch durch eine unangenehme Erfahrung bedingt sein.
Beispiel: Eine Taube, die durch Belohnung mit Futter gelernt hat, auf eine rote Scheibe zu picken, gibt dieses Verhalten nach längerer Zeit ohne Futtergabe wieder auf.

112 Die Prägung ist ein obligatorischer (verpflichtender) Lernvorgang, der in einer sensiblen Phase erfolgt und irreversibel ist. Die Prägung dient dem Kennenlernen eines bestimmten Objektes (Eltern, Sexualpartner).
Bei Enten unterscheidet sich die sexuelle Prägung von der Nachfolgeprägung im Zeitpunkt der sensiblen Phase: Die Nachfolgeprägung erfolgt bereits kurz nach dem Schlüpfen, die sexuelle Prägung findet erst wesentlich später statt. Die Nachfolgeprägung richtet sich außerdem auf ein beliebiges Individuum, aber auch experimentell auf einen Gegenstand, der sich bewegt und Laute von sich gibt. Die sexuelle Prägung erfolgt generell auf den Geschlechtspartner. Bei der sexuellen Prägung liegt im Gegensatz zur Nachfolgeprägung eine wesentlich größere Zeitspanne zwischen Prägung und Anwendung. Die Nachfolgeprägung erlischt im Gegensatz zur sexuellen Prägung mit dem Erwachsenwerden des Lebewesens.

113 Wurde der Hund unregelmäßig belohnt, erfolgt die Extinktion langsamer, da der Hund nicht nach jedem Pfötchengeben eine Belohnung erwartet. Erfolgte die Belohnung regelmäßig, tritt der Effekt der Extinktion schneller ein, da der Hund eine regelmäßige Belohnung gewöhnt ist.

114

PAWLOW'scher Hund	Konditionierter Lidschlussreflex
Motivation notwendig	keine Motivation notwendig
Konditionierung erfolgt durch Belohnung	Reflexbereitschaft stets vorhanden
Es handelt sich um bedingte Appetenz.	Es handelt sich um einen bedingten Reflex.

115 a Das Männchenmachen des Hundes beruht auf einer instrumentellen Konditionierung, da eine neue Bewegung (Aufrichten) durch Belohnung erreicht wird (bedingte Aktion).

b Das Hochsteigen des Hengstes im Zirkus ist das Ergebnis klassischer Konditionierung, da die ursprüngliche Bewegung (Kampfverhalten) durch einen neuen Reiz (an die Stelle des Gegners tritt der Mensch) ausgelöst wird (bedingte Appetenz).

116 Das Abgewöhnen des Verhaltens ist auf verschiedenen Wegen möglich, z. B.:

- Der Bär bekommt über längere Zeit hinweg keine Belohnung mehr. Dies führt nach einer gewissen Zeit zur Extinktion (Auslöschen) des Verhaltens.
- Der Bär wird bei jedem Versuch, sich zu drehen, bestraft (Lernen durch Bestrafung).

117 Sowohl bei bedingter Appetenz als auch bei bedingter Aktion handelt es sich um Lernen aus guter Erfahrung. Es ist Kontiguität (kurze zeitliche Abfolge) nötig und es kommt dabei zu neuen Verschaltungen von Nervenbahnen. Im Gegensatz zur bedingten Appetenz wird bei der bedingten Aktion kein Reizmuster, sondern ein Verhalten erlernt.

118 Am besten geeignet ist die instrumentelle Konditionierung. Das zufällige leichte Anheben der Pfote (z. B. durch Übersprunghandlung) wird sofort belohnt. Dabei muss die Kontiguität zwischen Handlung und Belohnung beachtet werden, da sonst beim Hund keine Verknüpfung zwischen der Bewegung und der Belohnung hergestellt wird (bedingte Aktion).

119
- Besserer Schutz vor Feinden
- Mehr Leistung durch Arbeitsteilung
- Gesicherte Brutpflege
- Besseres Lernen durch Nachahmung möglich (Traditionsbildung)
- Keine aufwendige Partnersuche nötig

120 Hilfreiches Verhalten gegenüber Gruppenmitgliedern in individualisierten (Klein-)Verbänden nennt man altruistisches Verhalten. In Kleingruppen sind die Individuen meist eng miteinander verwandt, sodass Nachteile bei der Fortpflanzung des Individuums, die bei altruistischem Verhalten entstehen können, durch die erfolgreichere Weitergabe der Gene der Verwandten (zu einem gewissen Prozentsatz also auch der eigenen Gene) kompensiert werden.
Altruistisches Verhalten hat sich im Verlauf der Evolution in anonymen Verbänden nicht entwickelt, weil sich nach Ansicht der Soziobiologie kein Vorteil für das Individuum ergäbe. Hier sind nur wenige Gruppenmitglieder miteinander verwandt und tragen somit wenig ähnliche Gene, sodass hier kein individueller Vorteil aus Altruismus entsteht.

121 a Das Konzept der Individualselektion geht davon aus, dass die Selektion am Individuum ansetzt und dass Verhaltensweisen in einer Art nur erhalten bleiben, wenn sie einen positiven Selektionswert besitzen. Eine Verhaltensweise muss die Fitness eines Tieres erhöhen. Direkte Fitness ist die Fähigkeit eines Individuums, zu überleben und seine Gene an die nächste Generation weiterzugeben. Bei altruistischem Verhalten, z. B. von Bruthelfern, verzichtet das Tier auf die eigene Fortpflanzung, kann aber einen Teil seiner Gene durch Unterstützung naher Verwandter an die nächste Generation weitergeben (indirekte Fitness). Die Gesamtfitness eines Tieres ist die Summe der direkten Fitness über die eigenen Nachkommen und der indirekten Fitness aus dem Anteil der Gene, die von Verwandten weitervererbt werden.

b Gesamtfitness eines Helfers:

direkte Fitness	0	(keine eigenen Nachkommen)
indirekte Fitness	2,20	(Bruterfolg der Eltern)
→ Gesamtfitness	2,20	

Gesamtfitness eines sich sofort fortpflanzenden Tiers:

direkte Fitness	1,62	(eigener Bruterfolg)
indirekte Fitness	1,62	(Bruterfolg der Eltern: Durch seine neuen Geschwister erhält er eine indirekte Fitness; gleicher Verwandtschaftsgrad zu ihnen wie zu seinen Eltern!)
→ Gesamtfitness	3,24	

Das Helferverhalten führt nicht zu einer höheren Gesamtfitness im Vergleich zum nicht altruistischen Verhalten.

c Da keine höhere Gesamtfitness durch die Helferstrategie erzielt wird, müssen andere Faktoren zu einem positiven Selektionswert des Helfens beitragen. Eine wichtige Rolle könnte das Revierverhalten der Häher spielen. Da geeignete Lebensräume knapp sind und ganzjährig besetzt werden, sind die Vögel darauf angewiesen, ein Revier zu erobern und zu verteidigen. Mit mehreren Helfern gelingt die Revierverteidigung sicher besser. Außerdem steigt für langjährige Helfer auch die Wahrscheinlichkeit, das Revier zu übernehmen. Die Helfer können zudem Erfahrungen in Nahrungserwerb, Brutpflege und Revierverteidigung sammeln.

Wenn die einjährigen Nachkommen sofort mit Reviergründung und Jungenaufzucht beginnen würden, müsste eine starke Aufteilung der Reviere erfolgen. Ein höherer Aufwand für Verteidigung und eine Knappheit der Ressourcen im kleinen Revier führt wahrscheinlich zu einer Verminderung der Fitness.

122 Unter Ritualisierung versteht man eine Verhaltensweise (Instinkthandlung), die im Laufe der Evolution ihre ursprüngliche Bedeutung verloren hat und nun im Dienst der Kommunikation steht (Signalcharakter).

123 Die Ritualisierung dient in erster Linie dazu, bei der Balz und der Paarung die Individualdistanz der Geschlechtspartner zu überwinden und die Geschlechterpaarung vorzubereiten. Sie dient auch der Aggressionshemmung in der Gruppe.

124 Zum Beispiel stammt das Schnabelknabbern während der Balz der Albatrosse aus dem Funktionskreis des Brutpflegeverhaltens. Beim Drohgähnen des Pavianmännchens werden die Zähne entblößt, wodurch dieses Verhalten imponierend wirkt.

125 Veränderung einer Verhaltensweise bei der Ritualisierung:

- Die ritualisierte Bewegung ist vereinfacht, manche Einzelheiten fallen weg, dafür werden andere Teile übertrieben.
  Beispiel: Beim Schnabelknabbern während der Balz der Albatrosse wird kein Futter übergeben wie beim Futterbetteln der Jungtiere, aus dem die Verhaltensweise hervorgegangen ist.
- Verhaltensweise wird durch rhythmische Wiederholungen verstärkt.
  Beispiel: Balztänze vieler Vögel.
- Die Verhaltensweise wird durch auffällige Körpermerkmale unterstützt.
  Beispiel: „Augen" auf Pfauenfedern.
- Die ritualisierte Verhaltensweise ist nicht mehr an die ursprüngliche Motivation geknüpft.
  Beispiel: Schnabelfechten der Albatrosse bei der Balz ist keine aggressive Handlung mehr, sondern dient der Paarbildung.

126 a

- Haut: fast unbehaart, faltig: Erleichtert die Fortbewegung im unterirdischen Gangsystem, unempfindlich gegen Verletzungen, Fell als Kälteschutz in Ostafrika vermutlich nicht erforderlich, intensiverer Hautkontakt möglich.
- Fehlen der Ohrmuscheln: Macht den Körper walzenförmiger
- Winzige Augen: Mutationen, die zur Reduktion der Augen führten, waren im dunklen Gangsystem kein Selektionsnachteil, evtl. geringer Selektionsvorteil durch geringeres Verletzungsrisiko.
- Große Nagezähne: Ideales „Grabwerkzeug".

b Das Zusammenleben in eusozialen Tiergemeinschaften ist durch viele altruistische Verhaltensweisen gekennzeichnet, z. B. Kooperation bei der Brutpflege und Nahrungsversorgung. Es leben fruchtbare und unfruchtbare Tiere mehrerer Generationen zusammen. Der Verwandtschaftsgrad ist hoch.

c In Bienenstaaten werden die gemeinschaftlichen Arbeiten ausschließlich von unfruchtbaren Arbeiterinnen erledigt, die aufgrund der Haplodiploidie untereinander näher verwandt sind als mit ihrer Mutter (Verwandtschaftsgrad 0,75).
Haplodiploidie: genetische Geschlechtsfestlegung, bei der Weibchen aus befruchteten Eiern hervorgehen und diploid sind und Männchen aus unbefruchteten Eiern entstehen und haploid sind.

127 Man unterscheidet intraspezifische (innerartliche) und interspezifische (zwischenartliche) Aggression. Die zwischenartliche Aggression ist nicht gehemmt, sie ist auf das Töten der Beute ausgerichtet bzw. dient zur Abwehr von Fressfeinden. Bei der innerartlichen Aggression wird das Töten und die Beschädigung des Artgenossen vermieden, z. B. durch aggressionshemmende Mechanismen oder Kommentkämpfe. Innerartliche Aggression dient häufig der Festlegung einer Rangordnung oder der Eroberung bzw. Verteidigung eines Reviers.

128 Festlegung einer Rangordnung; Komment- oder Scheinkämpfe; Demutsgebärden (Tötungshemmung)

129 Innerhalb eines Wolfsrudels ist die Rangordnung genau festgelegt und das rangniedrigere Tier zeigt seine Stellung durch Einziehen des Schwanzes als Unterwerfungsgeste gegenüber dem ranghöheren Wolf, der durch Imponieren seinen höheren Rang ausdrückt. Durch das Festlegen einer Rangordnung werden häufige, Kräfte verschleißende Kämpfe im Rudel vermieden. Außerdem haben die Leittiere mit ihren positiven Eigenschaften bessere Fortpflanzungschancen.
Wölfe zweier verschiedener Rudel konkurrieren um Territorium und Nahrung, also um die Lebensgrundlagen. Der Kampf wird in diesem Fall als Beschädigungskampf geführt.

130 a Die erste Person, die auf der Parkbank sitzt, besetzt ein Territorium. Die zweite Person dringt in dieses ein. Durch Wegrücken wird die Individualdistanz wiederhergestellt.

b Das Verbeugen stellt eine Demutsgebärde gegenüber einer ranghöheren Person dar (Verkleinerung der Körpergröße).

c Die weiße Fahne zeigt an, dass die eigene Fahne nicht mehr verteidigt wird (Unterwerfungsgeste).

131 Angriff des Raubtiers: Zwischenartliche Aggression als Beschädigungskampf mit tödlich wirkenden Waffen zum eigenen Schutz bzw. dem der Gruppe.
Rivalenkampf: Innerartliche Aggression als Kommentkampf nach festen Regeln z. B. um ein Weibchen.

132 a Bei den beschriebenen Signalen handelt es sich um Ornamente.
Optische Ornamente: Blaue Federn beim Knäckerpel, orangerotes Flügelsegel beim Mandarinerpel
Akustisches Ornament: Kratzlaut beim Stockerpel
Die Ornamente dienen zur Erkennung und Anlockung des arteigenen Geschlechtspartners und informieren den Partner über die Qualitäten des Trägers.

b Durch das Balzverhalten wird die Identifizierung des Partners als Individuum der eigenen Art sichergestellt. Es dient zur Überwindung der innerartlichen Aggression bei Unterschreiten der Individualdistanz und ermöglicht die Feinsynchronisation der Partner, um die Paarung zu vollziehen.

133 a Bedeutung der Revierbildung:
- Sicherung eines ausreichenden Nahrungsangebots
- Vorhandensein geeigneter Nistplätze
- Besserer Schutz vor Feinden durch Zufluchtsorte und bekannte Fluchtwege
- Erleichterung der Partnerfindung: Revierbesitzer werden als Partner akzeptiert.
- Kontrolle der Bevölkerungsdichte, nur Revierinhaber pflanzen sich fort.

Denkbare Formen der Reviermarkierung bei der Schneeeule:
- Akustische Markierung durch Gesang/Rufe
- Optische Signale: Präsenz an markanten Punkten im Revier, Flüge über das Revier

b In der arktischen Tundra als Lebensraum sind Nahrungsangebot und Nistplätze begrenzt. Die Aufzucht der jungen Schneeeulen führt zu hohen Kosten. Eine extreme Revierverteidigung ist zwar ebenfalls mit Kosten verbunden, sichert aber das Überleben und den Fortpflanzungserfolg (Nutzen).

c Das beschriebene Paarungssystem ist eine Polygynie. Ein Männchen verpaart sich mit mehreren Weibchen, die Weibchen jeweils nur mit diesem einen Männchen.

d Bei der Polygynie können die Männchen ihren Fortpflanzungserfolg durch Paarung mit mehreren Weibchen maximieren. Sie erhöhen ihren direkten Fortpflanzungserfolg durch eine größere Anzahl an

Nachkommen und ihren indirekten Fortpflanzungserfolg, indem sie schwächere Männchen aus dem zusätzlich besetzten Revier verdrängen, die dann ihre Gene nicht weitergeben können. Die Kosten für die Verteidigung der Weibchen und der Reviere sowie die zweifache Balz und Jungenaufzucht sind jedoch sehr hoch, sodass es nur ältere, aggressive Männchen bei sehr guter Ernährungslage schaffen, sich mit zwei Weibchen zu verpaaren.
Für die Weibchen wird der Fortpflanzungserfolg umso größer, je besser die Qualität des Reviers und des Revierinhabers ist. Es kann sich also für ein Weibchen lohnen, ein besonders aggressives Männchen mit sehr gutem Revier gegenüber einem weniger aggressiven Männchen mit etwas schlechterem Revier zu bevorzugen, auch wenn es dieses Männchen mit einem anderen Weibchen „teilen" muss.

134 AAMs beim Menschen und die Schlüsselreize, auf die sie ansprechen:

- Kindchenschema: Relativ großer Kopf mit Kulleraugen, Stupsnase und Pausbacken
- Frau-Mann-Schema: Bei der Frau breites Becken, rote Lippen, Brüste; Beim Mann: Breite Schultern, stärkere Behaarung und Muskulatur
- Mimik-Erkennen: Krümmung des Mundes (vgl. Smiley)

135 Bei den Erwachsenen wurde durch die sterbenden und toten Kinder Beschützer- und Brutpflegeverhalten ausgelöst. Ursache dafür ist das Kindchenschema, für das die Menschen einen AAM besitzen.

136 Im Extremfall dürften Kinder keinerlei Einschränkungen ausgesetzt werden. Sie dürften also z. B. nur essen, was sie wollen, wie sie wollen und wann sie wollen.
Frustrationsfrei erzogene Kinder werden sich später schwer einordnen und Regeln befolgen können. Sie haben keinerlei Erfahrung in der Bewältigung frustrierender Situationen erworben und werden wahrscheinlich eine gesteigerte Aggressivität zeigen.

Glossar

AAM
angeborener Auslösemechanismus; neurosensorischer Filter, der aus der Fülle der vorhandenen Reize denjenigen herausfiltert, der die Endhandlung auslöst

abiotische Faktoren
Standortfaktoren der nicht lebenden Umwelt (z. B. Temperatur, Luftfeuchtigkeit, Niederschläge u. Ä.)

adaptive Radiation
Auffächerung einer Stammart in verschiedene Arten durch Angepasstheit an unterschiedliche Lebensbedingungen (→ ökologische Nische)

Aggregation
lockere Ansammlung von Individuen einer oder verschiedener Arten
Beispiel: Schlaf- und Überwinterungsgesellschaften von Fledermäusen oder Insekten

Aktion, bedingte
Form der instrumentellen (verhaltensbedingten) Konditionierung; Lernvorgang aufgrund einer neuronalen Verknüpfung zwischen einer Bewegung (Handlung) und erfolgter Belohnung; häufig angewandtes Lernverfahren bei Tierdressuren
Beispiel: Eine Maus lernt, einen Hebel zu drücken, indem sie beim Drücken des Hebels jeweils belohnt wird.

Aktualitätsprinzip
Theorie von LYELL, die besagt, dass die heutigen Naturgesetze auch früher in derselben Form gegolten haben

Allele
zusammengehörige, einander entsprechende Gene homologer Chromosomen, die durch Mutationen entstanden sind

Allelendrift
→ Gendrift

analoge Organe (Analogie, analog)
nicht homologe Organe mit gleicher Funktion, aber unterschiedlichem Bauplan
Beispiel: Grabbein des Maulwurfs und der Maulwurfsgrille

Anatomie
Lehre vom Aufbau bzw. dem Körperbau der Organismen

Annidation
→ Einnischung

anonymer Verband
sozialer Zusammenschluss von Tieren (Tiergesellschaft), bei dem sich die Mitglieder untereinander nicht kennen; beim offenen anonymen Verband können Tiere jederzeit abwandern oder neu dazukommen
Beispiel: Brutkolonien von Vögeln oder Fischschwärme;
Beim geschlossenen anonymen Verband besitzen alle Mitglieder ein gemeinsames Merkmal, an dem sie als Gruppenmitglieder erkannt werden können, z. B. Nest- oder Sippengeruch
Beispiel: Insektenstaaten; Mäuse- oder Rattensippen

Appetenz, bedingte
ein ursprünglich neutraler Reiz wird zum bedingten Reiz für Appetenzverhalten
Beispiel: Vögel suchen Futter nur in einem bestimmten roten Napf, in dem ihnen das Futter immer angeboten wurde. Die rote Farbe ist zum bedingten Reiz geworden, das Verhalten zur bedingten Appetenz.

Appetenzverhalten
Grundstimmung; ungerichtetes Suchverhalten, das die Wahrscheinlichkeit zum Auffinden eines auslösenden Reizes für eine → Instinkthandlung erhöht

Archaeopteryx
Urvogel, Brückentier zwischen Reptilien und Vögeln

Artbegriff, biologischer
Unter einer Art fasst man alle Lebewesen zusammen, die sich miteinander kreuzen können und deren Nachkommen fertil (fruchtbar) sind.

Artbegriff, morphologischer
Alle Lebewesen, die untereinander und mit ihren Nachkommen in wesentlichen Merkmalen übereinstimmen, werden zu einer Art zusammengefasst.

Artbildung, allopatrisch
Entstehung neuer Arten, der eine → Separation (geografische Isolation) vorausgeht

Artbildung, sympatrisch
Entstehung neuer Arten, die ausschließlich durch genetische Isolation erfolgt

Atavismus
Rückfall in eine frühere Entwicklungsstufe; Wiederauftreten von Körpermerkmalen aus früheren Entwicklungsstufen der Evolution
Beispiel: überzählige Brustwarzen, verlängertes Steißbein und sehr starke Körperbehaarung beim Menschen

Atmosphäre
Gasschicht, die die Erde umgibt

Attrappenversuche
Experimente, bei denen Attrappen zum Auslösen einer Instinkthandlung verwendet werden

Autotrophie
Selbsternährung; autotrophe Lebewesen sind nicht auf die Zufuhr von organischen Nährstoffen angewiesen, sie können diese selbst aus anorganischen Stoffen aufbauen

Aversion, bedingte
Form der klassischen (reizbedingten) Konditionierung; ein ursprünglich neutraler Reiz wird zu einem bedingten, das Meideverhalten auslösenden Reiz
Beispiel: Eine Ratte meidet eine bestimmte Ecke des Käfigs, da sie dort Stromschläge erhalten hat.

Bastard
Mischling; Produkt einer Kreuzung von Eltern mit verschiedenem Erbgut

Biomasse
Gesamtheit aller von Lebewesen produzierten organischen Substanzen

biotische Faktoren
Standortfaktoren der lebenden Umwelt (z. B. Nahrungsangebot, Fressfeinde)

Biotop
Lebensraum

Biozönose
Lebensgemeinschaft der Organismen eines Ökosystems

Brückentiere
Übergangs-/Zwischenformen von Tieren, die sowohl Merkmale von → phylogenetisch älteren als auch jüngeren Tiergruppen besitzen
Beispiel: Archaeopteryx (Reptilien – Vögel)

Destruenten
Zersetzer; Organismen, die tote Lebewesen zersetzen und bestimmte Stoffe (C, H_2O, N_2, O_2, Mineralien) den jeweiligen Kreisläufen zuführen

Deszendenztheorie
Abstammungslehre

Divergenz
verschiedene Abwandlungen einer Grundstruktur, die von einer gemeinsamen Stammform (Grundbauplan) ausgeht

doppelte Quantifizierung
Zusammenwirkung von Motivation (innerer Bereitschaft) und äußerem Reiz bei der Auslösung einer Verhaltensweise

EAAM
durch Erfahrung erweiterter angeborener Auslösemechanismus

EAM
erworbener (erlernter) Auslösemechanismus

Eigenreflex
Reflex, bei dem sich Rezeptor und Erfolgsorgan in demselben Organ befinden
Beispiel: Kniesehnenreflex

Einnischung, Annidation
Vorgang der Bildung einer → ökologischen Nische

Endhandlung
erbkoordinierte Reaktion des Instinktverhaltens, die durch einen → Schlüsselreiz ausgelöst wird

Erfolgsorgan
Muskeln oder Drüsen, die die vom Rückenmark oder Gehirn kommenden Befehle (Kontraktion, Sekretion) ausführen

Escherichia coli
weltweit verbreitete Bakterienart, die in der Dickdarmflora der Wirbeltiere vorkommt

Ethogramm
Beschreibung des Verhaltens eines Tiers über einen längeren Zeitraum hinweg

Eukaryoten
Organismen, deren Zellen einen echten Zellkern besitzen

eutroph
nährstoffreich

Eutrophierung
übermäßiger Nährstoffanstieg in einem Gewässer durch Überlastung mit Mineralstoffen und Düngemitteln (wie Phosphaten, Nitraten); häufig durch Einleitung ungeklärter Abwässer ausgelöst

Evolution
stammesgeschichtliche Entwicklung der Lebewesen in Richtung einer besseren Angepasstheit (meist Entwicklung von einfacheren zu höher entwickelten Formen)

FCKW
Fluor-Chlor-Kohlenwasserstoffe; früher als Treibgas in Spraydosen, heute noch teilweise zur Herstellung von Kühlmitteln für Kühlschränke und geschäumter Kunststoffe (Dämmstoffe); verantwortlich für die Zerstörung der Ozonschicht in der Atmosphäre

Fitness
Eignung eines Individuums für das Überleben

Flora
Pflanzenwelt (eines bestimmten Gebiets)

Fossilien
Reste von Lebewesen aus früheren Erdepochen

Fremdreflex
Reflex, bei dem Rezeptor und Erfolgsorgan voneinander getrennt sind
Beispiel: Niesreflex

Gendrift (Allelendrift, Sewall-Wright-Effekt)
zufällige Vergrößerung einzelner Genhäufigkeiten in sehr kleinen Populationen; werden Teilpopulationen geografisch abgetrennt, so entscheidet der Zufall, welche rezessiven Gene die kleine Population in ihrem Genpool trägt. Die Wahrscheinlichkeit einer homozygoten Kombination zweier rezessiver Gene in einer kleinen Population ist höher als in einer großen Population. Daher treten rezessive Gene im Phänotyp schneller auf und sind somit schneller der Selektion unterworfen.

Genpool
Gesamtheit aller in einer Population vorhandenen Gene und ihrer → Allele

Handlungskette
charakteristische, zeitliche Reihenfolge von Instinkthandlungen, bei der die Endhandlung einer Verhaltensweise als Auslöser für die nächste Instinkthandlung dient

haploid
einfacher Chromosomensatz

Hemmung, bedingte
Form der instrumentellen (verhaltensbedingten) Konditionierung; Lernvorgang aufgrund einer neuronalen Verknüpfung zwischen der Endhandlung und einer negativen Erfahrung, wobei die negative Erfahrung zur Blockierung einer bestimmten Verhaltensweise führt
Beispiel: Durch Tragen eines Stachelhalsbandes lernt ein Hund, nicht mehr an der Leine zu zerren.

Herbizide
(meist chem.) Unkrautvernichtungsmittel

Heterotrophie
Fremdernährung; heterotrophe Lebewesen sind auf die Zufuhr von organischen Stoffen angewiesen; sie können diese im Gegensatz zu den → autotrophen Organismen nicht selbst herstellen

Heterozygotie
Mischerbigkeit; in einem Chromosomenpaar liegen die beiden entsprechenden Gene nicht in gleichen → Allelen vor

Hominiden
Menschen und ausgestorbene Vor- und Frühmenschen

homologe Organe (Homologie, homolog)
Organe, die trotz verschiedener Funktionen Übereinstimmungen im Aufbau zeigen und auf einen gemeinsamen Grundbauplan zurückgehen

homologe Verhaltensweisen
Verhaltensweisen bei verschiedenen Tieren, die in der Evolution auf denselben Ursprung zurückzuführen sind

Hospitalismus
psychische und physische Entwicklungsstörung bei Mensch und Tieren bei fehlender Mutter-Kind-Bezie-

hung und damit einhergehendem Mangel an „Entwicklungsreizen“; Hospitalismuserscheinungen: starrer Gesichtsausdruck, Angst, Gewichtsverlust, Kontaktunfähigkeit, Schlaflosigkeit, geistige Retardierung

individualisierter Verband
höchste Form des sozialen Zusammenschlusses, enge soziale Gemeinschaft bei Mensch und Tieren; innerhalb von individualisierten Verbänden kennen sich die Mitglieder persönlich

Industriemelanismus
Auftreten und Durchsetzen von dunkel gefärbten Mutanten in Insektenpopulationen in Industriegebieten, die sich auf dem durch Industriestaub und -ruß dunkler gefärbten Untergrund besser durchsetzen können (weniger stark der Selektion unterliegen) als hellere Varianten

innere Bereitschaft
→ Motivation; Triebstau bzgl. einer Verhaltensweise, der aufgrund endogener Erregung entsteht

Instinkthandlung
erbkoordinierte Verhaltensweise, die das Tier in die Lage versetzt, ohne Lernvorgänge lebensnotwendige Aufgaben zu bewältigen

Isolation
Unterbindung des Genaustausches zwischen Populationen einer Art bzw. Rasse; man unterscheidet:

- geografische Isolation (Separation): räumliche Trennung durch geografische Hindernisse
- ökologische Isolation: Trennung von Populationen durch Ausbildung → ökologischer Nischen
- reproduktive Isolation: Unterbindung der Kreuzung oder Paarung von Individuen

Kaspar-Hauser-Versuche
Verhaltensexperimente, bei denen Tiere unter Erfahrungsentzug, d. h. isoliert, aufgezogen werden

Kindchenschema
→ AAM beim Menschen, der Brutpflegeverhalten auslöst und auf folgende Schlüsselreize anspricht: großer Kopf, großer runder Hirnschädel, große tief liegende Augen, Pausbacken, Stupsnase und tollpatschige Bewegungen, wobei die Regel der → Reizsummation gilt

Koazervat
nach außen durch Hydrathüllen abgegrenzte Aggregate (Gebilde) in wässriger Lösung, die kleinmolekulare Verbindungen aus der wässrigen Lösung einschließen

Konditionierung
Lernvorgang, bei dem ursprünglich neutrale Reize durch entsprechende Versuchsanordnungen zu → bedingten Reizen und damit zu neuen Auslösern von Verhaltensweisen werden

Konsumenten
Organismen, die auf organische Nahrung angewiesen sind, da sie diese nicht selbst herstellen können

Konvergenz
Entwicklung von ähnlichen Strukturen als Angepasstheit an gleiche Umweltbedingungen und aufgrund ähnlicher Funktion
Beispiel: Stromlinienform des Körpers bei im Wasser lebenden Tieren

Lernen, fakultatives
„freiwilliges“ Lernen, das bestimmte Lebenssituationen erleichtert
Beispiel: Waschen, Säubern und „Salzen“ von Süßkartoffeln durch Eintauchen in Meerwasser bei Makaken

Lernen, obligatorisches
„verpflichtendes“, lebensnotwendiges Lernen, das die Überlebens- und Fortpflanzungschance erhöht
Beispiel: Öffnen von Nüssen durch Nagen bei Eichhörnchen

Mikrosphären
im Experiment in einer Lösung hergestellte Bläschen, die nach außen durch eine Art Membran abgegrenzt sind; abgetrennter Reaktionsraum für stoffwechselähnliche Prozesse

Modifikation
Merkmalsabweichungen in einer Art, die nicht auf genetische Ursachen, sondern auf unterschiedliche Entwicklungs- und Umweltbedingungen zurückzuführen sind

Monokultur
jahrelanger Anbau von gleichen Pflanzen in einem begrenzten Gebiet (z. B. reiner Fichtenwald)

Morphologie
Lehre vom äußeren Bau und der Gestalt der Organismen sowie deren Entwicklung

Motivation
→ innere Bereitschaft

Mutagene
mutationsauslösende Faktoren, z. B. chemische Substanzen und Strahlen

Mutation
spontan auftretende oder experimentell erzeugte vererbliche Änderung des Erbguts

Nachfolgeprägung
spezieller, irreversibler Lernvorgang, häufig bei Nestflüchtern, der kurz nach dem Schlüpfen in einer sensiblen Phase unter natürlichen Bedingungen das Mutterbild fest ins Gedächtnis verankert

Nahrungskette, -netz, -pyramide
Organismen, die in ihrer Ernährung voneinander abhängig sind

ökologische Nische
Summe aller abiotischen (unbelebten) und biotischen (belebten) Umweltfaktoren, die einer Tier- oder Pflanzenart das Überleben ermöglichen

Ökosystem
ökologische Einheit aus → Biozönose (Lebensgemeinschaft) und → Biotop (Lebensraum)

Ontogenie (Ontogenese)
Veränderung eines Lebewesens im Laufe seiner Individualentwicklung

Out-of-Africa-Hypothese
Hypothese zur Entstehung des modernen Menschen, nach der der *Homo sapiens sapiens* in Afrika entstand, nach Asien und Europa einwanderte und dort *Homo erectus* verdrängte

Ozon
dreiatomige Form des Sauerstoffs (O_3); die Ozonschicht, die oberste Schicht der Atmosphäre, absorbiert zum großen Teil die kurzwellige ultraviolette, lebensfeindliche Strahlung der Sonne

Paläontologie
Wissenschaft von den ausgestorbenen Lebewesen (Fossilien) und ihrer Entwicklung im Verlauf der Erdgeschichte

Parasiten
Schmarotzer; Bakterien, Pflanzen, Tiere, die anderen Lebewesen Nährstoffe entziehen und diese dabei schädigen
Beispiel: Choleraerreger, Mehltaupilze, Bandwürmer; Kuckuck (Brutparasit)

Patellarsehnenreflex
Kniesehnenreflex

Pestizide
Sammelbegriff für Schädlingsbekämpfungsmittel

Phylogenie (Phylogenese)
Stammesentwicklung; Lehre von der Abstammung der Arten

Polyploidie
Vervielfachung des gesamten Chromosomensatzes

Population
alle in einem Gebiet vorkommenden Individuen einer Tier- oder Pflanzenart, die sich uneingeschränkt untereinander fortpflanzen können und daher einen gemeinsamen Genpool besitzen

Präadap(ta)tion
zufällige Angepasstheit eines Lebewesens an veränderte Umweltbedingungen durch Mutation, bevor die Umweltveränderung eintrat

Prägung
irreversibler Lernvorgang, der nur in einem zeitlich eng begrenzten Bereich (sensible Phase) möglich ist

Präzipitintest
Ausfällungstest von Serumproteinen zur Bestimmung des biochemischen Verwandtschaftsgrades zweier Arten

Produzenten
alle autotrophen Pflanzen und Bakterien, die ihre Nahrung selbst herstellen können; fotoautotroph: Nahrung wird mithilfe des Sonnenlichts erzeugt; chemoautotroph: Nahrung durch chemische Reaktionen hergestellt

Prokaryoten
Bezeichnung für Lebewesen mit einfachem Zellaufbau; ihr genetisches Material liegt frei im Zellplasma und ist nicht von einer Kernmembran umgeben

Protobiont
Vorstufe auf dem Weg der Bildung von echten Zellen

Rasse
in der Systematik der Organismen verwendeter Begriff für „Unterart"

Räuber-Beute-Beziehung
Beziehung von Räubern und Beutetieren in einem bestimmten Lebensraum. Räuber rotten ihre Beutetiere nicht aus, sondern die Populationsdichten von Räubern und Beutetieren bleiben relativ konstant und schwanken um einen Mittelwert (1. VOLTERRA-Gesetz)

Reflex
direkte Form der Reaktion auf einen Reiz, häufig ohne Mitwirkung des Gehirns; einfache Nervenschaltung: eine Afferenz und eine Efferenz sind über eine Synapse im Rückenmark verbunden

Reflex, bedingter
ein Reflex wird nicht durch den natürlichen, unbedingten Reiz, sondern durch einen ursprünglich neutralen Reiz ausgelöst
Beispiel: Bläst man gleichzeitig einen Luftstrom ins Auge und lässt dabei einen Glockenton erklingen, so wird nach einiger Zeit der Lidschlussreflex auch durch den Glockenton allein ausgelöst.

Reflex, unbedingter
angeborene Verhaltensweise, die auf den natürlichen, adäquaten Reiz hin unter gleichen Bedingungen immer in derselben Form abläuft

Reiz
Veränderung der Umwelt, die von Rezeptoren (Sinneszellen) wahrgenommen wird und als Auslöser für eine bestimmte Verhaltensweise dient

Reiz, bedingter
ein zunächst neutraler Reiz, der durch → Konditionierung zum auslösenden Reiz für eine bestimmte Verhaltensweise wird
Beispiel: Nach Ertönen einer Glocke und gleichzeitigem Darbieten von Futter löst der ursprünglich neutrale Reiz „Glockenton" auch allein die Speichelsekretion aus. Er ist somit zum bedingten Reiz geworden.

Reiz, unbedingter
ursprünglicher, natürlicher Reiz, der eine Verhaltensweise auslöst
Beispiel: Der Reiz „Futter" löst Speichelabsonderung aus.

Reizschwelle
Mindestwert einer Reizstärke, die überschritten werden muss, um eine bestimmte Verhaltensweise auszulösen

Reizsummation
gleichzeitige Wirkung mehrerer Reize (z. B. Farbe, Form, Größe), die bei der Auslösung einer bestimmten Reaktion zusammenwirken

Rekombination
Neukombination von Genen

Ritualisierung
Verhaltensweise im Dienst der Verständigung, die im Laufe der Evolution eine andere Funktion als die ursprüngliche übernommen hat; Verhaltenselemente werden häufig vereinfacht, stärker betont und/oder häufig wiederholt
Beispiel: Überreichen von Nistmaterial bei Möwen als Beschwichtigungsgeste und zum Abbau der Individualdistanz bei der Paarung

Rudimente (rudimentär)
unvollständig ausgebildete oder verkümmerte Organe, die im Laufe der Evolution ihre Funktion verloren haben und teilweise nur noch als Reste vorhanden sind

saurer Regen
säurehaltige Niederschläge, die meist Schwefel- oder Salpetersäure enthalten

Schlüsselreize
spezielle Reize, die die Voraussetzung erfüllen, ein bestimmtes Instinktverhalten auszulösen
Beispiel: rote Bauchfarbe beim Stichling als Auslöser für Angriffsverhalten

Selektion
Auslese, die zu einer gerichteten Verschiebung der Genhäufigkeiten führt; unter natürlichen Bedingungen spricht man von natürlicher Selektion

Selektionsdruck
selektive Wirkung von Umweltfaktoren auf eine Population, die die Überlebenschancen der am besten angepassten Individuen erhöht

Selektionsfaktoren
abiotische (Klima: Trockenheit, Wind, Temperatur,

Bodenverhältnisse u. Ä.) und biotische (Fressfeinde, Beute, Konkurrenten u. Ä.) Umweltfaktoren, die für die Auslese in einer Population verantwortlich sind

Separation
geografische Isolation von Populationen

Serologie
Wissenschaft, die sich mit den Eigenschaften der Antigene und ihren Reaktionen mit Antikörpern beschäftigt; serologische Untersuchungen helfen in der Evolutionsforschung, den biochemischen Verwandtschaftsgrad von zwei verschiedenen Arten zu ermitteln

Sewall-Wright-Effekt
→ Gendrift

Sexualdimorphismus
unterschiedliche Ausprägung der sekundären Geschlechtsmerkmale (Gefiederfärbung, Hörner, Mähnen, Geweihe u. Ä.) von Männchen und Weibchen

Smog
zusammengesetztes Wort aus *smoke* (Rauch) und *fog* (Nebel); Dunstglocke, meist über Industrie- und Großstädten hängend

Soziobiologie
Wissenschaft, die sich mit den allgemeinen Gesetzmäßigkeiten der Evolution, vor allem mit der Entwicklung des Sozialverhaltens der Tiere im Laufe der Evolution beschäftigt

Sozialdarwinismus
Übertragung der DARWIN'schen Evolutionstheorie auf die menschliche Gesellschaft („Der Stärkere setzt sich durch.")

Sukkulenten
Pflanzen mit fleischig-saftiger Beschaffenheit einzelner Organe (Blatt, Spross), die Wasser speichern können, z. B. Kakteen

Taxis
gerichtete Bewegung bzw. gerichtetes Suchen; bei der Instinkthandlung meist optische Fixierung des auslösenden Reizes

Treibhauseffekt
Wirkung bestimmter Gase (z. B. FCKW, Kohlenwasserstoffen und Kohlenstoffdioxid), die zum Aufheizen der Erde führt

übernormaler (überoptimaler) Schlüsselreiz
Schlüsselreiz, der ein bestimmtes Verhalten stärker auslöst als der optimale Schlüsselreiz unter natürlichen Bedingungen

Uratmosphäre
Erdatmosphäre zur Zeit der Entstehung des Lebens, bestehend aus Methan, Ammoniak, Wasserstoff und Wasserdampf

Ursuppe
Bezeichnung für den Urozean zur Zeit der Entstehung des Lebens, in dem sich die zufällig gebildeten organischen Moleküle anreicherten

Urzeugungstheorie
spontane Entstehung von Lebewesen aus toter Materie anorganischer oder organischer Herkunft

Zooplankton
Gesamtheit der im Wasser schwebenden tierischen Lebewesen

Zwillingsart
nahe Verwandte, sehr ähnliche Arten, die im gleichen Verbreitungsgebiet leben, aber nicht mehr miteinander kreuzbar sind (z. B. Fitis und Zilpzalp

Literatur- und Quellenverzeichnis

Ahlheim, K.-H. (Hrsg.): Duden Übungen zur Schulbiologie. Duden Verlag, Mannheim 1978

Barash, D.: Soziobiologie und Verhalten. Verlag Paul Parey, Berlin 1980

Bartl, S.: Abiturtraining Biologie 2 GK. Stark Verlag, Freising 1995

Bauer, E. (Hrsg.): Biologiekolleg. CVK Verlag, Berlin 1981

Burghagen, H. , Heenes H.: Beutefang bei Kröten. In: Unterricht Biologie, Heft Nr. 62, S. 30 ff., Friedrich Verlag, Seelze 1981

Christner, J.: Abiturwissen Evolution. Ernst Klett Verlag, Stuttgart 1986

Daumer, K. , Hainz, R.: Verhaltensbiologie. bsv Verlag, München 1983

Daumer, K. , Meyer, H.: Evolution. bsv Verlag, München 1993

Daumer, K. , Schuster, M.: Stoffwechsel, Ökologie und Umweltschutz. bsv Verlag, München 1991

Deutsches Institut für Fernstudien an der Universität Tübingen (Hrsg.): Evolution der Tier- und Pflanzenwelt. Heft 1, 2, 3 und 6 /2, Tübingen 1987

Diehl, M.: Abstammungslehre. Quelle und Meyer Verlag, Heidelberg 1976

Eibl-Eibesfeldt, I.: Grundriß der vergleichenden Verhaltensforschung. R. Piper Verlag, München 1974

Eibl-Eibesfeldt, I.: Krieg und Frieden. R. Piper Verlag, München 1975

Eibl-Eibesfeldt, I.: Liebe und Haß. R. Piper Verlag, München 1970

Eschenhagen, D.: Tiergesellschaften. In: Unterricht Biologie, Heft Nr. 98, S. 2 ff., Friedrich Verlag, Seelze 1984

Flor, F.: Einführung in die Abstammungslehre. Diesterweg Verlag, Frankfurt 1980

Grimm, H.: Gefährdung der Biosphäre. In: Unterricht Biologie, Heft Nr. 162, S. 4 ff., Friedrich Verlag, Hannover 1991

Hafner, L., Philipp, E.: Ökologie. Schroedel Verlag, Hannover 1996

Hassenstein, B.: Verhaltensbiologie des Kindes. R. Piper Verlag, München 1973

Hofmann, W. , Hilken, K.: Geheime Macht der Verbraucher. Deutsche Verlagsanstalt, Stuttgart 1974

Johannsen, F.: Schöpfungsglaube und Evolutionstheorie. In: Unterricht Biologie, Heft Nr. 75, S. 11 ff., Friedrich Verlag, Seelze 1982

Knoll, J.: Evolution. Westermann Verlag, Braunschweig 1989

Kull, U.: Evolution. J. B. Metzler Verlag, Stuttgart 1977

Lawick-Goodall, J. van: Wilde Schimpansen. Rowohlt Verlag, Hamburg 1971

Linder, H.: Biologie. J. B. Metzler Verlag, Stuttgart 1983

Linder, H.: Biologie. J. B. Metzler Verlag, Stuttgart 1998

Lorenz, K.: Über tierisches und menschliches Verhalten. R. Piper Verlag, München 1965

Löwe, B. (Hrsg.): Vita 2 – Anatomische und physiologische Grundlagen des Verhaltens, Verhalten, Evolution. C. C. Buchners Verlag, Bamberg 1994

Löwe, B. (Hrsg.): Vita 1 – Genetik, Stoffwechsel, Ökologie. C. C. Buchners Verlag, Bamberg 1994

Lütkens, R.: Verständigung bei Tieren. In: Unterricht Biologie, Heft Nr. 41, S. 2 ff., Friedrich Verlag, Seelze 1980

Marek, J.: Verhalten. Westermann Verlag, Braunschweig 1992

Miram, W., Scharf, K.-H. (Hrsg.): Biologie heute S II, Neubearbeitung. Schroedel Verlag, Hannover 1997

Moisl, F.: Biologie I und II. dtv Verlag, München 1979/1974

Packard, V.: Die geheimen Verführer. Ullstein Verlag, Frankfurt 1974

Schmidt, R. F. (Hrsg.): Grundriß der Neurophysiologie. Springer Verlag, Berlin 1979

Schuler, F.: Evolution und Evolutionstheorie. Verlag Ludwig Auer, Donauwörth 1980
Schuler, F., Dunk, K. v. d.: Stoffwechselphysiologie, Ökologie. Verlag Ludwig Auer, Donauwörth 1982
Spurgeon, R.: Das Umweltbuch. Verlag ars edition, München 1989
Vogel, G., Angermann, H.: dtv-Atlas zur Biologie, Band 2. dtv Verlag, München 1974

Abb. 1a, S. 2: © Steve Byland - Fotolia.com
Abb. 1b, S. 2: Storch, V./Welsch, U.: Evolution, 6. Aufl., dtv: München 1989
Abb. 1c, S. 2: © Diamantis Seitanidis/iStockphoto
Abb. 1d, S. 2: Dr. Ole Müller, www.bioscienceart.de
Abb. 2a, S. 4: Museum für Naturkunde Berlin
Abb. 2b, S. 4: Kuhn-Schnyder in Vogel, K.: Lebensweise und Umwelt fossiler Tiere, Quelle & Meyer 1984
Abb. 3, S. 8: Moore, J. A.: Biological Science: An Inquiry to Life, Harcourt Brace and World, 1984
Abb. 9, S. 17: Czihak G., Langer, H., Ziegler, H.: Biologie, Springer Verlag Heidelberg Berlin, 6. Auflage 1996 (Abb. 10.14 a nach Gilbert, b nach Arey aus Moody bzw. 6.53 nach Ville). Mit freundlicher Genehmigung von Springer Science und Business Media.
Abb. 10, S. 18: Günther Osche, Evolution, Grundlagen, Erkenntnisse, Entwicklungen der Abstammungslehre © Verlag Herder GmbH, Freiburg im Breisgau, 10. Aufl. 1990
Abb. 16, S. 25: Strasburger – Lehrbuch der Botanik; Bresinsky, A., Körner, C., Kadereit, J.W., Neuhaus, G., Sonnewald, U., 36. Aufl., 2008, ISBN: 978-3-8274-1455-7
Abb. 24, S. 42: McFarland, D.: Animal Behaviour © 1989. Reprinted by permission of Pearson Education, Inc.
Abb. 27, S. 46: Fig. 21.4, p. 422 from Biology, 4th ed. by Neil A. Campbell. Copyright © 1996 by The Benjamin/ Cummings Publishing Company, Inc. Reprinted by permission of Addison Wesley Longman Publishers, Inc.
Abb. 38, S. 68: Fig. 26.3, p. 521 from Biology, 4th ed. by Neil A. Campbell. Copyright © 1996 by The Benjamin/ Cummings Publishing Company, Inc. Reprinted by permission of Addison Wesley Longman Publishers, Inc.
Abb. 40, S. 72: A, B, D, E: Lüttge, U., Kluge, M., Bauer, G.: Botanik. Ein grundlegendes Lehrbuch, 1989. Copyright © Wiley-VCH Verlag GmbH & Co. KGaA. Reproduced with permission. Wiley-VCH Verlag 1989; C: Mit freundlicher Genehmigung des Kosmos Verlags, entnommen aus: Streble/Krauter, Das Leben im Wassertropfen, © 2006, Franckh-Kosmos Verlags-GmbH & Co.KG, Stuttgart
Abb. 43, S. 76: Löhrl, H.: Vögel in ihrer Welt. Franckh-Kosmos Verlags-GmbH, Stuttgart, 1984, S. 96
Abb. 44, S. 79: Schimpanse: © Sharon Morris/Dreamstime.com; Orang-Utan: © X – Fotolia.com; Gorilla: © Pascal Martin – Fotolia.com
Abb. 46, S. 81: Schwidetzky, I.: Variations- und Typenkunde des Menschen. In: Handbuch der Biologie, Band 9, Akademische Verlagsgesellschaft Athenaion, Konstanz-Stuttgart 1965.
Abb. 47, S. 81: Kummer, B.: Das mechanische Problem der Aufrichtung auf die Hinterextremitäten im Hinblick auf die Evolution der Bipedie des Menschen. In: Herberer, G. (Hrsg.): Menschliche Abstammungslehre, Gustav Fischer Verlag, 1965, S. 227–248
Abb. 48, S. 82: Evolution des Menschen, Bruno Streit (Hrsg.) Spektrum Akademischer Verlag, ISBN 3-86025-267-4
Ab. 52, S. 84: Howells, W., Kurth, Gottfried (Übersetzer): Die Ahnen der Menschheit, © 1963, mit freundlicher Genehmigung der Müller Rüschlikon Verlags AG, CH-6330 Cham
Abb.56 links (S. 88), Abb. 57 links (S. 89), Abb. 55 oben links (S. 90), Abb. 59 (S. 91) links: Reprinted by permission of the publisher from Evolution of African Mammals, edited by Vincent J. Maglio and H. B. S. Cooke, pp. 171, 190, 197, 212 Cambridge, Mass.: Harvard University Press, Copyright © 1978 by the President and Fellows of Harvard College
Abb. 56 rechts, S. 88: Focus, John Reader/Science Photo Library
Abb. 57 rechts, S. 89: Facchini, F.: Der Mensch, Ursprung und Entwicklung. Natur-Verlag, Augsburg 1991

Abb. 58 oben rechts, S. 90: Lee Boltin aus: Invitation to Biology, 3rd edition, Wort Publishers, New York, 1982

Abb. 60 links, S. 92: Figure 6.24b from Primate Evolution by Glenn C. Conroy. Copyright © 1990 by W.W. Norton &Company, Inc. Used by permission of W.W. Norton & Company, Inc.

Abb. 60 rechts, S. 92: The Peabody Museum aus: Invitation to Biology, 3rd edition, Wort Publishers, New York 1982

Abb. 72, S. 128: Umweltbundesamt. Daten zur Umwelt. Ausgabe 1997. Erich Schmidt Verlag, S. 105. Mit freundlicher Genehmigung des Erich Schmidt Verlags, Berlin

Abb. 73, S. 129: WMO statement on the status of the global climate in 1995. World Meteorological Organisation (WMO) No. 838, 1996; 12 pp. ISBN: 92-63-10838-2

Abb. 76, S. 144: Franck, D.: Verhaltensbiologie. Georg Thieme Verlag, 2. Auflage 1985, S.10

Abb. 79, S. 154: Eibl-Eibesfeldt, I.: Grundriß der vergleichenden Verhaltensforschung, Piper Verlag GmbH, München 1967, 1987

Abb.80, S. 154: Westen, D.: Psychology, © 1996 John Wiley & Sons, Inc. Reprinted with permission of John Wiley & Sons, Inc.

Abb. 82, S. 164: Harlow, H. F.: The nature of Love. In: American Psychologist 13/1958, S. 673–685

Abb. 84, S. 175: © Franck, Dierk: Verhaltensbiologie. Georg Thieme Verlag, Stuttgart, 1997

Abb. 85, S. 175: Plomin, R., et al.: Gene, Umwelt und Verhalten © für die deutsche Ausgabe Verlag Hans Huber, Bern 1999

Abb. 89, S. 180: Felix, J., Knotek, J., Knotková, L.: Kosmos-Tierwelt, Tiere Afrikas, Artia Verlag, Prag, 1980, S. 200

Abb. 90, S. 181: © Weiß: Bienen und Bienenvölker. C. H. Beck, Wissen in der Beckschen Reihe, Nr. 2067, Verlag C. H. Beck, München 1997 ISBN: 978-3406-418679

Abb. 93, S. 187: © Dimitri Sherman, www.Dreamstime.com

Abb. 94, S. 187: © Gregg Cerenzio, www.Dreamstime.com

Abb. 96, S. 191: Zimen, E.; Der Hund: Abstammung – Verhalten – Mensch und Hund, C. Bertelsmann Verlag GmbH München, 2. Auflage 1989, S. 248

Abb. 97, S. 200: Franck, D.: Verhaltensbiologie, Georg Thieme Verlag, 2. Auflage 1985, S. 12

Abb. 98, S. 209: Tinbergen, N.: Time-Life Redaktion: Tiere und ihr Verhalten, Time Inc. 1966, S. 67

Abb. 99, S. 210: Eibl-Eibesfeldt, I.: Die Biologie des menschlichen Verhaltens, Seehammer Verlag, Weyern 1997, S.97

Abb. 100, S. 210: Cinetext/Disney

S. 78, Grabwespe: Barth, F.: Biologie einer Begegnung. 1982 Deutsche Verlags-Anstalt, München in der Verlagsgruppe Random House GmbH

S. 102, Unterkiefer und Schädel: Campbell, B.G.: Human Evolution, Aldine Publishing, Chicago 1966

S. 157, Amselnestversuche: Tinbergen, Nikolaas, Villwock, Wolfgang (Übersetzer), Wellmann, Hans-Heinrich (Übersetzer): Time-Life Redaktion: Tiere und ihr Verhalten, Time Inc. 1966, S. 67

S. 206, Nacktmulle: © Photography by Curl, D.; Drawing by Barrett, P. Priscilla Barrett, Jack of Clubs Barn, Fen Road, Lode Cambs CB5 9HE

Tab. 8, S. 120/121: nach: Kraft, Richard, Rudolph, Bernd-Ulrich, Liegl, Alois: Rote Liste gefährdeter Säugetiere (Mammalia) Bayerns, BayLfU/166/2003

Kapitelbild 1 (Darwin): © Jose Antonio Sánchez Reyes/Dreamstime.com

Kapitelbild 2 links (Wind- und Sonnenenergie): © K.-U. Häßler – Fotolia.com

Kapitelbild 2 rechts (Kernkraftwerk): © willem – Fotolia.com

Kapitelbild 3 (Hirschkampf): © Wolfgang Kruck – Fotolia.com

Umschlagbild (Bienen): © Irochka/Dreamstime.com

Der Verlag hat sich bemüht, die Urheber der in diesem Werk abgedruckten Abbildungen ausfindig zu machen. Wo dies nicht gelungen ist, bitten wir diese, sich gegebenenfalls an den Verlag zu wenden.

Stichwortverzeichnis

Ihre Meinung ist uns wichtig!

Ihre Anregungen sind uns immer willkommen. Bitte informieren Sie uns mit diesem Schein über Ihre Verbesserungsvorschläge!

Titel-Nr.	Seite	Vorschlag

Bitte hier abtrennen

Lernen • Wissen • Zukunft
STARK

Zutreffendes bitte ankreuzen!

Die Absenderin/der Absender ist:

- ☐ Lehrer/in in den Klassenstufen: ______
- ☐ Fachbetreuer/in
  Fächer: ______
- ☐ Seminarlehrer/in
  Fächer: ______
- ☐ Regierungsfachberater/in
  Fächer: ______
- ☐ Oberstufenbetreuer/in
- ☐ Schulleiter/in
- ☐ Referendar/in, Termin 2. Staatsexamen: ______
- ☐ Leiter/in Lehrerbibliothek
- ☐ Leiter/in Schülerbibliothek
- ☐ Sekretariat
- ☐ Eltern
- ☐ Schüler/in, Klasse: ______
- ☐ Sonstiges: ______

Unterrichtsfächer: (Bei Lehrkräften!)

______

STARK Verlag
Postfach 1852
85318 Freising

21-V1T_NW

Bitte ausfüllen und im frankierten Umschlag an uns einsenden. Für Fensterkuverts geeignet.

Kennen Sie Ihre Kundennummer?
Bitte hier eintragen.

Absender (Bitte in Druckbuchstaben!)

Name/Vorname

Straße/Nr.

PLZ/Ort/Ortsteil

Telefon privat

Geburtsjahr

E-Mail

Schule/Schulstempel (Bitte immer angeben!)

Bitte hier abtrennen

Sicher durch das Abitur!

Effektive Abitur-Vorbereitung für Schülerinnen und Schüler:
Klare Fakten, systematische Methoden, prägnante Beispiele sowie Übungsaufgaben auf Abiturniveau mit erklärenden Lösungen zur Selbstkontrolle.

Mathematik

Analysis – LK .... Best.-Nr. 940021
Analysis mit CAS .... Best.-Nr. 540021
Analytische Geometrie .... Best.-Nr. 940051
Analytische Geometrie und lineare Algebra 2 .... Best.-Nr. 54008
Analytische Geometrie – mit Hinweisen zu GTR-/CAS-Nutzung .... Best.-Nr. 540038
Stochastik .... Best.-Nr. 94009
Analysis – Bayern .... Best.-Nr. 9400218
Analysis Pflichtteil Baden-Württemberg (Abitur 2012/13) .... Best.-Nr. 840018
Analysis Wahlteil Baden-Württemberg (Abitur 2012/13) .... Best.-Nr. 840028
Analytische Geometrie Pflicht- und Wahlteil Baden-Württemberg (Abitur 2012/13) .... Best.-Nr. 840038
Stochastik Pflicht- und Wahlteil Baden-Württemberg (Abitur 2013) .... Best.-Nr. 840091
Klausuren Mathematik Oberstufe .... Best.-Nr. 900461
Kompakt-Wissen Abitur Analysis .... Best.-Nr. 900151
Kompakt-Wissen Abitur Analytische Geometrie .... Best.-Nr. 900251
Kompakt-Wissen Abitur Wahrscheinlichkeitsrechnung und Statistik .... Best.-Nr. 900351
Kompakt-Wissen Abitur Kompendium Mathematik – Bayern .... Best.-Nr. 900152

Chemie

Chemie 1 – Gleichgewichte · Energetik · Säuren und Basen · Elektrochemie .... Best.-Nr. 84731
Chemie 2 – Naturstoffe · Aromatische Verbindungen · Kunststoffe .... Best.-Nr. 84732
Chemie 1 – Bayern Aromatische Kohlenwasserstoffe · Farbstoffe · Kunststoffe · Biomoleküle · Reaktionskinetik .... Best.-Nr. 947418
Methodentraining Chemie .... Best.-Nr. 947308
Rechnen in der Chemie .... Best.-Nr. 84735
Abitur-Wissen Protonen und Elektronen .... Best.-Nr. 947301
Abitur-Wissen Struktur der Materie und Kernchemie .... Best.-Nr. 947303
Abitur-Wissen Stoffklassen organischer Verbindungen .... Best.-Nr. 947304
Abitur-Wissen Biomoleküle .... Best.-Nr. 947305
Abitur-Wissen Biokatalyse und Stoffwechselwege .... Best.-Nr. 947306
Abitur-Wissen Chemie am Menschen – Chemie im Menschen .... Best.-Nr. 947307
Kompakt-Wissen Abitur Chemie Organische Stoffklassen Natur-, Kunst- und Farbstoffe .... Best.-Nr. 947309
Kompakt-Wissen Abitur Chemie Anorganische Chemie, Energetik · Kinetik · Kernchemie .... Best.-Nr. 947310

Biologie

Biologie 1 – Strukturelle und energetische Grundlagen des Lebens · Genetik und Gentechnik · Neuronale Informationsverarbeitung .... Best.-Nr. 947018
Biologie 2 – Evolution · Der Mensch als Umweltfaktor – Populationsdynamik und Biodiversität · Verhaltensbiologie .... Best.-Nr. 947028
Biologie 1 – Baden-Württemberg, Zell- und Molekularbiologie · Genetik · Neuro- und Immunbiologie .... Best.-Nr. 847018
Biologie 2 – Baden-Württemberg, Evolution · Angewndte Biologie .... Best.-Nr. 847028
Biologie 1 – NRW, Zellbiologie, Genetik, Informationsverarbeitung, Ökologie .... Best.-Nr. 54701
Biologie 2 – NRW, Angewandte Genetik · Evolution .... Best.-Nr. 54702
Chemie für den LK Biologie .... Best.-Nr. 54705
Grundlagen, Arbeitstechniken und Methoden .... Best.-Nr. 94710
Abitur-Wissen Genetik .... Best.-Nr. 94703
Abitur-Wissen Neurobiologie .... Best.-Nr. 94705
Abitur-Wissen Verhaltensbiologie .... Best.-Nr. 94706
Abitur-Wissen Evolution .... Best.-Nr. 94707
Abitur-Wissen Ökologie .... Best.-Nr. 94708
Abitur-Wissen Zell- und Entwicklungsbiologie .... Best.-Nr. 94709
Klausuren Biologie Oberstufe .... Best.-Nr. 907011
Kompakt-Wissen Abitur Biologie Zellbiologie · Genetik · Neuro- und Immunbiologie Evolution – Baden-Württemberg .... Best.-Nr. 84712
Kompakt-Wissen Abitur Biologie Zellen und Stoffwechsel Nerven · Sinne und Hormone · Ökologie .... Best.-Nr. 94712
Kompakt-Wissen Abitur Biologie Genetik und Entwicklung Immunbiologie · Evolution · Verhalten .... Best.-Nr. 94713
Kompakt-Wissen Abitur Biologie Fachbegriffe der Biologie .... Best.-Nr. 94714

(Bitte blättern Sie um)